普通高等教育新工科人才培养规划教材（虚拟现实技术方向）

虚拟现实（VR）交互程序设计

主　编　杨秀杰　杨丽芳

副主编　黎　娅　刘　明

中国水利水电出版社

www.waterpub.com.cn

·北京·

内 容 提 要

本书引领读者从操作层面找到进入VR领域的入口。本书分为两部分：Unity引擎基础和VR综合案例开发。第一部分基于Unity 2017.1.0软件版本，介绍了Unity基础、Unity脚本程序基础、虚拟现实交互场景的创建、Unity图形界面系统、Shuriken粒子系统、物理引擎、Mecanim动画系统和Unity虚拟现实典型处理技术；第二部分通过两个开发案例：三维贪吃蛇小游戏和三维虚拟样板间设计，深入了解虚拟现实开发在不同领域的具体应用。对于学习本书内容相关课程的同学而言，第二部分既可作为课程最后的总结与提高，也可作为课程设计。

本书既可作为高等院校和培训机构数字媒体虚拟现实、增强现实和计算机游戏等相关专业的教材，也可以作为虚拟现实开发、游戏开发及其相关领域从业人员的参考用书。

本书配有免费电子教案，读者可以从中国水利水电出版社网站（www.waterpub.com.cn）或万水书苑网站（www.wsbookshow.com）免费下载。

图书在版编目（CIP）数据

虚拟现实（VR）交互程序设计 / 杨秀杰，杨丽芳主编. -- 北京 : 中国水利水电出版社，2019.1（2024.1重印）
普通高等教育新工科人才培养规划教材. 虚拟现实技术方向
ISBN 978-7-5170-7348-2

Ⅰ. ①虚… Ⅱ. ①杨… ②杨… Ⅲ. ①虚拟现实－程序设计－高等学校－教材 Ⅳ. ①TP391.98

中国版本图书馆CIP数据核字(2019)第007259号

策划编辑：寇文杰　　责任编辑：张玉玲　　封面设计：梁　燕

书　　名	普通高等教育新工科人才培养规划教材（虚拟现实技术方向） 虚拟现实（VR）交互程序设计 XUNI XIANSHI（VR） JIAOHU CHENGXU SHEJI
作　　者	主　编　杨秀杰　杨丽芳 副主编　黎　娅　刘　明
出版发行	中国水利水电出版社 （北京市海淀区玉渊潭南路1号D座　100038） 网址：www.waterpub.com.cn E-mail：mchannel@263.net（答疑） sales@mwr.gov.cn 电话：（010）68545888（营销中心）、82562819（组稿）
经　　售	北京科水图书销售有限公司 电话：（010）68545874、63202643 全国各地新华书店和相关出版物销售网点
排　　版	北京万水电子信息有限公司
印　　刷	雅迪云印（天津）科技有限公司
规　　格	184mm×260mm　16开本　16.75印张　373千字
版　　次	2019年1月第1版　2024年1月第5次印刷
印　　数	8001—10000册
定　　价	76.00元

虚拟现实（VR）技术
系列教材编委会

前　言

近年来，Android、iOS、Web 等平台上的游戏发展十分迅猛，深受玩家喜爱，已然成为带动游戏产业发展的新生力量。相比于 2D 游戏，3D 游戏在视觉效果上更占优势，因而更被玩家所青睐，这也加大了对 3D 游戏开发人才的需求。

随着虚拟现实（Virtual Reality，VR）、增强现实应用的兴起，这些领域需要大量的 3D 开发人员，相关领域的公司求贤若渴，但人才供应不足，3D 开发人员的缺口很大。这些因素大大激发了广大学子学习 3D 开发技术以及很多院校开设这方面课程的热情。

虚拟现实之所以受到广泛的关注，是因为它带来的逼真沉浸感体验让世界无法说不。虚拟现实的内容目标是追求体验的沉浸感，而这种沉浸感的实现，需要 VR 内容和交互方式共同配合来完成。VR 技术正在颠覆着越来越多的行业，改变着我们的生活，甚至我们的世界。医疗、教育、旅游、军事、工业、航空航天等领域都受惠于 VR 产业。也许在未来，每一个行业都将受到 VR 的影响，每个人都会用 VR，每个屏幕都将被 VR 所替代。

当下 3D 游戏及其应用的开发，方便、高效地采用 Unity 3D 开发引擎。Unity 3D 是由 Unity Technologies 公司开发的一款用于轻松创建三维视频游戏、建筑可视化、实时三维动画等互动内容的多平台的综合性 3D 开发工具，也是一个全面整合的专业游戏引擎。

为了便于学生的学习以及高校相关课程的开设，作者编写了一本基于 Unity 3D 开发引擎的教材。本书最后两章选取了实际案例进行讲解，使读者从操作层面去深入了解和学习 VR 技术，找到进入 VR 领域的入口。

本书共分 10 章：

1 ～ 8 章是 Unity 引擎基础：主要介绍 Unity 基础、Unity 脚本程序基础、虚拟现实交互场景的创建、Unity 图形界面系统、Shuriken 粒子系统、物理引擎、Mecanim 动画系统和 Unity 虚拟现实典型处理技术等。

9 ～ 10 章是 VR 综合案例开发，具体包括：

（1）贪吃蛇小游戏：本案例综合 C# 语言和 Unity 3D 的光照系统、物理系统、音效系统、坐标系、游戏组件、预制体等知识点，使读者快速掌握一个 Unity 3D 游戏开发的流程，并对 VR 开发的知识体系有一个初步的了解。

（2）三维虚拟样板间设计实例，针对虚拟现实在房地产领域样板间应用方面的开发、制作进行全面讲解，包括自动观赏和主动观赏等操作控制，墙纸和材质的替换交互，激发用户的参与性等。

本书可以帮助读者纵览虚拟现实行业的主要知识、主要软件，并能尽快上手，参与实际制作。因章节有限，本书对于有些基础知识或方法没有做过多详细的介绍。读者也可以根据实际情况进行章节选学。

“智慧职教”资源学习平台提供该课程的学习和交互。注册登录后，通过进一步地交互学习，读者可深刻感受 VR 技术带来的无穷想象。“智慧职教”资源学习平台网址如下：

http://www.icve.com.cn/portal/courseinfo?courseid=yaasaxsozq5j1p3ixb3vhg P95

由于编者知识有限，书中难免有不妥之处，恳请广大读者批评指正。

编 者

2018 年 6 月

目 录

第二部分 VR 综合案例开发

第一部分
Unity 引擎基础

第 1 章 Unity 基础

1.1 初识 Unity

1.1.1 什么是 Unity

Unity 是由 Unity Technologies 公司开发的专业跨平台游戏开发及虚拟现实引擎。可以使用它轻松创建诸如三维视频游戏、建筑可视化、实时三维动画等类型的互动内容，创作出精彩的游戏和虚拟仿真内容。它提供给游戏开发者一个可视化编辑的窗口，同时支持 C#，JS 等脚本的输入控制，给游戏开发者提供了一个多元化的开发平台。

作为一款国际领先的专业游戏引擎，Unity 简洁、直观的工作流程，功能强大的工具集，使得游戏开发周期大幅缩短。通过 3D 模型、图像、视频、声音等相关资源的导入，借助 Unity 相关场景构建模块，用户可以轻松实现对复杂虚拟现实世界的创建。

Unity 是一个多平台的游戏引擎，支持 Android、iOS、Windows、OX、PS4 等平台的发布和开发。在底层的渲染上，主要使用的是 DirectX（运行在 Windows 平台下），OpenGL（运行在 Mac 平台下）和各自的 API（Wii 等平台）。可以说，Unity 满足了广大游戏开发者的需求：可视化编辑场景，跨平台，自定义组件脚本支持，出色的渲染效果。

1.1.2 Unity 的应用

1. *游戏开发*

Unity 是目前主流的游戏开发引擎，数据显示，全球非常赚钱的超过一千款的手机游戏中，30% 左右都是使用 Unity 的工具开发出来的。使用 Unity 可以开发各种各样的游戏。比如，MMORPG（多人在线角色扮演游戏）、赛车游戏、动作竞技游戏、射击游戏等。目前在移动平台，用 Unity 3D 开发的游戏更是举足轻重。一项统计报告显示，目前在苹果平台，60% 左右的 3D 游戏都是利用 Unity 开发的，而安卓平台应该数量更大。下面简单介绍一些知名的游戏。

《暗影之枪》是捷克游戏开发商 MADFINGER Games 推出的一款采用 Unity 引擎的第三人称射击游戏。这款游戏凭借着在移动平台上令人惊异的画面表现力，成功吸引了众多用户的注意。《神庙逃亡 2》是一款由 Imagine Studio 采用 Unity 引擎开发的第三人称视角游戏，这款游戏可以说是异常火爆，创造了跑酷游戏的传奇。

2. 虚拟现实

除了在传统的娱乐游戏开发领域卓有成效外，Unity 引擎还致力于虚拟现实的相关开发。它被广泛应用在军事国防、工业仿真、航空航天、教育培训、建筑漫游、医学模拟等领域。Unity 在以下几方面具有很大的优势：工作流程高效，画面逼真，跨平台发布以及丰富的第三方插件等，这使得 Unity 在虚拟现实领域也深受欢迎与关注。下面简单介绍 Unity 的几个应用。

（1）NASA 的火星探测车模拟。NASA 推出了一系列的基于 Unity 引擎开发的火星探险之旅，用户直接在浏览器中输入地址就可以进行体验。

（2）NOAA 大数据可视化。美国国家海洋和大气管理局基于 Unity 引擎开发了大数据三维可视化工具。

（3）医疗培训模拟。现在国内也有在研究基于 Unity 引擎开发的医疗培训模拟系统，一来可以减少实际培训的资源不足，二来可以提高技能。

（4）校园漫游。现在的平面地图已经不能满足人们的需求，基于 Unity 引擎开发的校园漫游系统可以让人们更加真实地体验现实世界，同时这种技术也被用在了虚拟博物馆展示方面。

（5）虚拟现实。虚拟现实（Vitual Reality，VR），是近年来出现的高科技。它让人们身历其境一般，可以及时、没有限制地观察三维空间内的事物。

1.2 Unity 集成开发环境搭建

搭建 Unity 集成开发环境首先要下载和安装 Unity 软件。Unity 发布了两种类型的安装包，分别针对 Windows 和 Mac OS X 两个主流平台。用户可以根据自己计算机平台选用相应的安装包来安装编辑器。本书所用版本为 Unity 2017.1.0。

1.2.1 Unity 下载

（1）用浏览器登录到 Unity 官方网站 https://store.unity.com/cn，界面如图 1-1 所示，单击“下载 Unity”按钮，在打开的页面中单击“Unity 旧版本”，如图 1-2 所示。

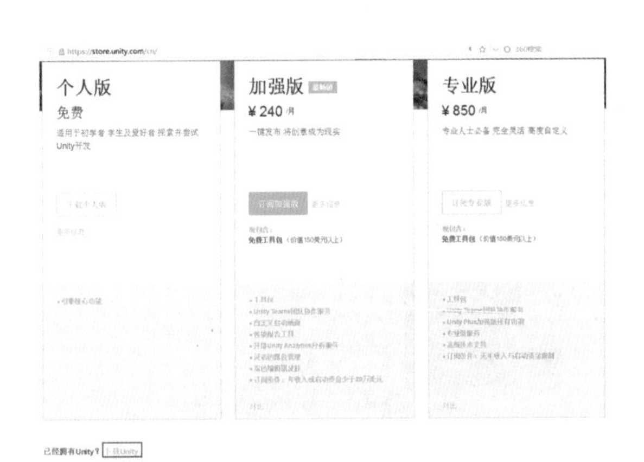

图 1-1 Unity 官网下载页面

图 1-2　Unity 版本选择

（2）在打开的页面中找到 Unity 2017.1.0 版本，单击“下载（win）”按钮下载软件，如图 1-3 所示。

图 1-3　软件下载页面

1.2.2　Unity 安装

（1）双击下载的安装包打开 Unity Download Assistant（协议许可）窗口，如图 1-4 所示。单击 Next 按钮进入 License Agreement 窗口，阅读协议内容确认无误后勾选 I accept the terms of the License Agreement，如图 1-5 所示。

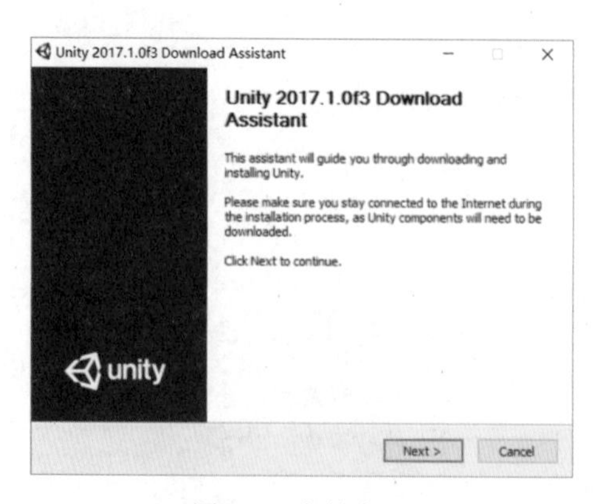

图 1-4　安装窗口

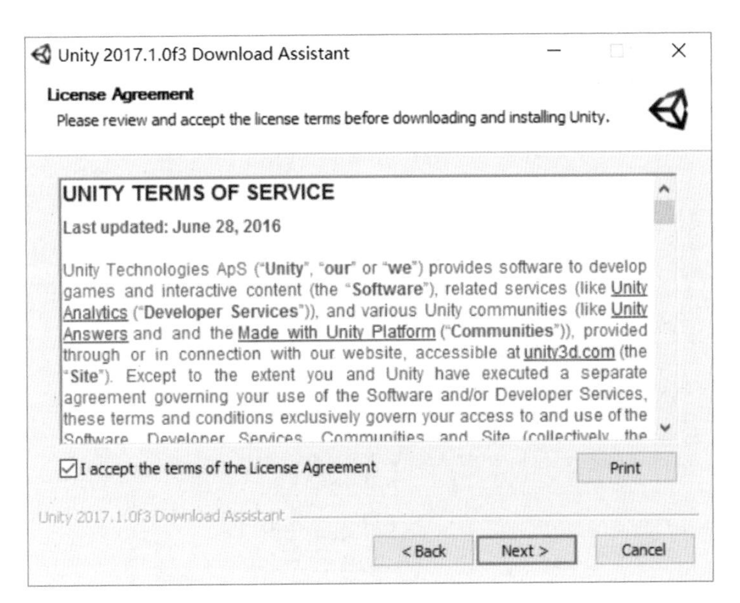

图 1-5　协议许可窗口

（2）单击 Next 按钮进入 Choose Components（组件选择）窗口，如图 1-6 所示。在该窗口可以选择性地安装 Unity 的开发组件。在这些组件里，Unity 主程序是必选的，用户可以根据自己的需求安装其他组件。在这里把 Android Build Support（Android 支持）勾选上，这样可以将开发的软件产品发布到手机上。选好以后单击 Next 按钮继续。

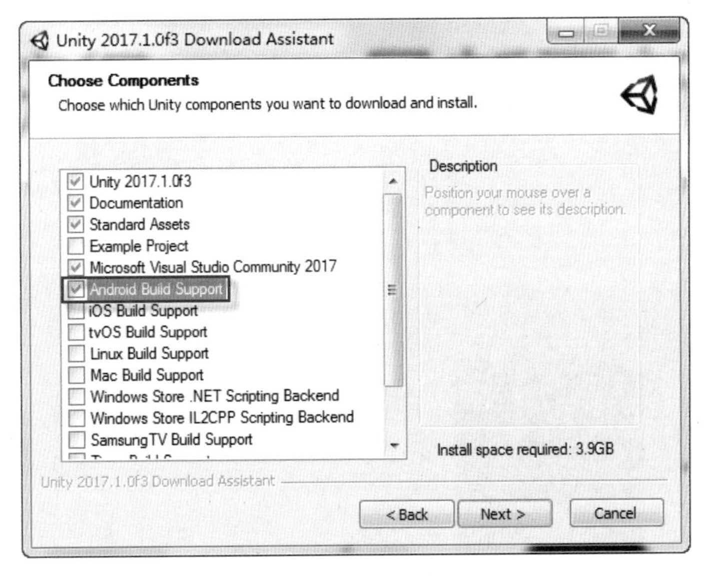

图 1-6　组件选择窗口

（3）此时打开的是 Choose Download and Install locations（选择安装路径）窗口，如图 1-7 所示。在此窗口指定程序安装的路径，指定安装路径后单击 Next 按钮开始安装程序，如图 1-8 所示。

（4）等待一段时间后，安装完成，屏幕将显示安装完成提示窗口，如图 1-9 所示。单击 Finish 按钮完成 Unity 的安装。

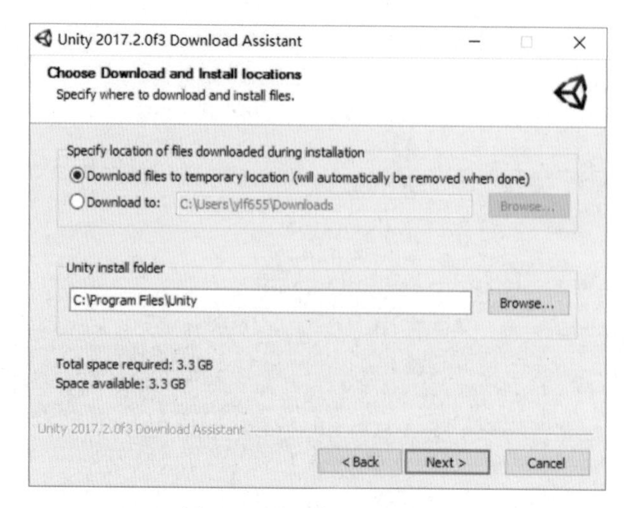

图 1-7　选择安装路径窗口

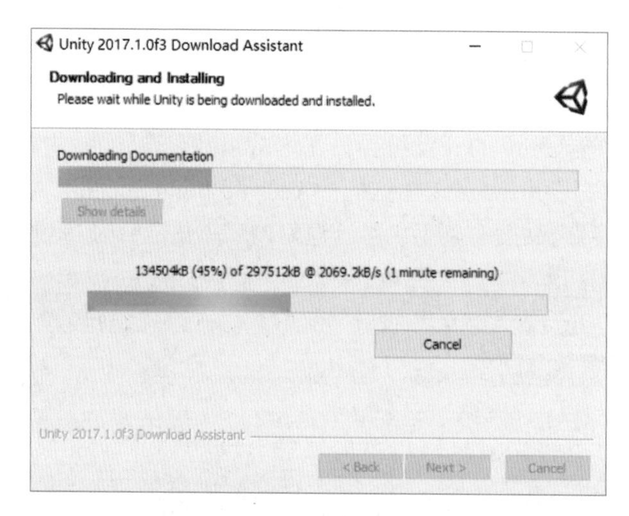

图 1-8　安装界面

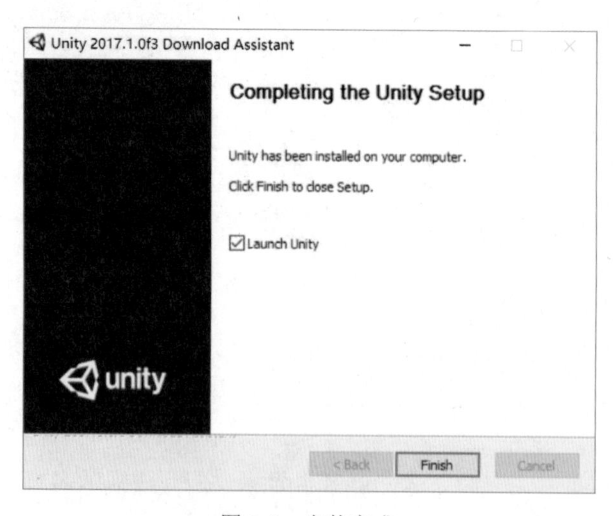

图 1-9　安装完成

1.2.3 登录

第一次安装使用需要登录。在图 1-9 中单击 Finish 按钮，弹出如图 1-10 所示的窗口。需要经过四步完成此部分：Sign in（登录），License（许可），My Profile（我的个人资料），Thank you。

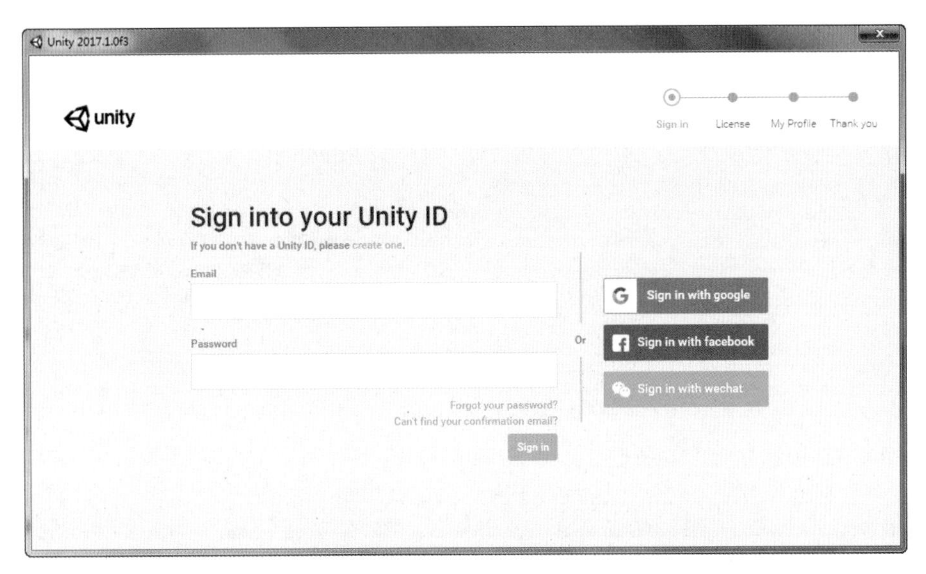

图 1-10　登录界面

（1）Sign in。如果已有 UnityID，则可以直接输入邮箱与密码进行登录。如果没有，系统将弹出如图 1-11 所示对话框，输入相应信息后勾选 I agree to the Unity Terms of Use and Privacy Policy 复选框，单击 Create a Unity ID 按钮。此时系统会让用户选择去指定的邮箱进行验证。

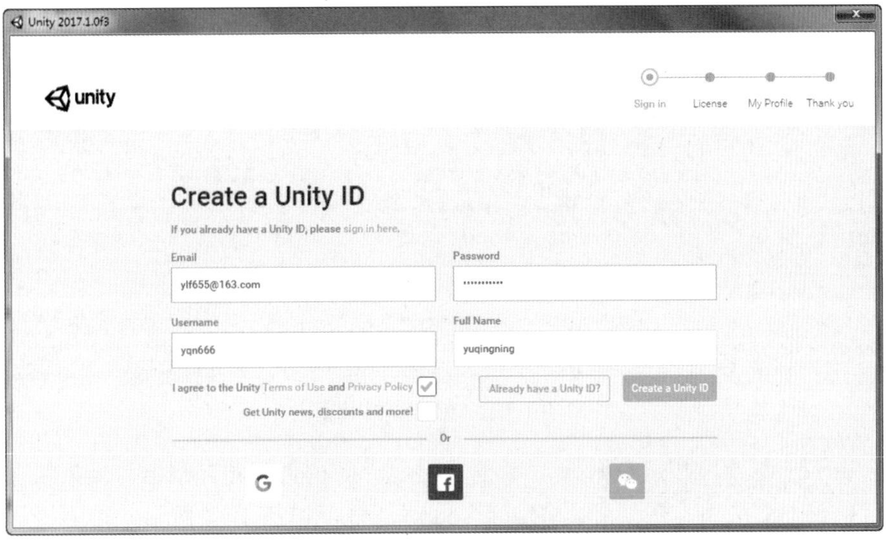

图 1-11　创建 Unity ID

（2）License。验证成功后，在弹出的界面中单击 Continue 按钮，将打开 License management（许可证管理）对话框，如图 1-12 所示，用户类型选择 Personal 选项，单击 Next 按钮打开如图 1-13 所示对话框，在对话框的单选框中选择一项，单击 Next 按钮。

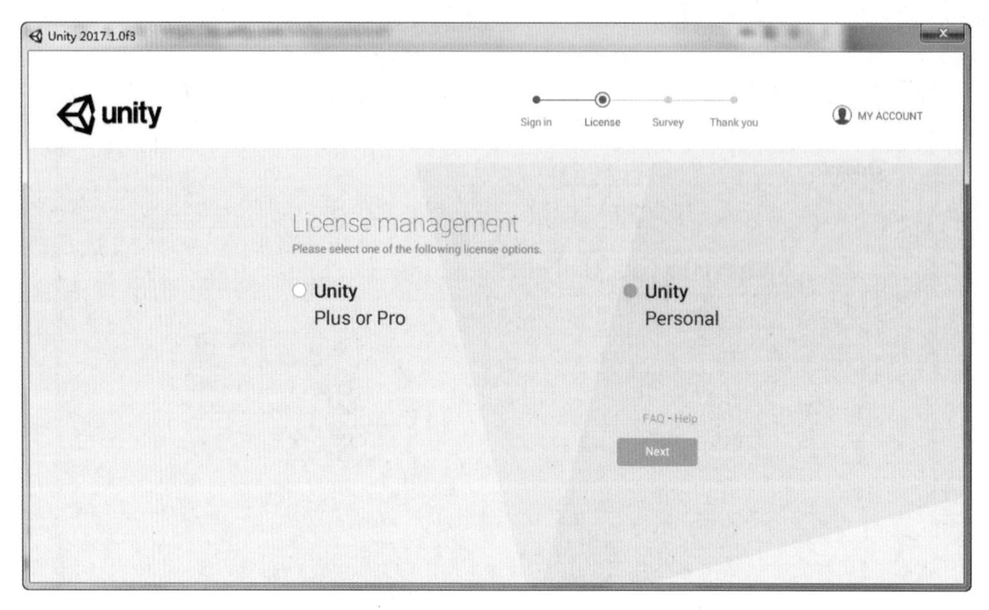

图 1-12　License management 对话框

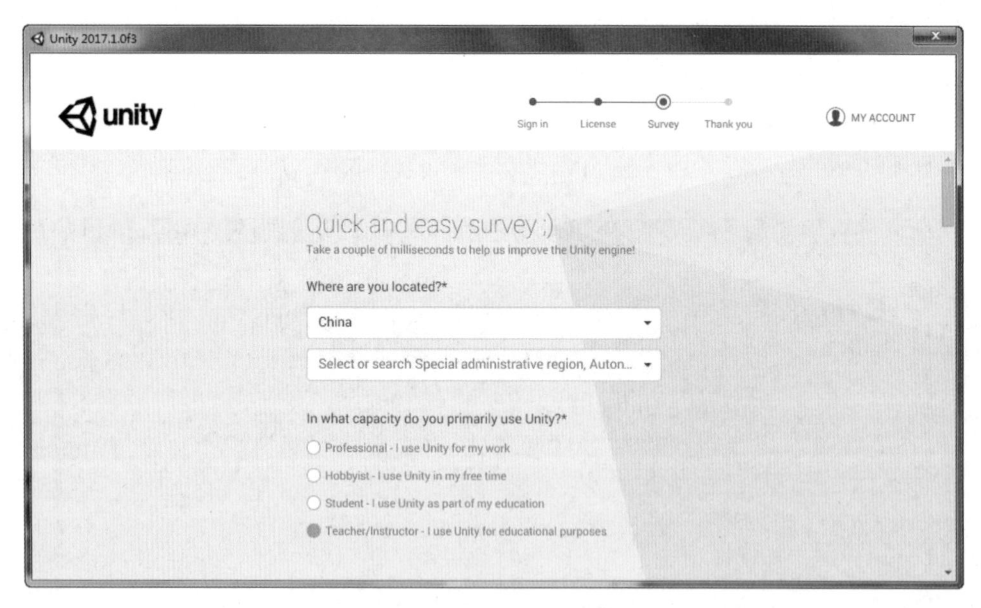

图 1-13　Survey 对话框

（3）Survey 调查。打开 Survey 对话框，出现一些调查问题，根据自己的情况回答这些问题后单击 OK 按钮，系统弹出 Thank you 对话框，如图 1-14 所示。很多操作只是第一次使用时需要做的选择，系统会自动记录该账号的相关信息，以后再使用时系统直接进入 Unity 启动界面，如图 1-15 所示。

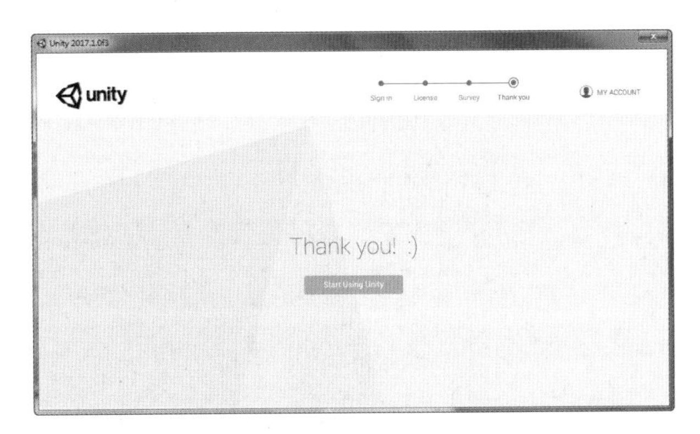

图 1-14　Thank you 对话框

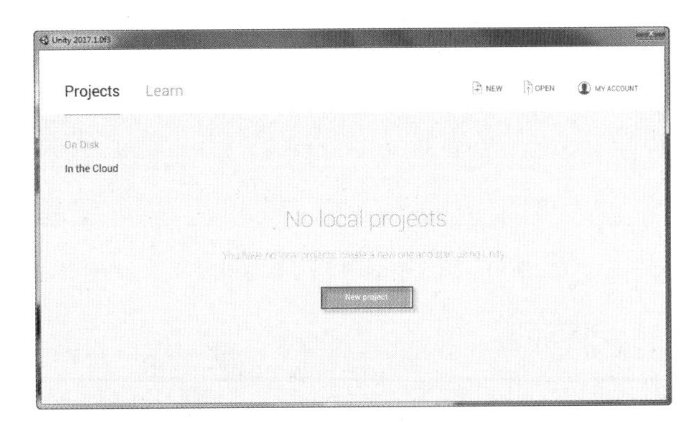

图 1-15　Unity 启动界面

1.3　Unity 集成开发环境

1.3.1　项目的创建与保存

1. 创建项目

单击 New Project 按钮创建一个新工程，将其重命名为 Test，设置保存位置，选择 3D 选项，即建立的工程是 3D 的，如图 1-16 所示。最后单击 Create project 按钮，完成项目创建并进入 Unity 集成开发环境。

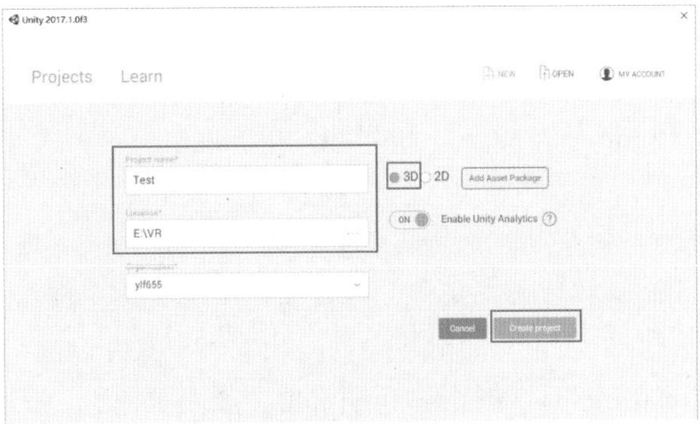

图 1-16　创建项目

这时会弹出一个更新检查窗口，一般情况无需理会，单击“关闭”按钮即可进入Unity编辑界面，如图1-17所示。

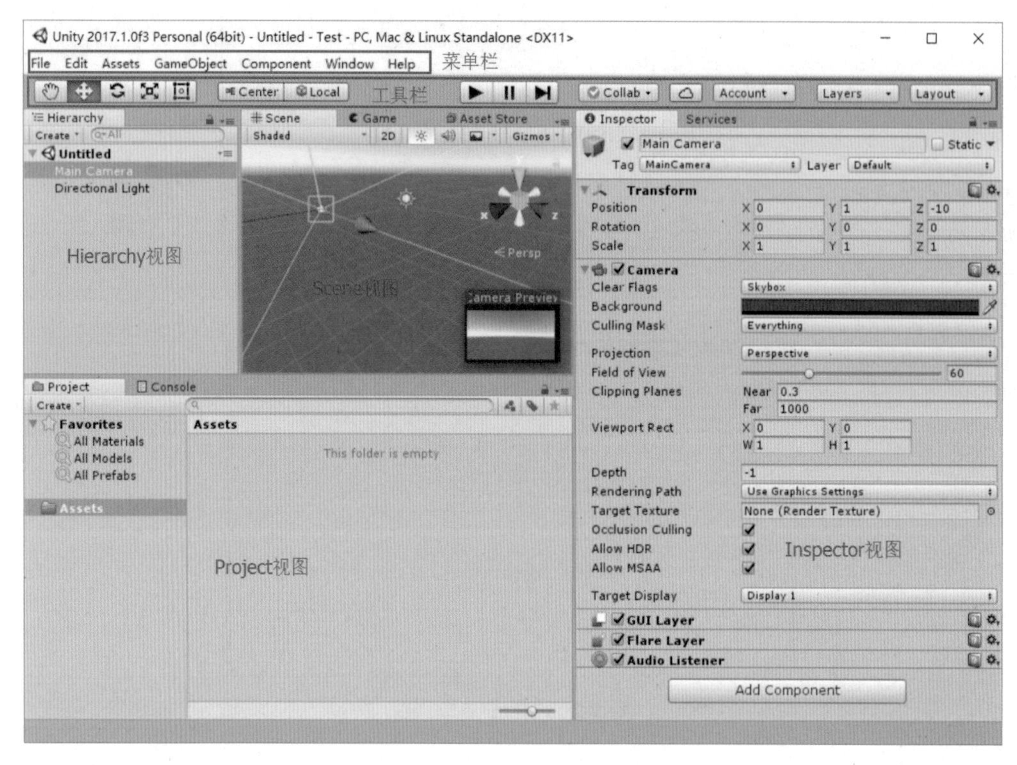

图1-17 Unity编辑界面

2. 项目存储结构

打开项目所在文件夹E:\VR\Test，项目的存储结构如图1-18所示，各项说明如下：

名称	修改日期	类型	大小
Assets	2018/2/3 22:16	文件夹	
Library	2018/2/3 22:17	文件夹	
ProjectSettings	2018/2/3 22:17	文件夹	
Temp	2018/2/3 22:17	文件夹	
Test.sln	2018/2/3 22:17	Visual Studio 解...	1 KB

图1-18 Unity项目存储结构

Assets：资源文件夹，保存游戏中所有的资源。

Library：库文件夹，保存当前项目需要的库文件。

ProjectSecttings：项目设置文件夹，保存项目的设置信息。

Temp：临时文件夹，保存项目的临时数据。

Test.sln：Visual Studio解决方案文件，包含项目中所有的工程文件信息。

新建Unity项目工程后，Unity编辑器会自动加入天空盒并创建一个Main Camera（主相机）和一个Directional Light（平行光）。编辑器主要由菜单栏、工具栏以及相关的视图等内容组成。

1.3.2 菜单栏

菜单栏集成了 Unity 的所有功能，通过菜单栏的学习可以对 Unity 各项功能有直观而清晰的了解。Unity 2017 共有 7 个菜单项，分别是 File、Edit、Assets、GameObject、Component、Window 和 Help。

（1）File（文件）菜单。File 菜单主要包含工程与场景的创建、保存以及输出等功能，如图 1-19 所示。

（2）Edit（编辑）菜单。Edit 菜单主要用来实现场景内部相应的编辑和设置，如图 1-20 所示。

New Scene	Ctrl+N
Open Scene	Ctrl+O
Save Scenes	Ctrl+S
Save Scene as...	Ctrl+Shift+S
New Project...	
Open Project...	
Save Project	
Build Settings...	Ctrl+Shift+B
Build & Run	Ctrl+B
Exit	

图 1-19 File 菜单

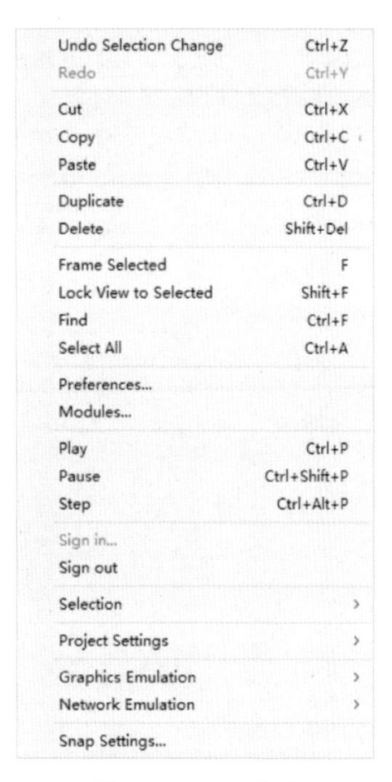

图 1-20 Edit 菜单

（3）Assets（资源）菜单。Assets 菜单提供了针对游戏管理的相关工具。通过 Assets 菜单的相关命令，用户不仅可以在场景内部创建相应的游戏对象，还可以导入和导出所需要的资源包，如图 1-21 所示。

（4）GameObject（游戏对象）菜单。GameObject（游戏对象）菜单主要用于创建游戏对象，如 3D 对象、2D 对象、灯光、粒子等，了解 GameObject 菜单可以更好地实现场景内部的管理与设计，如图 1-22 所示。

（5）Component（组件）菜单。Component 菜单可以实现游戏对象的特定属性，本质上每个组件是一个类的实例。在 Component 菜单中，Unity 为用户提供了多种常用的组件资源，如图 1-23 所示。

（6）Window（窗口）菜单。Window 菜单既可以控制编辑器的界面布局，还能打开各种视图以及访问 Unity 的在线资源商城（Asset Store），如图 1-24 所示。

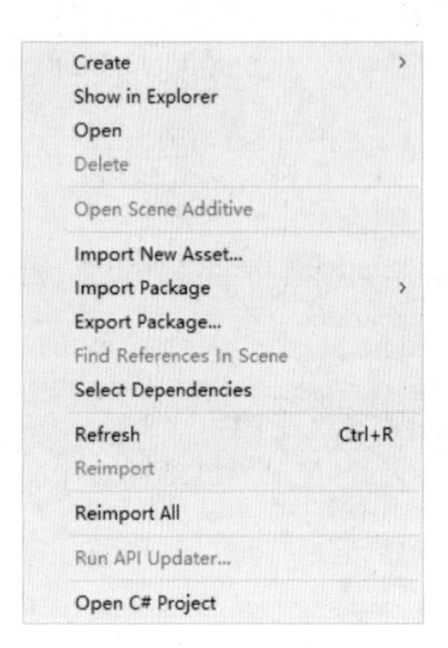

图 1-21　Assets 菜单

Create Empty　Ctrl+Shift+N
Create Empty Child　Alt+Shift+N
3D Object
2D Object
Effects
Light
Audio
Video
UI
Camera
Center On Children
Make Parent
Clear Parent
Apply Changes To Prefab
Break Prefab Instance
Set as first sibling　Ctrl+=
Set as last sibling　Ctrl+-
Move To View　Ctrl+Alt+F
Align With View　Ctrl+Shift+F
Align View to Selected
Toggle Active State　Alt+Shift+A

图 1-22　GameObject 菜单

Add...　Ctrl+Shift+A
Mesh
Effects
Physics
Physics 2D
Navigation
Audio
Video
Rendering
Layout
Playables
AR
Miscellaneous
Analytics
Scripts
Event
Network
UI

图 1-23　Component 菜单

Next Window　Ctrl+Tab
Previous Window　Ctrl+Shift+Tab
Layouts
Services　Ctrl+0
Scene　Ctrl+1
Game　Ctrl+2
Inspector　Ctrl+3
Hierarchy　Ctrl+4
Project　Ctrl+5
Animation　Ctrl+6
Profiler　Ctrl+7
Audio Mixer　Ctrl+8
Asset Store　Ctrl+9
Version Control
Collab History
Animator
Animator Parameter
Sprite Packer
Experimental
Holographic Emulation
Test Runner
Timeline Editor
Lighting
Occlusion Culling
Frame Debugger
Navigation
Physics Debugger
Console　Ctrl+Shift+C

图 1-24　Window 菜单

（7）Help（帮助）菜单。Help 菜单汇聚了 Unity 的相关资源链接，例如 Unity 手册、脚本参考、论坛等，同时也可以对软件的授权许可进行相应的管理，如图 1-25 所示。

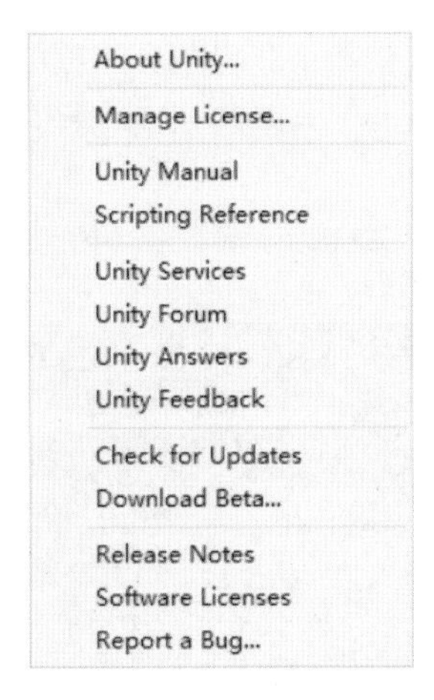

图 1-25 Help 菜单

1.3.3 打开示例工程

为了便于演示操作相关工具的使用，需要有实际游戏对象，因此先到在线资源商城（Asset Store）下载一个素材资源。

Unity 拥有资源丰富的在线资源商城，商城提供了大量的模型、动作、声音、脚本等素材资源，甚至是整个项目工程，这些免费的或收费的资源来自全球各地的开发者，他们开发出好用的素材和工具，并将它们放在 Asset Store 与其他人分享。

（1）在 Unity 中的 Scene 视图上方单击 Asset Store 按钮，进入到 Asset Store 窗口，如图 1-26 所示。默认情况下是英文显示的，可以在其右上角的语言下拉列表中进行选择，将显示方式切换成简体中文。

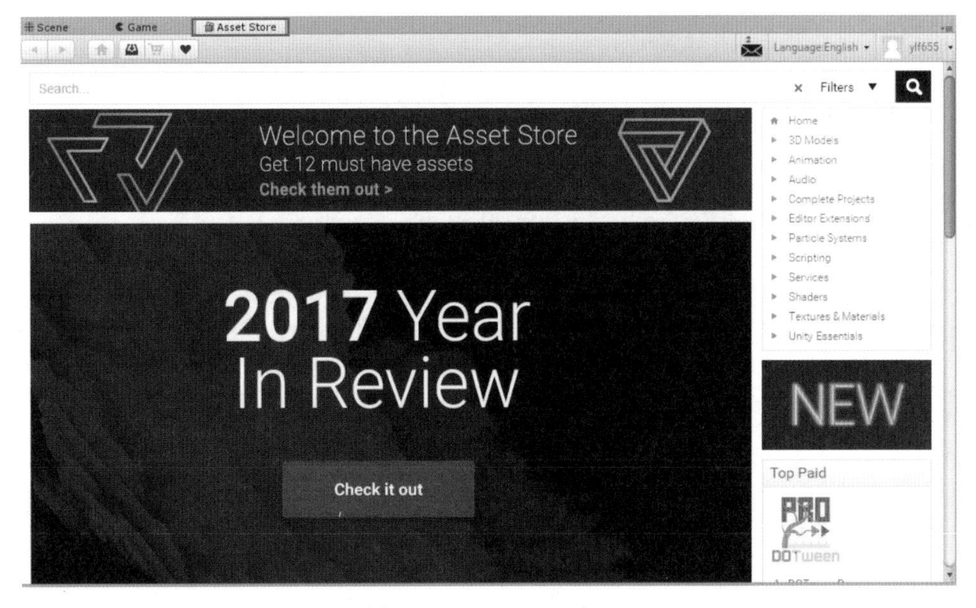

图 1-26 Asset Store 窗口

（2）进入到 Asset Store 窗口后，在窗口右侧的分类目录中可以快速地寻找到想要的资源。依次单击 3D 模型→植物→植物，然后在左侧打开的资源列表中选择 Cactus Pack，再单击“下载”按钮下载该工程文件，如图 1-27 所示。

图 1-27　下载资源

（3）下载完成后，系统会自动弹出 Import Unity Package 对话框，如图 1-28 所示，单击 Import 按钮，将场景载入当前的工程中。

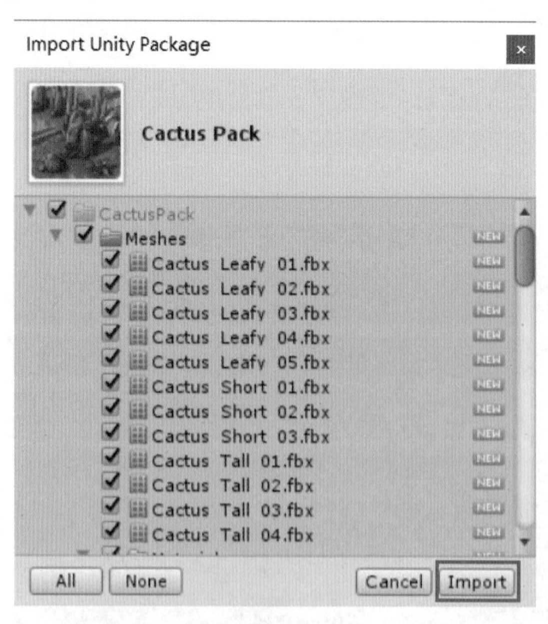

图 1-28　Import Unity Package 对话框

（4）在 Project 视图中展开 Assets → Cactus Pack → Scenes 文件夹，双击里面的 CactusPack_MiniScene 场景图标，载入新导入的游戏场景，回到 Scene 视图即可看到游戏场景，如图 1-29 所示。

图 1-29　Unity 场景

1.3.4　工具栏

Unity 的工具栏位于菜单栏的下方，它提供了常用功能的快捷访问方式。

1. 变换工具

变换工具主要针对 Scene 视图，用于实现对所选择的游戏对象的位移、旋转以及缩放等操作控制。变换工具从左到右依次是手形工具、移动工具、旋转工具、缩放工具和矩形工具。

（1）手形工具。手形工具的快捷键为 Q。

选中手形工具后，可在 Scene 视图中按住鼠标左键来平移整个场景。

选中手形工具后，在 Scene 视图中可以按住 Alt 键旋转当前场景视角，如图 1-30 所示。此外，按下鼠标右键也可以实现同样的效果。

图 1-30　旋转场景视角

选中手形工具后，在Scene视图中按住Alt键并右击鼠标可以缩放场景，如图1-31所示。此外，使用鼠标滚轮也可以实现同样的效果。

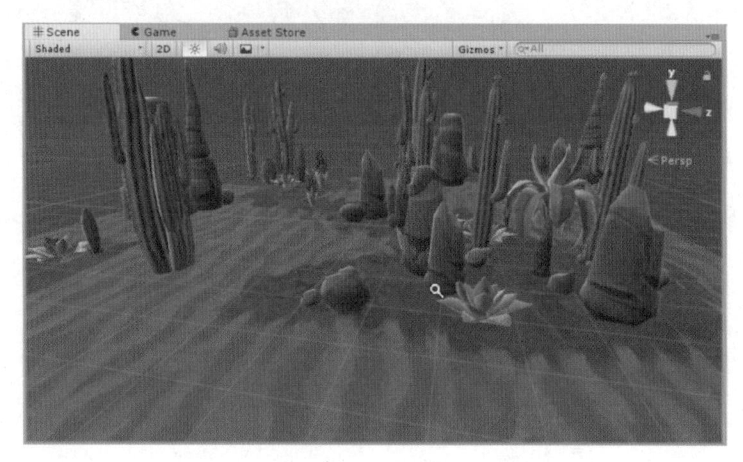

图1-31　缩放场景

（2）移动工具。移动工具的快捷键为W，可在Scene视图中移动游戏对象。

选中移动工具，在Scene视图中选中一株植物，此时在该植物上会出现三个方向箭头的三维坐标，红色代表X轴，绿色代表Y轴，蓝色代表Z轴，如图1-32所示。单击某一个箭头则该箭头高亮显示，按下鼠标左键拖动游戏对象，则游戏对象沿此轴方向移动。轴心点处有三个方块表示三个平面，单击某方块则该方块高亮显示，按下鼠标左键拖动，则游戏对象在此平面内移动。

图1-32　移动游戏对象

（3）旋转工具。旋转工具的快捷键为E，可以在Scene视图中按任意角度旋转游戏对象，如图1-33所示，操作方法与移动工具类似。

（4）缩放工具。缩放工具的快捷键为R，可以在Scene视图中缩放游戏对象，如图1-34所示，操作方法与移动工具类似。选中各个轴则沿该轴缩放，选中中间灰色的方块则将游戏对象在三个轴上进行统一缩放。

图 1-33 旋转游戏对象

图 1-34 缩放游戏对象

（5）矩形工具。矩形工具的快捷键为 T，允许用户查看和编辑 2D 或 3D 游戏对象的矩形手柄。对于 2D 游戏对象，可以按住 Shift 键进行等比例缩放，如图 1-35 所示。

图 1-35 矩形工具

2. 变换辅助工具 Center Local

（1）Center：显示游戏对象的轴心参考点，有两个值：Center 和 Pivot。Center 为以所有选中物体所组成的轴心作为游戏对象的轴心参考点（常用于多物体的整体移动）；Pivot 为以最后一个选中的游戏对象的轴心为参考点。

（2）Local：显示物体的坐标，有两个值：Global 和 Local。Global 为所选中的游戏对象使用世界坐标；Local 为该游戏对象使用自身坐标。

3. 播放控制

播放控制按钮是来预览游戏的。▶：游戏预览，单击该按钮会激活 Game（游戏）视图，再次单击它则退出预览返回 Scene（场景）视图；⏸：暂停预览，单击它会暂停游戏，再次单击它会让游戏继续运行；⏭：逐帧预览，按帧来运行游戏，单击一次播放一帧，方便用户查找游戏存在的问题。

4. 协作管理工具 Collab Account

Collab：合作。通过它可以快速和方便地从任何地方访问您的项目，同步并与整个团队共享，它包括协作和云构建功能，简化了团队的工作流程。它还包括云存储，所以很容易备份和共享您的项目。

☁：云服务。Unity 为您提供一套集成服务，用于创建游戏、提高生产力和管理您的用户。单击它会打开 Service 面板，里面都是 Unity 提供的一些服务，如图 1-36 所示。可以通过 ON 和 OFF 来打开和关闭相应的服务。

Account：账户管理。打开该按钮的下拉列表，其内容如图 1-37 所示。

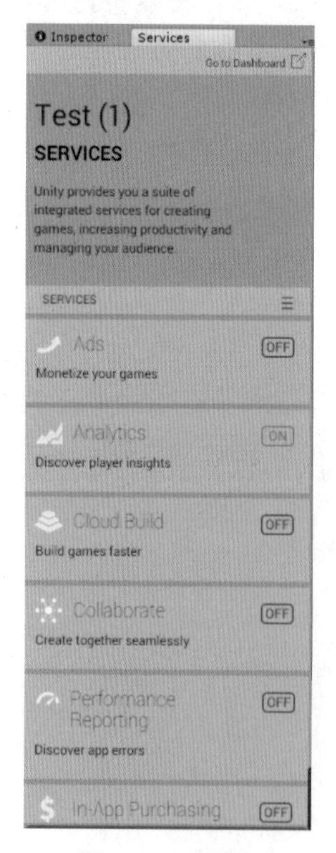

图 1-36　云服务

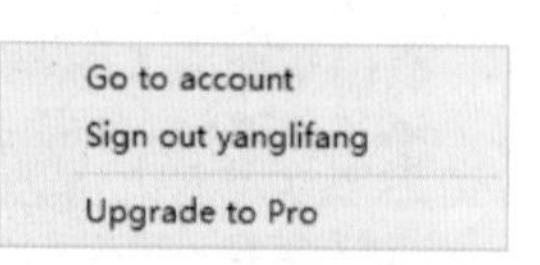

图 1-37　账户管理

5. 分层下拉列表 Layers

分层下拉列表用于控制游戏对象在 Scene 视图中的显示，在下拉列表中显示为的物体将被显示在 Scene 视图中，如图 1-38 所示。

6. 布局下拉列表 Layout

布局下拉列表用来切换视图的布局，用户也可以存储自定义的界面布局，如图 1-39 所示。

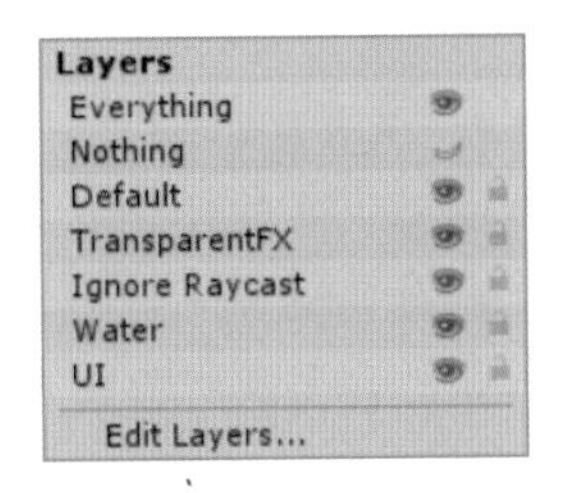

图 1-38　分层下拉列表

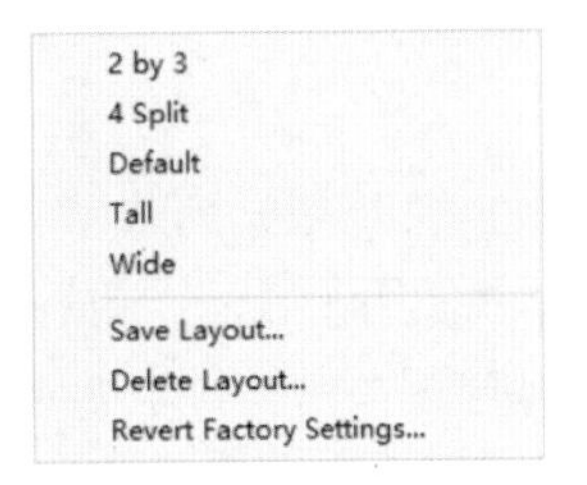

图 1-39　Layout 布局

1.3.5　常用工作视图

1. Porject（项目）视图

Porject 视图是 Unity 整个项目工程的资源汇总，它保存了游戏场景中用到的脚本、材质、字体、贴图、外部导入的网格模型等资源文件。在 Project 视图中，左侧面板是显示该工程的文件夹的层级结构，当某个文件夹被选中后，会在右侧的面板中显示该文件夹中所包含的资源内容，不同的资源类型都有相应的图标来标识，方便用户识别，如图 1-40 所示。

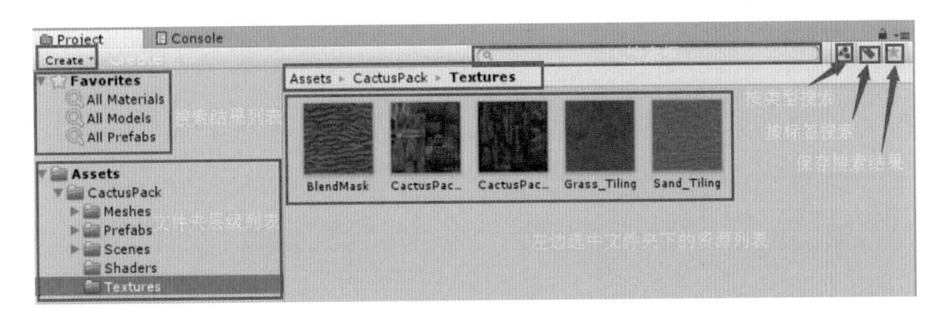

图 1-40　Project 视图

每个 Unity 项目文件夹都会包含一个 Assets 文件夹，Assets 文件夹是用来存放用户所创建的对象和导入的资源的，并且这些资源是以文件夹的方式来组织的，用户可以直接将资源拖入 Porject 视图中或是选择菜单栏的 Assets → Import New Asset 命令来将资源导入当前的项目中。

由于项目中可能有成千上万的资源文件，如果逐个寻找很费时间且很难定位某个文件，此时用户可以在搜索栏中输入要搜索资源的名称，从而快速查找到需要的资源。例如在搜索栏中输入“Rock t:Prefab”，其含义为搜索类型为 Prefab 的所有名称包含 Rock 的资源，其中 t: 代表类型过滤，I: 代表标签过滤（这里不再赘述）。Assets 里面的搜索结果如图 1-41 所示。

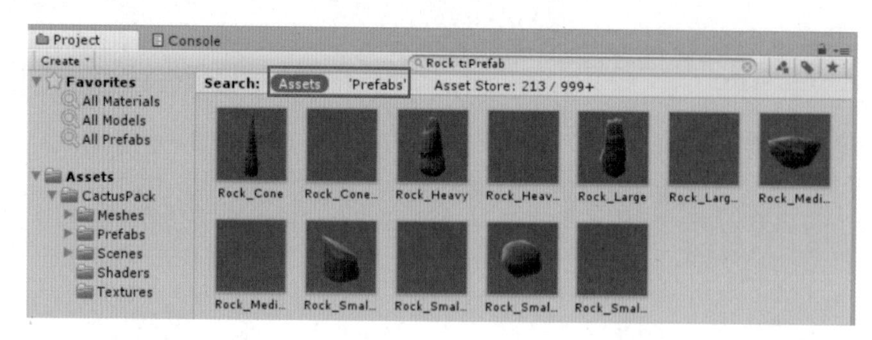

图 1-41　搜索结果

2. Hierarchy（层级）视图

Hierarchy 视图用来显示当前场景中的所有游戏对象，如图 1-42 所示。

在 Hierarchy 视图中提供了 Parenting（父子化）关系，通过为游戏对象建立父子关系，可以使多个游戏对象的移动和编辑变得更为方便和精确。任何游戏对象都可以有多个子对象，但只能有一个父对象。对父对象的操作都会影响到子对象；子对象可以对自身进行独立的编辑操作，不影响父对象。

选择一个对象，按住鼠标右键把它拖到另一个对象的内部，则它就成了该对象的子对象，父对象前边会出现一个可折叠的箭头，通过折叠与展开箭头可以隐藏与显示子对象，如图 1-43 所示。

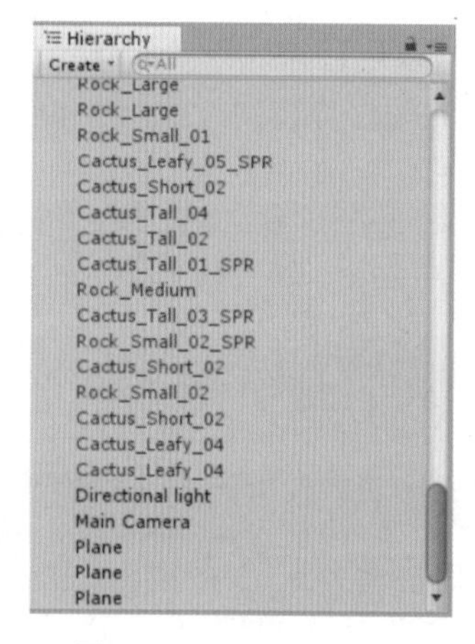

图 1-42　Hierarchy 视图

图 1-43　父子关系

Hierarchy 视图中的 Create 下拉菜单用于创建游戏对象，如图 1-44 所示。

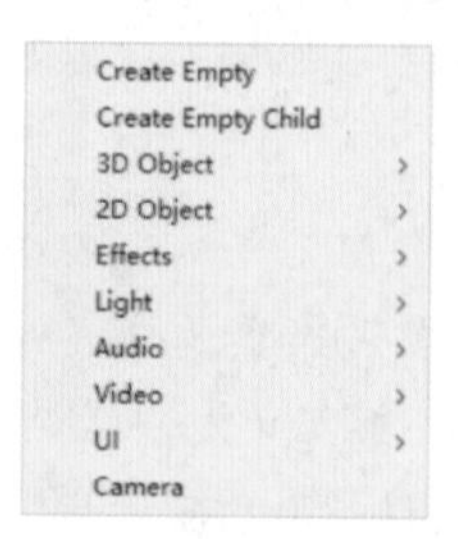

图 1-44　创建游戏对象列表

3．Scene（场景）视图

Scene 视图用来构造游戏场景，用户在这个视图中对游戏对象进行操作。Scene 视图是被操作最频繁的视图，因为一旦一个游戏对象被添加到游戏的场景中，就需要首先使用鼠标为这个游戏对象设置出合适的状态。而且开发者还需要多角度地观察游戏场景中的各个游戏对象。基于以上的原因，Unity 提供了很多快捷操作，支持开发者对 Scene 视图所做的各种操作，常见的操作方式有：

直接按下键盘上的 Q、W、E、R 键，即可选中 Unity 左上角工具栏上的四个按钮，且按钮与按键一一对应，省去了开发者使用鼠标单击的麻烦。

移动操作：按住鼠标中键（滚轮），或按键盘上的 Q 键，可任意移动场景，其作用等同于工具栏上的手形工具。

旋转操作：按下 Alt 键，再按下鼠标左键拖动，可在场景中沿所注视的位置旋转视角。

缩放操作：使用鼠标的滚轮或按 Alt+ 鼠标右键，可以放大和缩小视图的视角，向上滚动放大，向下滚动缩小。

居中显示所选择的物体：按 F 键或在 Hierarchy 视图中双击游戏对象名就可以让选择的游戏对象在 Scene 视图中居中显示。

Flythrough（飞行浏览）：按下鼠标的右键，光标就会变成眼睛的样子，然后再按下键盘上的 W、S、A、D 键，可切换到 Flythrough 模式，就可以模拟第一人称视角在场景中进行漫游，向前、后、左、右移动，移动鼠标相当于转动人物的头部，按下 Shift 键会使移动加速。

在 Scene 视图的右上角有个坐标轴的模型，在 Unity 中它被称为 Gizmo，如图 1-45（a）所示。

单击 Gizmo 的轴可以将 Scene 视图迅速切换到预定义的观察视角，例如顶视图（Top）、后视图（Back）、前视图（Front）、右视图（Right）等。图 1-45（b）～（e）所示为切换了四个视角来查看 Scene 视图中的游戏对象。

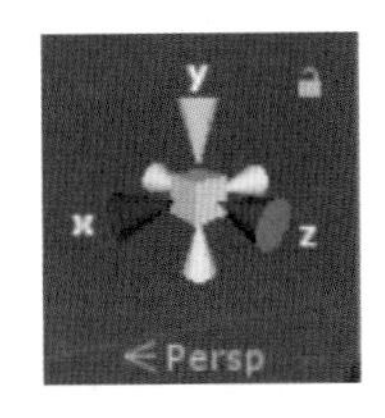

（a）Gizmo

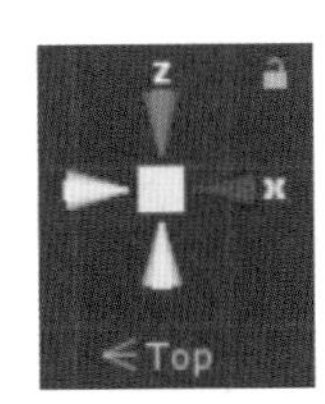

（b）顶视图

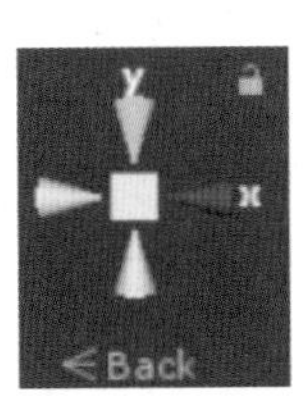

（c）后视图

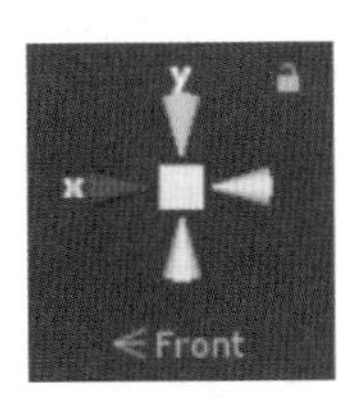

（d）前视图

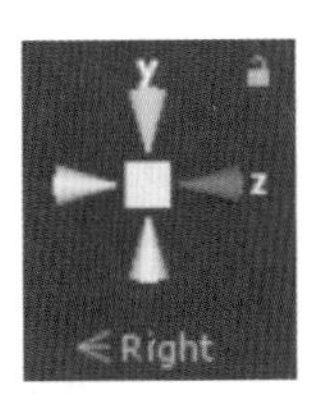

（e）右视图

图 1-45　坐标轴与视角

Gizmo 的右上角有一个锁，单击它锁定，再单击它解锁，当锁定后场景的视角就被锁定不能旋转与切换了。

在 Scene 视图的上方是场景视图控制栏（Scene View Control Bar），它可以改变摄像机查看场景的方式，比如绘图模式、2D/3D 场景视图切换、场景光照、场景特效等，如图 1-46 所示。

图 1-46　场景视图控制栏

例如，在搜索栏搜索到的游戏对象会以带颜色的方式显示，其他对象都会显示成灰色，搜索结果也同时会在 Hierarchy 视图中显示，如图 1-47 所示。

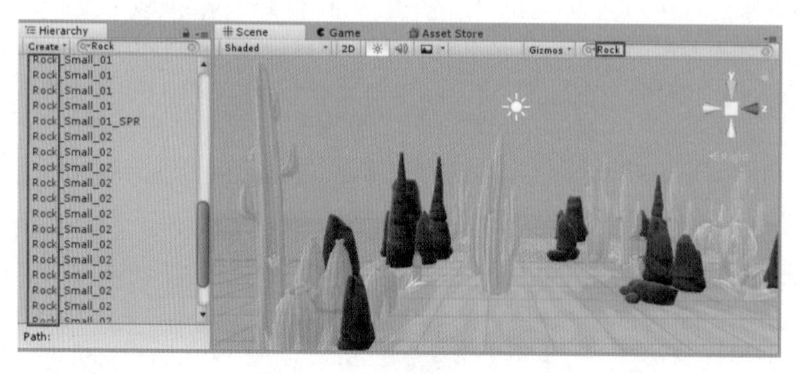

图 1-47　游戏对象搜索结果

4. Game（游戏）视图

Game 视图是显示游戏最终运行效果的预览窗口。通过单击工具栏中的“播放”按钮即可在 Game 视图中进行游戏实时预览，方便游戏的调试和开发。

提示：在预览模式下，用户可以继续编辑游戏，编辑后可在 Game 视图中实时看到调节后的效果，但是对游戏场景的所有修改都是临时的，不会影响 Scene 视图中的游戏对象，所有的修改在退出游戏预览模式后都会自动还原。

5. Inspector（检视）视图

Inspector 视图用于显示游戏场景中当前选择的游戏对象的详细信息和属性设置，包括对象的名称、标签、位置、旋转、缩放以及组件等，如图 1-48 所示。

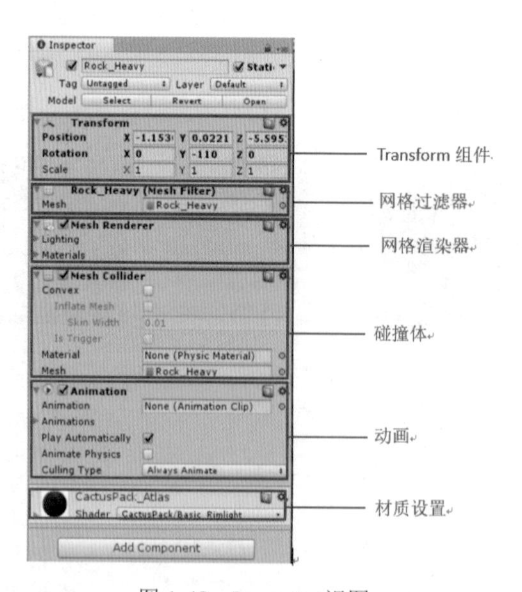

图 1-48　Inspector 视图

6. Console（控制台）视图

Console 是 Unity 的调试工具，用户可以在 Console 视图中调试编写的脚本，查看调试信息。项目中的任何错误、消息或警告都会在这个视图中显示出来。用户可在 Console 视图中双击错误信息，从而调用代码编辑器自动定位有问题的脚本代码位置。

用户也可以选择菜单栏中的 Windows → Console 命令来打开 Console 视图，单击编辑器底部状态栏的信息同样可以打开该视图，Console 视图界面如图 1-49 所示。

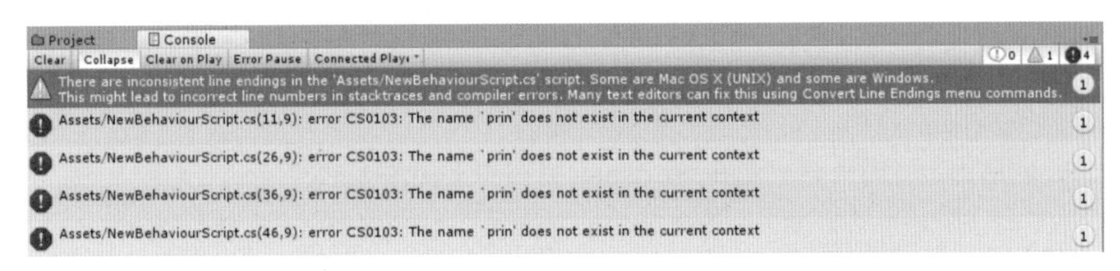

图 1-49　Console 视图

1.4　游戏对象与组件

在 Unity 中，一个游戏项目的架构如图 1-50 所示。

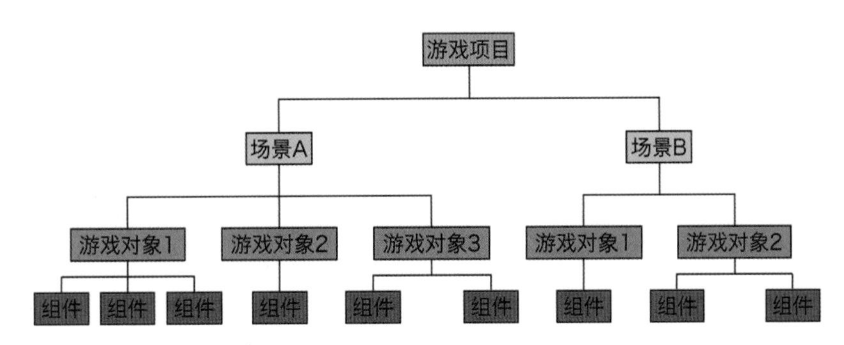

图 1-50　游戏项目架构图

游戏和电影一样，是通过每一个镜头的串联来实现的，而这样的镜头我们称之为“场景”。一个游戏一般包含一个到多个场景，把它们组合起来就是一个完整的游戏了。

在电影里面，每个镜头会包含布景，然后还会有演员在表演，摄像机将演员表演的画面记录下来，然后就变成了电影。同样地，在 Unity 游戏里面也存在相机，它的作用也是将游戏的画面展示在游戏设备的显示屏上面。所不同的是，在 Unity 游戏里面，不论是布景还是人物，所有的东西我们都称之为“游戏对象”（GameObject）（2D 游戏里一般称之为“精灵”）。所以游戏场景是由游戏对象组成的。

在电影里面，角色会有各种信息，比如角色的身份标签、性格，甚至他的职能。同样地，游戏对象也可以拥有各种信息，而这些信息都是以“组件”（Component）的方式存在的。游戏对象是由一个到多个组件组成的，不同的组件有不同的功能，游戏对象想要实现什么功能，只需要添加对应的组件即可，Unity 游戏是通过组件的方式进行开发的，所以想要操作游戏对象也都是通过操作对应的组件对象。我们可以在 Inspector 视图中查看当前游戏对象上的组件，修改组件的属性。

1.4.1 创建游戏对象

（1）启动 Unity，创建一个新的项目工程并保存。

（2）在新建的游戏场景 Scene 里默认添加一个 Main Camera（主相机）对象和一个 Directional Light（方向光源）对象。

（3）在 GameObject 菜单的下拉菜单或 Hierarchy 视图的 Create 下拉列表中选择所需要创建的游戏对象。选择 3D Object 选项，在弹出的列表中选择想要创建的 3D 对象类型，例如，选择 Sphere（球），如图 1-51 所示。

（4）创建的游戏对象会显示在 Hierarchy 视图中，如图 1-52 所示。

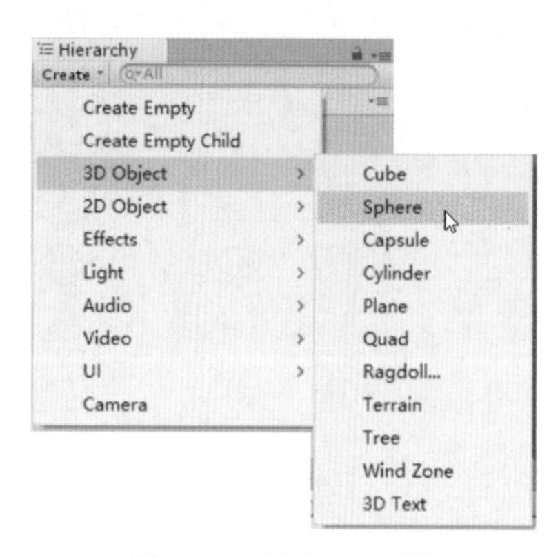

图 1-51　创建 3D 对象

图 1-52　创建好的对象

在 Hierarchy 视图中选中 Sphere，在 Inspector 视图中可以看到它的一些属性，它默认拥有四个组件：Transform、Sphere（Mesh Filter）、Sphere Collider 和 Mesh Renderer，如图 1-53 所示。

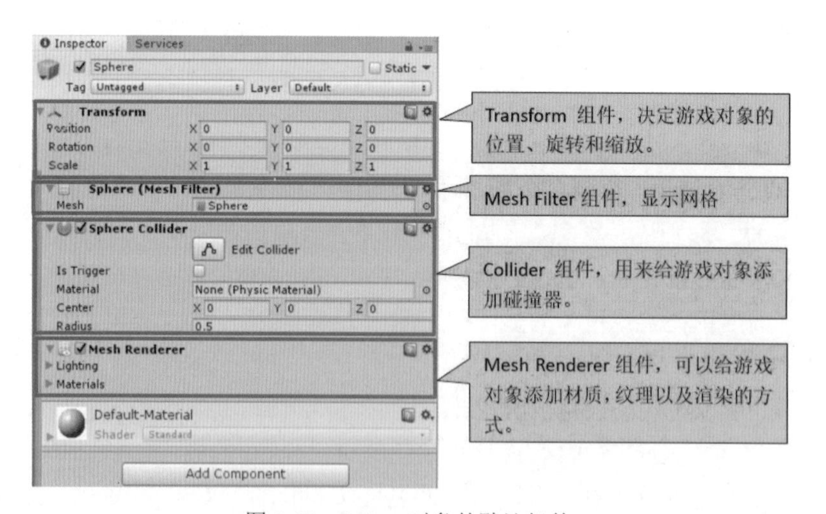

图 1-53　Sphere 对象的默认组件

（5）单击图 1-53 中的 Add Component 按钮或单击菜单栏中的 Component 可以给游戏对象添加组件。选择 Sphere 游戏对象，选择菜单栏的 Component → Physics → Rigidbody 命令，Rigidbody 组件就会出现在 Inspector 视图中，如图 1-54 所示。

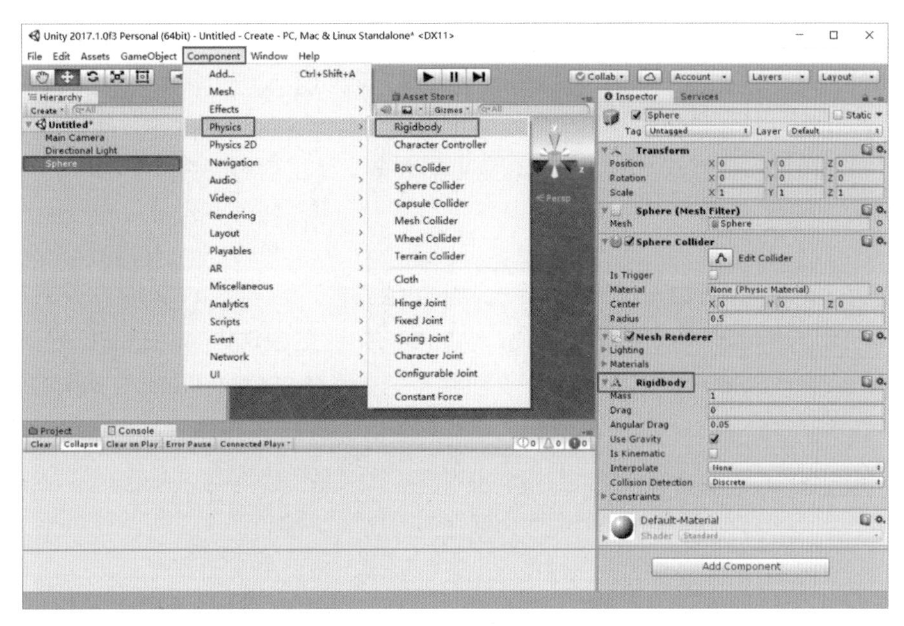

图 1-54　添加组件

1.4.2　常用组件

因为有了许多的组件，它们让 Unity 中的游戏对象具有了很多的特性，常用的组件见表 1-1。

表 1-1　常用组件

组件	作用
Rigidbody 刚体	刚体可通过接受力与扭矩，使物体能在物理控制下运动
Collider 碰撞器	让游戏对象具有一个碰撞边界，它和刚体一起来使碰撞发生
Renderer 渲染器	使物体显示在屏幕上
Particle System 粒子系统	用于创作烟雾、气流、火焰、瀑布、喷泉、涟漪等效果
AudioSource 音频源	在场景中播放音频剪辑
Animation 动画	播放动画，可以将指定动画剪辑到动画组件并用脚本控制播放
Animator 动画控制器	声明一个 Animator 控制器，用来设置角色上的行为
Scripts 脚本	用于添加到游戏对象上以实现各种交互操作及其他功能

1.5　Prefabs

1.5.1　Prefabs 的概念

Prefabs 意为预设体，是一种资源类型——存储在项目视图中的一种可反复使用的游戏对象。当游戏中需要非常多反复使用的对象、资源等时，Prefabs 就有了用武之地。

预设体作为一个资源，能够放到多个场景中，也能够在同一个场景中放置多次。当拖动预设体到场景中（在 Hierarchy 视图中出现）时，就创建了一个实例。该实例与其原始预设体是关联的，对预设体进行更改，实例也将同步修改。这样的操作，除了可以提高资源的利用率，还可以提高开发的效率。理论上需要多次使用的对象都应该制作成 Prefabs。

1.5.2 创建 Prefabs

先创建一个空的 Prefabs，然后用游戏对象来填充它。

（1）创建一个文件夹来管理 Prefabs。在 Project 视图中选中 Assets，执行菜单上的 Assets → Create → Folder 命令，在 Assets 下创建一个文件夹，命名为 Prefabs，如图 1-55 所示。

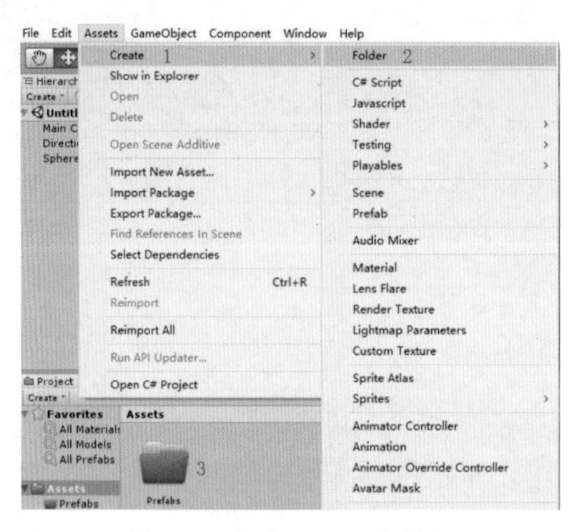

图 1-55　创建 Prefabs 文件夹

（2）创建一个空的预设体。选择刚创建的 Prefabs 文件夹，然后执行菜单上的 Assets → Create → Prefab 命令，在 Prefabs 文件夹下会创建一个空的预设体（图标为白色的立方体），相当于一个空的容器，等待游戏对象数据来填充，将其命名为 Prefab01，如图 1-56 所示。

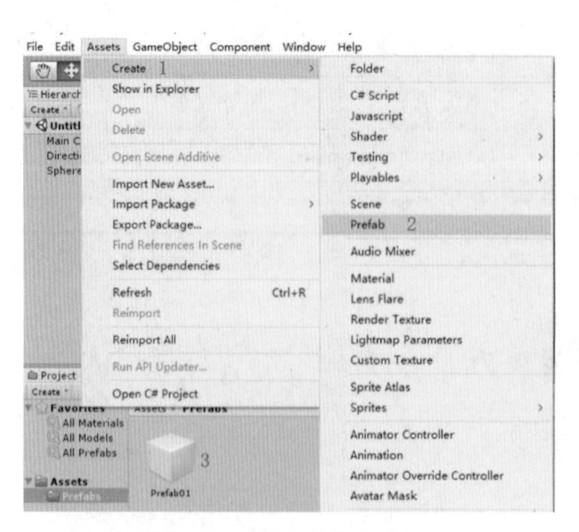

图 1-56　创建空白 Prefab

（3）在 Hierarchy 视图中选择 Sphere，按住鼠标左键不放将其拖放到新创建的 Prefab01 上，此时 Prefab01 的图标会发生改变，且 Hierarchy 视图中的 Sphere 的名字颜色变成了蓝色，如图 1-57 所示。Prefab01 的缩略图（拖动 Project 视图右下角的滑块到最左边的位置）的颜色也由白色变为蓝色，表示它是一个非空的预设体了，如图 1-58 所示。

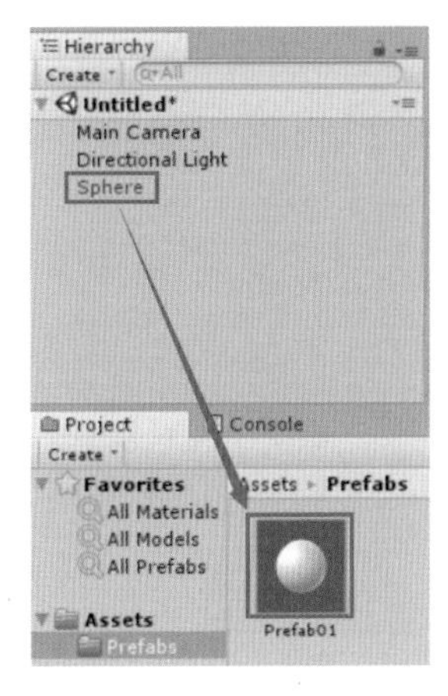

图 1-57　填充 Prefab

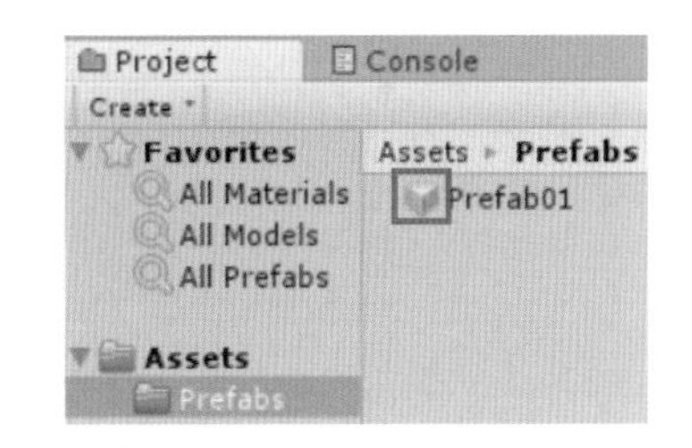

图 1-58　Prefab 缩略图

到此，游戏对象就制作成了预设体了，可以在该工程项目的多个场景中重复使用它。

提示：将 Hierarchy 视图中的对象直接拖放到 Project 视图中的 Prefabs 文件夹，可快速地将其制作成预设体。

1.5.3　使用 Prefabs

在 Prefabs 文件夹下，将 Sphere 预设体拖放到 Scene 视图中或 Hierarchy 视图中，便完成了一个 Sphere 在场景中的实例化。可以拖动多个预设体到场景中，如图 1-59 所示。

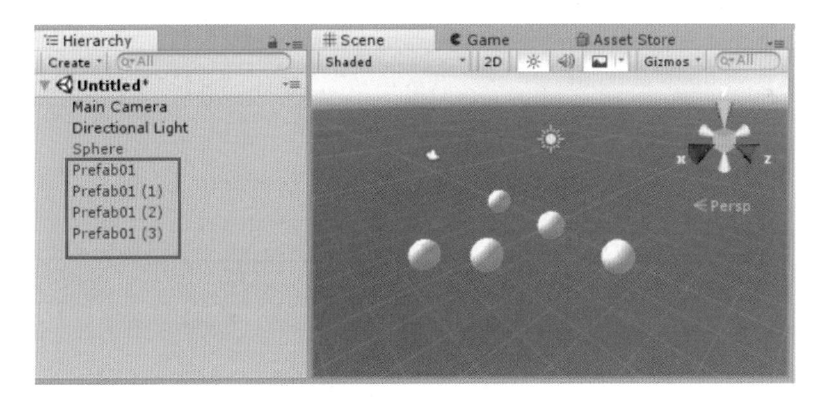

图 1-59　使用 Prefabs

1.6　简单三维场景搭建

根据前面所学知识搭建一个简单的三维场景，场景效果如图 1-60 所示。

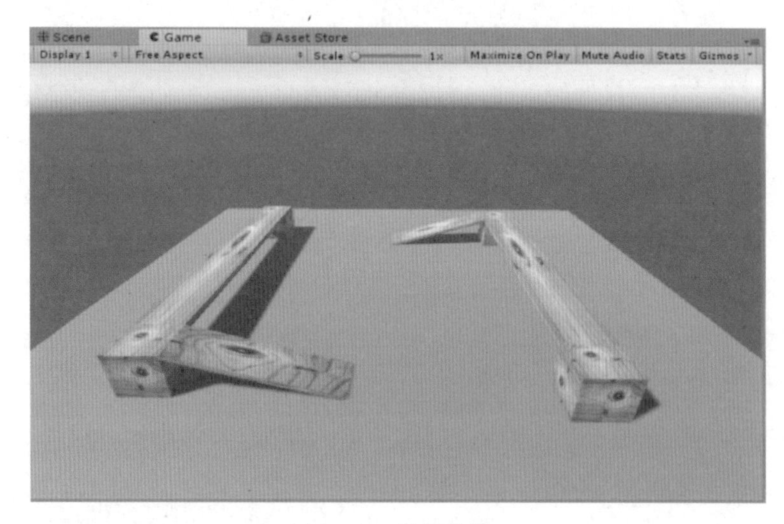

图 1-60　场景效果

制作步骤如下：

（1）启动 Unity 应用程序，创建名为 SamScene 的项目，进入 Unity 编辑界面。

（2）在 Hierarchy 视图中依次选择 Create → 3D Object → Plane 命令，创建 Plane 对象作为地面，如图 1-61 所示。

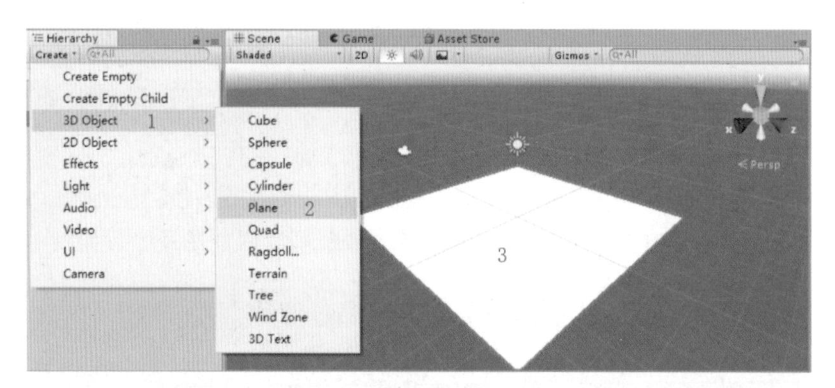

图 1-61　创建 Plane 对象

（3）在 Inspector 视图中，修改其大小 Scale 为 3，调整视角，如图 1-62 所示。

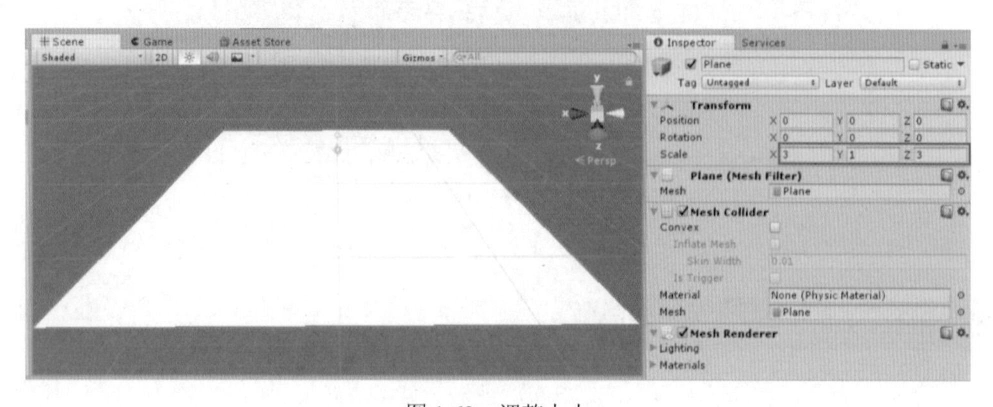

图 1-62　调整大小

（4）创建材质球。在 Project 视图中，选择 Create → Folder 命令创建一个名为 material 的文件夹，用于存放材质，如图 1-63 所示。

图 1-63　创建 Material 文件夹

（5）在 material 文件夹下右键单击，在弹出的快捷菜单中选择 Create → Material 命令，创建一个材质球，并命名为 plane，如图 1-64 所示。

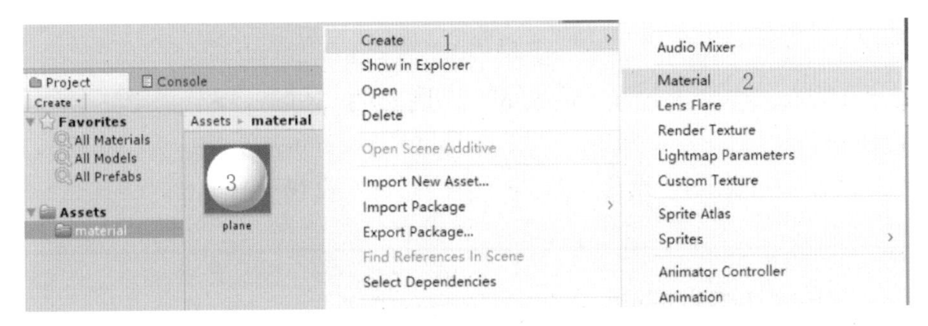

图 1-64　创建材质球

提示：创建材质球，尽量一个对象对应一个材质球，为了区分哪个材质球对应哪个对象，一般把材质球的名称与对象的名称取为一样。

（6）选择材质球，在 Inspector 视图中单击 Main Maps，单击颜色框设置材质球的颜色为灰色，如图 1-65 所示。

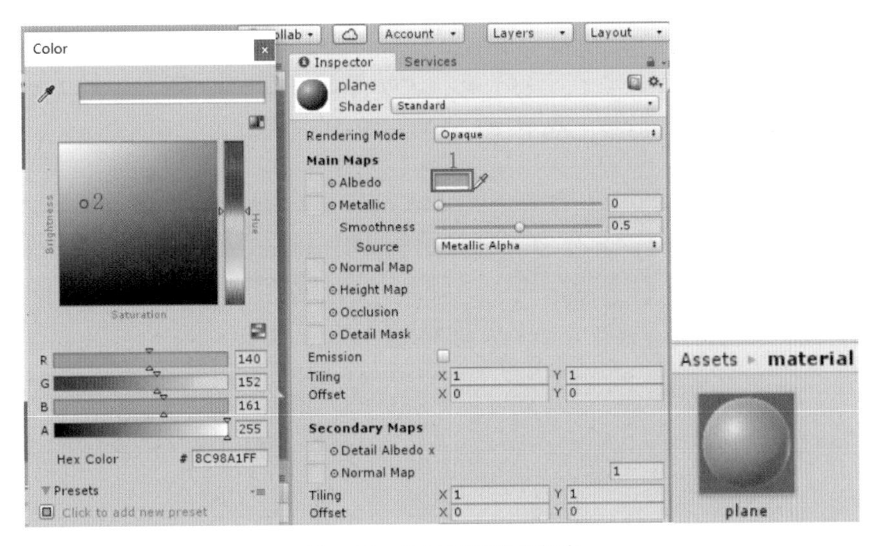

图 1-65　为材质球选择颜色

（7）按住材质球拖放到场景中的 Plane 对象上，Plane 应用上相应材质变为灰色，如图 1-66 所示。

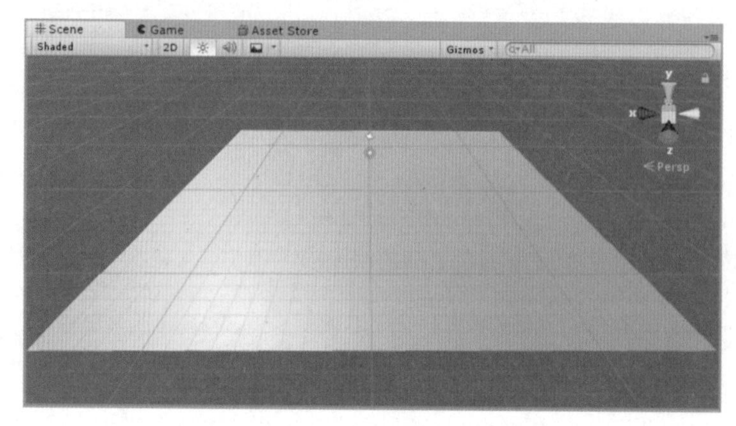

图 1-66　为 Plane 添加材质效果

（8）创建 3D 对象 Cube。在 Inspector 视图中的 Transform 组件内单击按钮的下拉箭头，选择 Reset 命令，如图 1-67 所示。设置其 Position（位置）为 (0,0.3,0)；设置其 Rotation（旋转）为 (0,0,0)；设置其 Scale（大小比例）为 (0.6,0.6,0.6)，让其处于地面上，如图 1-68 所示。

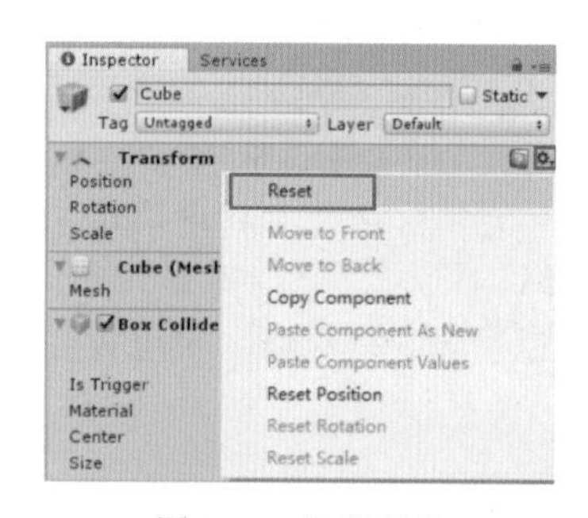

图 1-67　位置复位

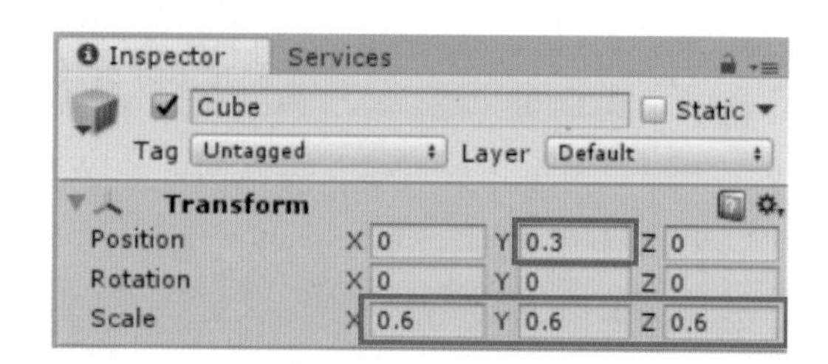

图 1-68　设置大小与位置

（9）选中 Cube，按组合键 Ctrl+D 复制一个 Cube1，调整两个 Cube 的位置，让两个 Cube 在 X 方向平行放置，如图 1-69 所示。

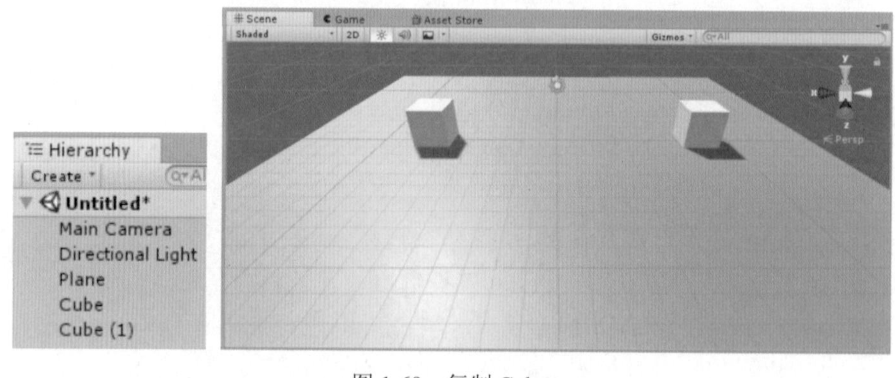

图 1-69　复制 Cube

（10）按组合键 Ctrl+D 再复制一个 Cube2 用于连接 Cube 和 Cube1，使用缩放工具和移动工具调节其大小与位置，如图 1-70 所示。

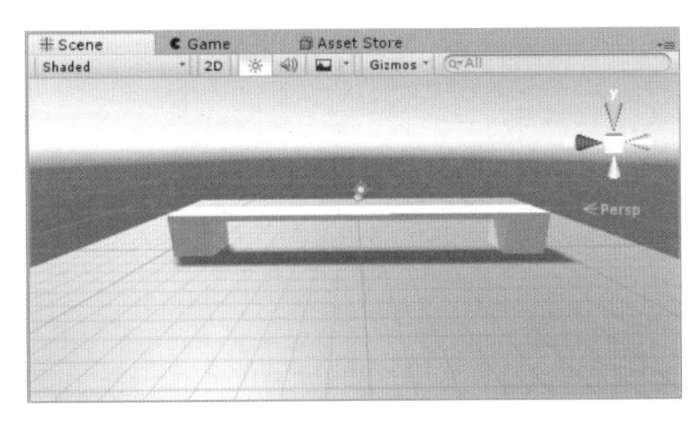

图 1-70　Cube2

（11）接下来把这三个 Cube 组合成一个整体。在 Hierchary 视图中选择 Create → Create Empty 命令创建一个空对象，把空对象拖放到 Cube(2) 里面为其子对象，然后 Reset 其位置，这样可以快速让空对象的坐标与 Cube(2) 相同。

（12）把空对象从 Cube(2) 中拖出来，选中三个 Cube，把它们拖放到空对象下面为其子对象，从而把三个 Cube 组合为一个整体，只需对空对象进行操作。把空对象重命名为 qiao，如图 1-71 所示。

（13）折叠 qiao，按组合键 Ctrl+D 复制 qiao 为 qiao(1)，调整其位置如图 1-72 所示。

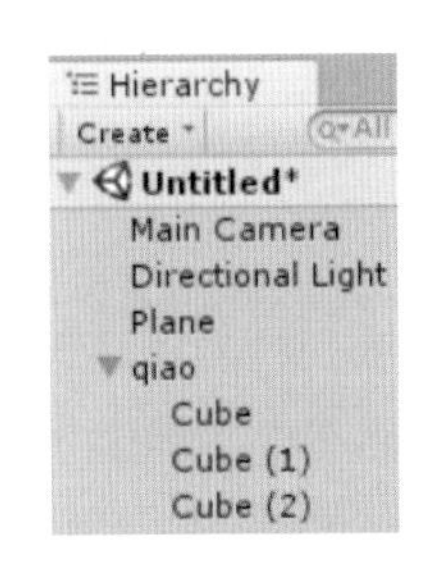

图 1-71　组合游戏对象

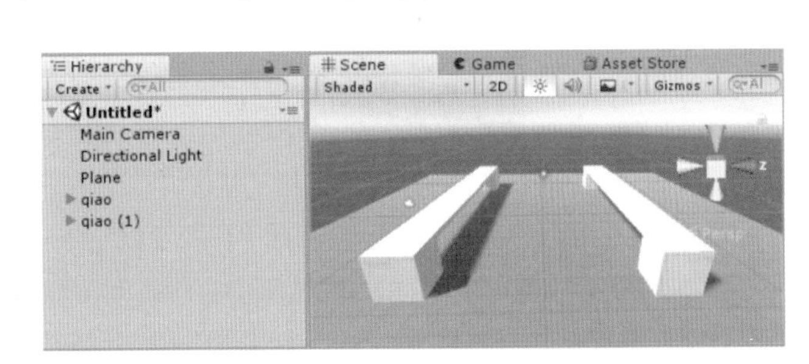

图 1-72　复制 qiao

（14）创建 Cube，调整其大小与位置，并将其搭放在 qiao 上，如图 1-73 所示。

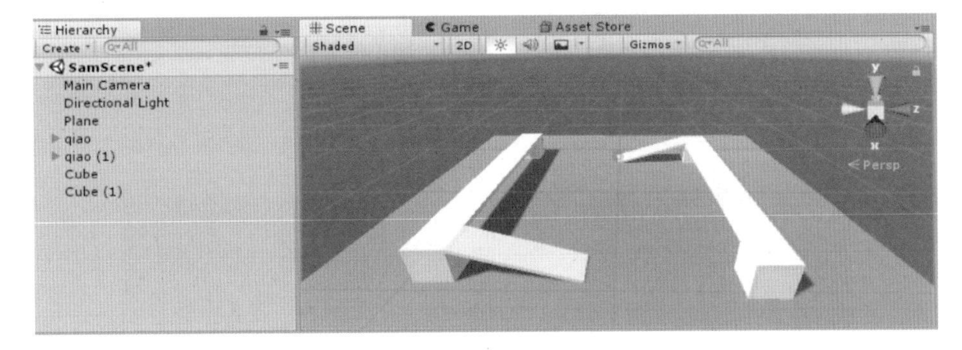

图 1-73　制作踏板

（15）为模型添加材质。在 Project 视图的 materials 文件夹下创建一个材质球，命名为 cube，如图 1-74 所示。

图 1-74　创建 cube 材质球

（16）在 Project 视图上创建一个文件夹，命名为 texture，专门用于存放贴图资源。把准备好的贴图图片放在该文件夹中，方法为打开图片所在位置，选中图片，按住鼠标左键将其拖放到 texture 文件夹下即可，如图 1-75 所示。或把图片复制到项目保存路径下的 texture 文件夹下，Project 视图中的文件夹与项目保存路径下的文件夹是完全同步的。

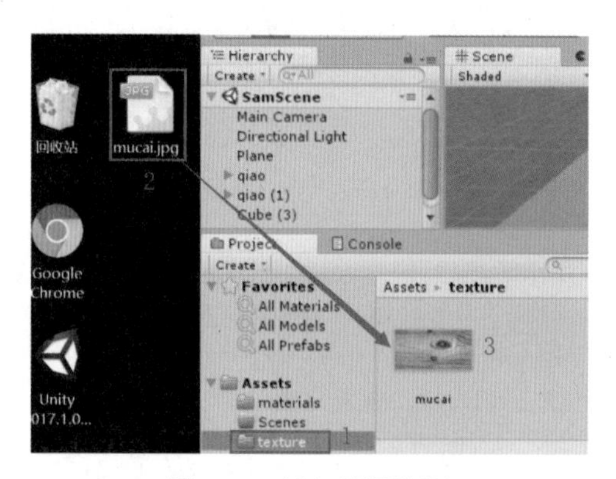

图 1-75　添加贴图资源

（17）在 materials 文件夹选择刚创建的材质球 cube，在 Hierarchy 视图中，单击 Albedo 前面的小圆点按钮，打开 Select Texture 对话框，选择 mucai 贴图，材质球上就有木纹了，如图 1-76 所示。

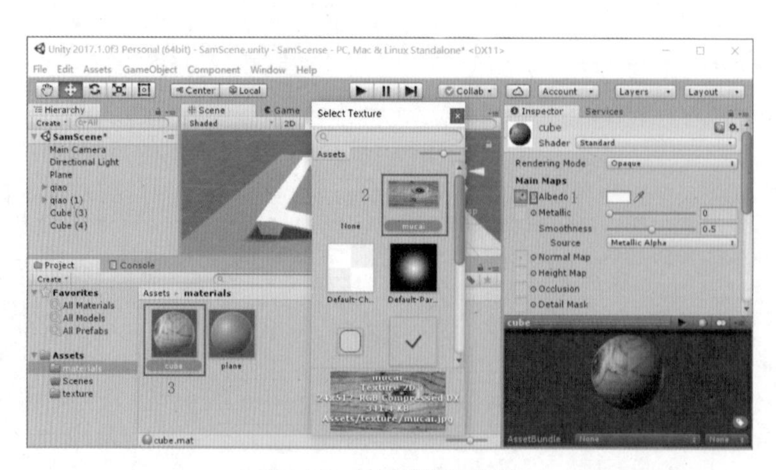

图 1-76　材质球添加贴图

（18）关闭 Select Texture 对话框，把 Cube 材质球拖放到场景中的模型上，如图 1-77 所示。

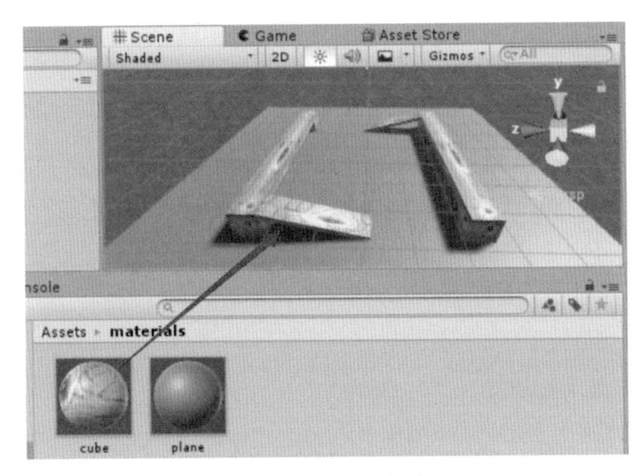

图 1-77　给模型添加材质

（19）在 Hierarchy 视图中选择 Main Camera，选择 GameObject → Align With View 命令，把场景视角设为摄像机视角，单击▶播放按钮运行，最终效果如图 1-60 所示。

本章小结

本章主要介绍 Unity 基础。什么是 Unity，Unity 的应用，Unity 的下载与安装以及登录使用。认识 Unity 集成开发环境，熟悉其界面及基本操作。理解游戏对象和组件以及它们之间的关系，掌握常用的组件。了解什么是预制体 Prefab 以及预制体的创建与使用。最后使用前面学习的知识搭建了一个简单的三维场景。

第 2 章
Unity 脚本程序基础

2.1 Unity 脚本概述

脚本是一种特殊的组件，是由程序语言编写的一段指令，通过这些指令来定义游戏对象的行为，因此脚本必须绑定到游戏对象上才能生效。

编写 Unity 脚本是整个游戏开发过程中的重要环节，即便最简单的游戏也需要脚本来响应用户的操作。此外游戏场景中的事件触发、游戏关卡的设计、各类角色的运动、游戏对象的创建和销毁等都需要通过脚本来控制。

Unity 从 5.0 开始只支持两种脚本语言：JavaScript 和 C#，用户可以使用其中一种或同时使用两种语言来进行游戏脚本的开发，并且脚本之间可以相互访问和进行函数调用，这也方便了不同编程语言的用户进行协同开发。

相对来说 JavaScript 语法较为简单，更容易上手一些，适合初学者在入门阶段来熟悉 Unity 的结构和 API 的用法；C# 属于面向对象的编程语言，其语法接近于流行的高级编程语言 C++、Java 等，在编程思想上更符合 Unity 引擎的原理。

2.2 创建并运行脚本

2.2.1 创建脚本

在 Unity 中有三种新建脚本的方法，分别如下：

（1）选择菜单栏中的 Assets → Create → C# Script 命令，如图 2-1 所示。

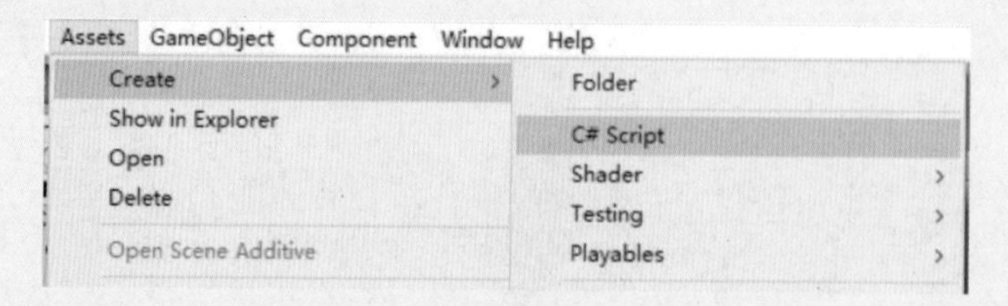

图 2-1　创建脚本方法 1

（2）在 Project 视图上方单击 Create 按钮或者在视图区域右击，在弹出的快捷菜单中选择 Create → C# Script 命令来创建脚本，如图 2-2 所示。

新建的脚本文件会出现在 Project 视图中，并自动命名为 NewBehaviourScript，也可为脚本输入新名称。脚本文件的图标上显示了编写脚本的语言，如图 2-3 所示。

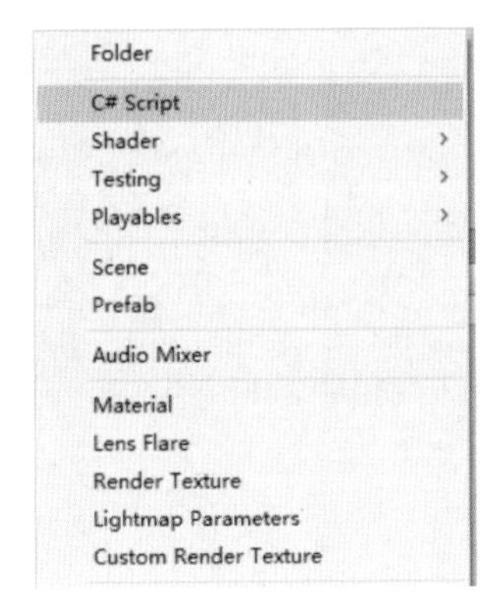

图 2-2　创建脚本方法 2

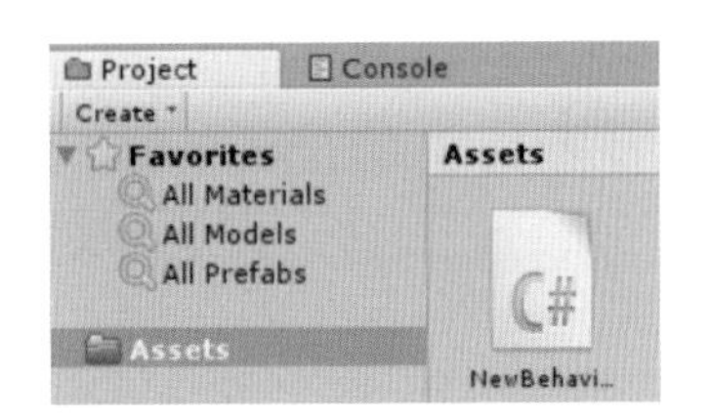

图 2-3　创建好的脚本

前面两种方法没有把脚本绑定到游戏对象上，要通过手动方式与对象绑定，有两种方法进行绑定：

- 选中 Project 视图中的脚本，按住鼠标左键不放直接拖放到 Hierarchy 视图中的对象上。
- 在 Hierarchy 视图中选择游戏对象，然后选中 Project 视图中的脚本，按住鼠标左键不放直接拖放到 Inspector 视图中。

与对象绑定后，脚本会出现在对象的 Inspector 视图中，如图 2-4 所示。

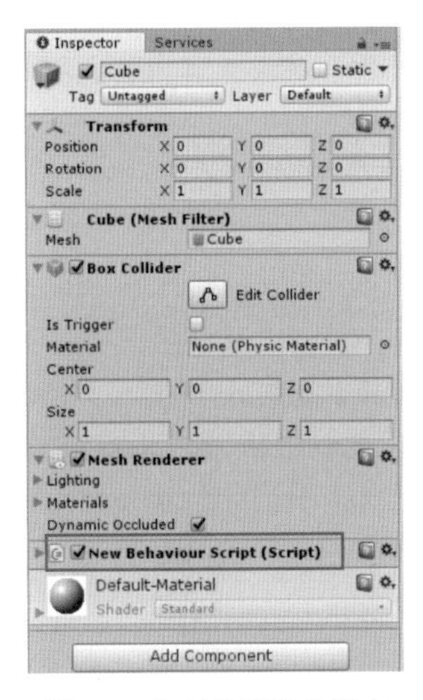

图 2-4　与对象绑定的脚本

（3）通过添加组件添加脚本。在场景中新建一个 Cube 对象，在 Hierarchy 视图中选择 Cube 对象，然后在 Inspector 视图中单击 Add Component（添加组件）按钮，在弹出的选项中选择 New Script，输入新名称 NewBehaviourScript，单击 Create and Add 按钮。创建过程如图 2-5 所示。

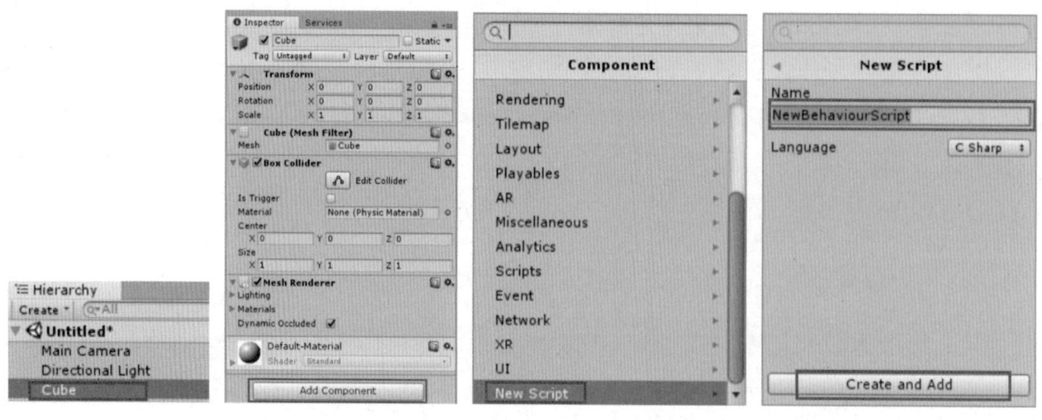

图 2-5　创建脚本方法 3

2.2.2　编辑脚本

在 Project 视图中双击脚本，启动 Microsoft Visual Studio 脚本编辑窗口，如图 2-6 所示。

Test - Microsoft Visual Studio

文件(F)　编辑(E)　视图(V)　项目(P)　生成(B)　调试(D)　团队(M)　工具(T)　分析(N)　窗口(W)　帮助(H)

Debug　Any CPU　附加到 Unity

NewBehaviourScript.cs

Test　NewBehaviourScript　Update()

```
using System.Collections;
using System.Collections.Generic;
using UnityEngine;

public class NewBehaviourScript : MonoBehaviour {

    // Use this for initialization
    void Start () {

    }

    // Update is called once per frame
    void Update () {

    }
}
```

图 2-6　脚本编辑窗口

脚本代码中有一个继承自 MonoBehaviour 的类，其类名为脚本名称。在 Unity 中，任何要绑定到 GameObject 上的脚本都必须继承自 MonoBehaviour，若不继承自它就不能挂载到 GameObject 上。MonoBehaviour 中定义了基本的脚本行为，提供了很多属性与方法，不同的方法在特定的情况下会被调用，实现特定的功能。Start（）和 Update（）是最常用的两个方法，因此新建脚本时 Unity 自动创建了。

下面列出 Unity 中常见的一些方法。

1．Awake

Awake 方法用于脚本唤醒，在脚本实例被创建时调用。此方法为系统执行的第一个方法，用于脚本的初始化，在脚本的生命周期中只执行一次。

2．Start

Start 方法用于游戏对象或游戏场景的初始化。这个方法在游戏场景加载时被调用，在 Awake 之后 Update 之前执行，在脚本的生命周期中只执行一次。

3．Update

Update 方法用于更新游戏场景和状态，每帧调用一次。大部分的游戏代码在这里执行，除了物理部分的代码，和物理状态有关的更新应放在 FixedUpdate 里。

4．FixedUpdate

FixedUpdate 方法用于物理状态的更新，这个方法会在固定的物理时间间隔调用一次。

通常情况下，FixedUpdate 比 Update 更频繁地被调用。当帧率较低时，在某一帧的时间间隔内 FixedUpdate 可能会被调用多次；而当帧率很高时，在某一帧的时间间隔内 FixedUpdate 可能根本不会被调用。

还有一点，在 Unity 中，若设置 Time Scale 值为 0，可以实现动力学特性的暂停，即所有的 FixedUpdate 中的代码都不会被执行。

5．LateUpdate

LateUpdate 方法延迟更新，用于更新游戏场景和状态。和相机有关的更新一般放在这里。此方法在 Update 之后执行，每一帧调用一次。

Update、FixedUpdate 与 LateUpdate 的区别

Update 与当前平台的帧数有关，而 FixedUpdate 是真实时间，所以处理物理逻辑的时候要把代码放在 FixedUpdate 里而不是 Update 里。

Update 是在每次渲染新的一帧的时候才会被调用，也就是说，这个函数的更新频率和设备的性能以及被渲染的物体有关。在性能好的机器上可能 fps 30，在性能差的机器上可能小些，这会导致同一个游戏在不同的机器上效果不一致（有的快有的慢），因为 Update 的执行间隔不一样了。

而 FixedUpdate 是在固定的时间间隔执行，不受游戏帧率的影响。

在使用 Update 时，对于一些变量，如速度、移动距离等，通常需要乘以 Time.deltaTime 来抵消帧率带来的影响，使物体状态的改变看起来比较均匀正常。而在 FixedUpdate 中，由于其更新频率固定，所以不需要使用 Time.deltaTime 来修正状态改变频率。

LateUpdate 是晚于所有 Update 执行的。假设有两个不同的脚本同时在 Update 中控制一个物体，那么当其中一个脚本改变物体方位、旋转或者其他参数时，另一个脚步也在改变这些东西，那么这个物体的方位、旋转就会出现一定的反复。如果还有一个物体在 Update 中跟随这个物体移动、旋转的话，那么这个跟随的物体就会出现抖动。如果是在 LateUpdate 中跟随的话，就会只跟随所有 Update 执行完后的最后的位置和旋转，这样就防止了抖动。

做一个相机跟随主角的功能时，相机的位置调整写在 LateUpdate 里。

6．OnGUI

OnGUI 方法用来绘制用户交互界面，每一帧会被调用多次。其中，与布局（Layout）和重绘（Repaint）相关的事件会被优先处理，然后是键盘事件和鼠标事件。

7．OnDestroy

OnDestroy 方法在当前脚本被销毁时调用。若在脚本中动态分配了内存，可以在

OnDestroy 中进行释放。

同时，开发人员在有需要的情况下，还可以重写一些处理特定事件的回调方法，这类方法一般以 On 前缀开头，如 OnCollisionEnter 方法（此方法在系统检测到碰撞开始时回调）等。

Unity 官方提供的事件顺序如图 2-7 所示。

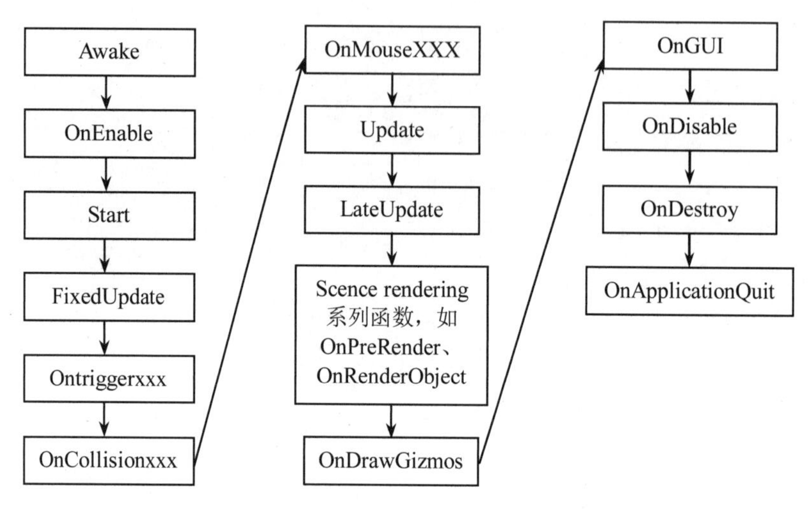

图 2-7　事件执行顺序

在脚本编辑器窗口输入下述代码来验证这些方法的生命周期。

```
using System.Collections;
using System.Collections.Generic;
using UnityEngine;
public class NewBehaviourScript : MonoBehaviour {
  // 在创建时调用，一般用于初始化
  void Awake()
  {
  // Print 向 Console 视图窗口输出信息，print 只能在 MonoBehaviour 的子类中使用，其他情
况只能使用 Debug.log() 输出
    print("Awake");
  }
  // 在每次激活脚本时调用
  void OnEnable()
  {
    print("OnEnable");
  }
  // 在第一次调用 Update 之前调用一次 Start，做一些初始化操作
  void Start () {
    print("Start");
  }
   // 每帧调用一次 Update
```

```
    void Update () {
      print("Update");
    }
    // 在 Update 方法调用完之后调用
    void LateUpdate()
    {
      print("LateUpdate");
    }
    // 取消激活状态后调用
    void OnDisable()
    {
      print("OnDisable");
    }
    // 被销毁时调用一次
    void OnDestroy()
    {
      print("OnDestroy");
    }
    // 持续调用
    void OnGUI()
    {
      print("OnGUI");
    }
    // 以固定频率调用
    void FixedUpdate()
    {
      print("FixedUpdate");
    }
}
```

2.2.3 运行脚本

保存脚本，回到 Unity 编辑界面，单击播放按钮▶，在 Console 视图窗口可以看到如图 2-8 所示的脚本运行结果。

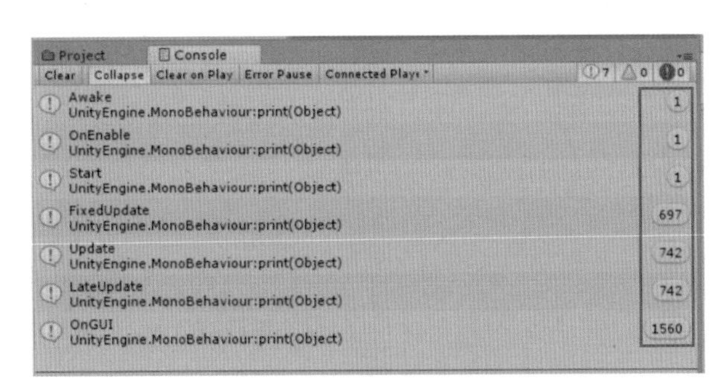

图 2-8　运行结果

在图 2-8 中，左侧结果是按各方法的执行顺序输出的，右侧方框中的数字为左侧方法运行的次数。再次单击按钮▶，停止运行脚本。

在使用 C# 编写脚本的时候需要注意以下几个规则：

1. 继承自 MonoBehaviour 类

Unity 中所有挂载到游戏对象上的脚本中的类必须继承自 MonoBehaviour 类（直接地或者间接地），MonoBehaviour 定义了各种回调方法，如 Start、Update 等。

2. 类名字必须匹配文件名

C# 的类名需要手动编写，而且类名必须和文件名相同，否则当脚本被挂载到游戏对象时，控制台会报错。

3. 使用 Awake 或 Start 方法初始化

用于初始化脚本的代码必须置于 Awake 或 Start 方法中。两者不同之处在于：Awake 在加载场景时运行，Awake 运行在所有 Start 方法之前；Start 方法是在第一次调用 Update 或 FixedUpdate 方法之前被调用。

4. Unity 脚本中的协同程序有不同的语法规则

（1）协程的返回值必须是 Enumerator。

（2）协程的参数不能加关键字 ref 或 out。

（3）在 C# 脚本中，必须通过 StartCoroutine 来启动协程。

（4）yield 语句要用 yield return 来代替。

（5）在函数 Update 和 FixedUpdate 中，不能使用 yield 语句，但可以启动协程。

5. 只有满足特定情况的变量才能显示在属性查看器中

只有序列化的成员才能显示在属性查看器中，如果想在属性查看器中显示属性，该属性必须是 public 类型的。

6. 尽量避免使用构造函数

不要在构造函数中初始化任何变量，要用 Awake 或 Start 方法来实现变量初始化。即便是在编辑模式，Unity 也会自动调用构造函数。

7. 调试

Unity 中 C# 代码的调试与传统的 C# 调试有所不同。Unity 自带了完善的调试功能，在 Unity 的控制台（Console）中包含了代码当前的全部错误，双击这个错误，可以自动跳转到默认的脚本编辑器中，然后光标会在错误所对应的代码行首跳动。

2.3 常用脚本 API

Unity 引擎提供了丰富的组件和类库，为游戏开发提供了便利，熟练掌握和使用这些 API 对于游戏开发的效率提高非常重要。下面介绍一些开发中最常用到的 API 的使用方法。

2.3.1 Vector3 类

Vector3 表示三维向量，在做 3D 项目的时候经常会用到向量，最常用的就是三维向量 Vector3。向量是既有大小又有方向的量，

一个三维向量有三个分量，分别是 X、Y、Z。Unity 中每个游戏对象都有一个必备的组件 Transform，该组件用于控制游戏对象的位置、旋转与缩放，不管哪一个组件都是一个 Vector3 类型的变量，具有 X、Y、Z 三个分量，如图 2-9 所示。

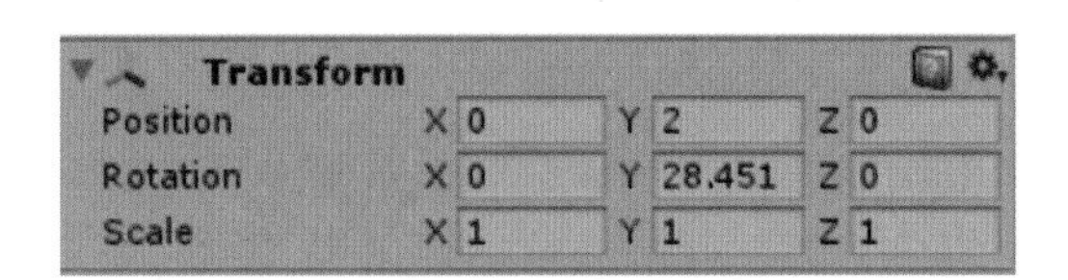

图 2-9　Transform 组件

Vector3 是一个类，因此具有自己的属性与方法，常用的属性与方法见表 2-1、表 2-2 和表 2-3。

表 2-1　普通属性

属性	说明
magnitude	返回向量的长度（模），只读
normalized	返回该向量对应的单位向量，不是 one，只读
sqrManitude	返回长度的平方，只读
this[int]	下标 [0]、[1]、[2] 代表 x、y、z
x	X 坐标分量
y	Y 坐标分量
z	Z 坐标分量

表 2-2　静态变量

属性	说明
back	代表 (0,0,-1)，表示世界坐标系中 Z 轴负方向上的单位向量
forward	代表 (0,0,1)，表示世界坐标系中 Z 轴正方向上的单位向量
down	代表 (0,-1,0)，表示世界坐标系中 Y 轴负方向上的单位向量
up	代表 (0,1,0)，表示世界坐标系中 Y 轴正方向上的单位向量
left	代表 (-1,0,0)，表示世界坐标系中 X 轴负方向上的单位向量
right	代表 (1,0,0)，表示世界坐标系中 X 轴正方向上的单位向量
one	代表 (1,1,1)，表示单位向量
zero	代表 (0,0,0)

表 2-3　静态方法

方法	说明	方法	说明
Angle()	返回两向量的角度，数值不超过 180	Dot()	两向量点乘
Distance()	返回向量间的距离	Cross()	两向量叉乘

1．普通属性调用示例

（1）获得向量的三个分量，代码如下：

```
Void start() {
    Vector3 v = new Vector3();
    // x，y，z 分别是三个方向上的分量
    float x = v.x;
    float y = v.y;
    float z = v.z;
```

（2）接上例，获取 v 的单位向量，代码如下：

```
// 返回 V 方向上的单位向量，但 v 本身不会发生变化
Vector3 vn = v.normalized;
```

（3）接上例，获取 v 的长度属性，代码如下：

```
float l = v.magnitude; // 获取 v 的长度
```

2．静态属性调用示例

静态属性要用类名来调用。获得方向上的单位向量，代码如下：

```
Vector3 u = Vector3.up;             // 表示世界坐标系中 Y 轴正方向上的单位向量
Vector3 d = Vector3.down;           // 表示世界坐标系中 Y 轴负方向上的单位向量
Vector3 r = Vector3.right;          // 表示世界坐标系中 X 轴正方向上的单位向量
Vector3 l = Vector3.left;           // 表示世界坐标系中 X 轴负方向上的单位向量
Vector3 f = Vector3.forward;        // 表示世界坐标系中 Z 轴正方向上的单位向量
Vector3 b = Vector3.back;           // 表示世界坐标系中 Z 轴负方向上的单位向量
```

3．静态方法应用示例

（1）静态方法应用代码如下：

```
Vector3 v1 = new Vector3(2f, 4f, 2.3f);
Vector3 v2 = new Vector3(5f, 4.5f, 10.3f);
float angle = Vector3.Angle(v1, v2);        // 获得 v1 与 v2 的夹角
float dis = Vector3.Distance(v1, v2);       // 获得 v1 与 v2 的距离
float dd = Vector3.Dot(v1, v2);             //v1 与 v2 点乘
Vector3 cr = Vector3.Cross(v1, v2);         //v1 与 v2 叉乘
```

（2）接上例，获得 v1 的单位向量，代码如下：

```
v1.Normalize();          // 获取 v1 的单位向量，v1 的长度会变为 1 但方向不变
```

2.3.2 Input 类

任何一款游戏都必须能和用户进行交互，最常用的就是通过键盘和鼠标进行交互。在 Unity 中想要获取用户的键盘或鼠标的输入，必须使用 Input 类来获取。

1．获取键盘输入

和键盘有关的输入事件有：按键按下、按键释放、按键长按，具体见表 2-4。

表 2-4　Input 类中键盘输入的方法

键盘输入	说明
GetKey	按键按下期间一直返回 true，只要按下就会一直执行直到不按
GetKeyDown	按键按下的第一帧返回 true，按下按键执行，执行一次
GetKeyUp	按键松开的第一帧返回 true，按下后松开按键执行，执行一次

表 2-4 中的方法的返回值都是 bool 值，它们通过传入按键名称字符串或者按照按键 KeyCode 编码来指定要判断的按键。常用按键的按键名称与 KeyCode 编码见表 2-5。

表 2-5　常用按键的按键名称与 KeyCode 编码

键盘按键	按建名称·	KeyCode 编码
字母键 A、B、C、…Z	a、b、c、…z	A、B、C、…Z
数字键 0 ～ 9	0 ～ 9	Alpha0 ～ Alpha9
功能键 F1 ～ F12	f1 ～ f12	F1 ～ F12
退格键	backspace	Backspace
回车键	return	Return
空格键	space	Space
退出键	esc	Esc
Tab 键	tab	Tab
上下左右方向键	up，down，left，right	UpArrow，DownArrow，LeftArrow，RightArrow
左、右 Shift 键	left shift，right shift	LeftShift，RightShift
左、右 Alt 键	left alt，right alt	LeftAlt，RightAlt
左、右 Ctrl 键	left ctrl，right ctrl	LeftCtrl，RightCtrl

在编写处理输入的脚本时，需要注意 Unity 中所有输入信息更新是在 Update 方法中完成的，因此和处理输入相关的脚本都应该放在 Update 方法中。

键盘输入示例：

创建一个 GameObject，为其添加脚本 TestInput，双击脚本在脚本编辑器中输入如下代码：

```
void Update()
{
    if (Input.GetKey(KeyCode.W))
        print(" 按下了 W 键 ");
    if (Input.GetKeyDown(KeyCode.Space))
        print(" 按下了空格键 ");
    if (Input.GetKeyUp(KeyCode.Space))
        print(" 释放了空格键 ");
}
```

保存代码，回到 Unity 中，点播放按钮运行，按相应键输出结果如图 2-10 所示。

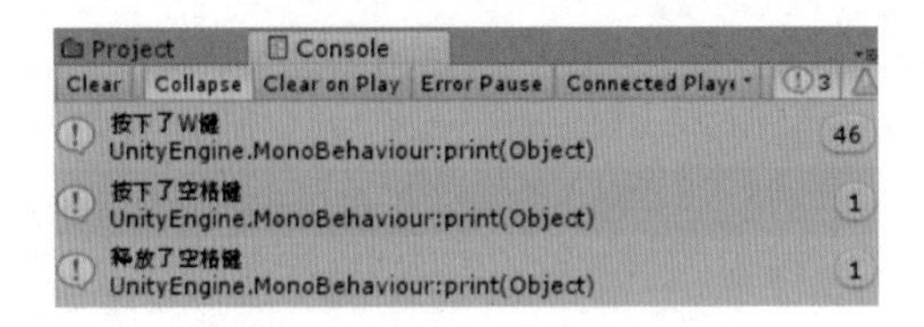

图 2-10　键盘输入的输出结果

2. 获取鼠标输入

和鼠标输入相关的事件包括鼠标移动、按键的单击等。在 Input 类中和鼠标输入有关的方法和变量见表 2-6。

表 2-6　鼠标输入方法和变量

方法和变量	说明
mousePosition	获得当前鼠标位置
GetMouseButton	鼠标按键按下期间一直返回 true，只要按下就会一直执行直到不按
GetMouseButtonDown	鼠标按键按下的第一帧返回 true，按下按键执行，执行一次
GetMouseButtonUp	鼠标按键松开的第一帧返回 true，按下后松开按键执行，执行一次
GetAxis (“Mouse X”)	得到一帧内鼠标在水平方向的移动距离
GetAxis (“Mouse Y”)	得到一帧内鼠标在垂直方向的移动距离

0 为左键，1 为右键，2 为中键，它们返回的值都是 bool 值。示例代码如下：

```
void Start () {
    Vector3 pos = Input.mousePosition;
    print(" 当前鼠标位置为 " + pos);
}
void Update()
{
    if (Input.GetMouseButton(0))
        print(" 按下鼠标左键 ");
    if (Input.GetMouseButtonDown(1))
        print(" 按下了鼠标右键 ");
    if (Input.GetMouseButtonUp(1))
        print(" 松开了鼠标右键 ");
}
```

保存代码，回到 Unity 中，单击播放按钮运行，按下鼠标键输出结果如图 2-11 所示。

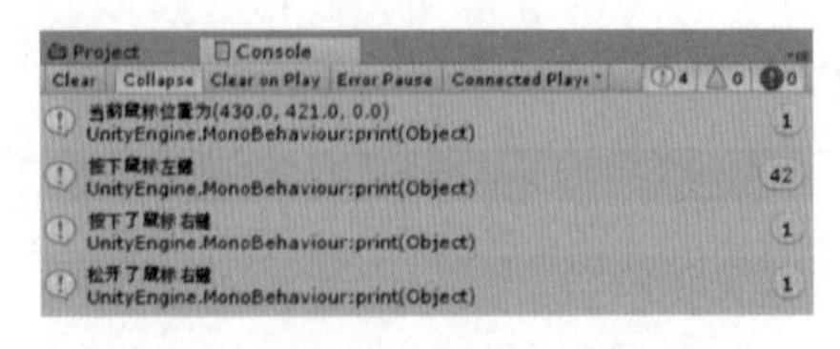

图 2-11　按鼠标键输入的输出结果

2.3.3 Transform 组件

Transform 组件是游戏对象必备的一个组件，主要控制游戏对象在 Unity 场景中的位置、旋转和大小比例。每个游戏对象都包含一个 Transform 组件。在游戏中，如果想更新玩家位置，设置相机观察角度，都免不了和 Transform 组件打交道。Transform 组件的成员变量与成员函数见表 2-7 与表 2-8。

表 2-7 Transform 组件的成员变量

成员变量	说明	成员变量	说明
position	世界坐标系中的位置	localRotation	父对象局部坐标系中以四元数表示的旋转
localPosition	父对象局部坐标系中的位置	localScale	父对象局部坐标系中的缩放比例
eulerAngles	世界坐标系中以欧拉角表示的旋转	parent	父对象的 Transform 组件
localEulerAngles	父对象局部坐标系中的欧拉角	worldToLocalMatrix	世界坐标系到局部坐标系的变换矩阵（只读）
right	对象在世界坐标系中的右方向	localToWorldMatrix	局部坐标系到世界坐标系的变换矩阵（只读）
up	对象在世界坐标系中的上方向	root	对象层级关系中根对象的 Transform 组件
forward	对象在世界坐标系中的前方向	childCount	子孙对象的数量
rotation	世界坐标系中以四元数表示的旋转	lossyScale	全局缩放比例（只读）

表 2-8 Transform 组件的成员函数

成员函数	说明
Translate	按指定的方向和距离平移
Rotate	按指定的欧拉角旋转
RotateAround	按给定旋转轴和旋转角度进行旋转
LookAt	旋转使得自身的前方向指向目标的位置
TransformDirection	将一个方向从局部坐标系变换到世界坐标系
InverseTransformDirection	将一个方向从世界坐标系变换到局部坐标系
TransformPoint	将一个位置从局部坐标系变换到世界坐标系
InverseTransformPoint	将一个位置从世界坐标系变换到局部坐标系
DetachChildren	与所有子物体接触父子关系
Find	按名称查找子对象
IsChildOf	判断是否是指定对象的子对象

应用示例：

在场景中创建一个 Cube 游戏对象，新建一个 C# 脚本 Test 绑定到 Cube 上。

（1）获取游戏对象的位置并打印出来，代码如下：

```
void Start () {
    Vector3 pos = transform.position;  // 获取位置
    print(pos);
}
```

保存回到 Unity 中，按播放按钮运行，结果如图 2-12 所示。

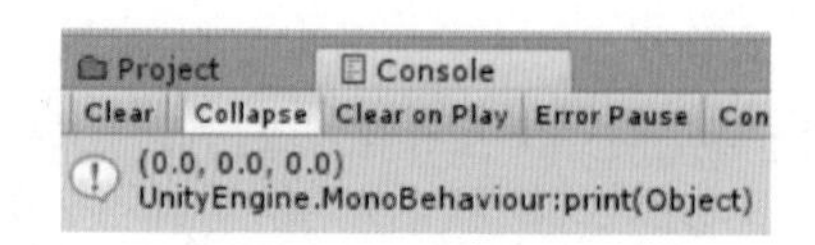

图 2-12　获取位置结果

position 获取的是世界坐标系中的位置，如果要获取当前局部坐标系的位置（子元素的位置都是相对于父元素的，因此相对于子元素来说其原点是父元素的位置），要用 transform.locaPosition;。

提示：Transform 是一个类，用来描述物体的位置、大小、旋转等。

transform 是 Transform 类的对象，依附于每一个物体。表示当前游戏对象的 transform 组件。

对于系统内置的常用组件，Unity 提供了非常便利的访问方式，只需要在脚本里面直接访问组件对应的成员变量即可，常用的组件及其对应的变量见表 2-9。

表 2-9　常用组件及其变量

组件名称	变量名	组件作用
Transform	transform	设置对象位置、旋转、缩放
Rigidbody	rigidbody	设置物理引擎的刚体属性
Renderer	renderer	渲染物体模型
Light	light	设置灯光属性
Camera	camera	设置相机属性
Collider	collider	设置碰撞体属性
Animation	animation	设置动画属性
Audio	audio	设置声音属性

（2）每按下一次 P 键，游戏对象向 Y 正方向移动一个单位，代码如下：

```
void Update()
  {
    if (Input.GetKeyDown(KeyCode.P)) {
      transform.Translate(new Vector3(0, 1, 0));
    }
  }
```

保存代码，回到 Unity 中，按播放按钮运行，结果如图 2-13 所示。

（a）原始

（b）第一次按 P 键

（c）第二次按 P 键

图 2-13　游戏对象移动效果

（3）每按下一次 P 键，游戏对象围绕 Y 轴正方向旋转 20 度，代码如下：

```
void Update()
{
    if (Input.GetKeyDown(KeyCode.P)) {
      transform.Rotate(Vector3.up, 20f);
    }
}
```

保存代码，回到 Unity 中，按播放按钮运行，结果如图 2-14 所示。

（a）原始

（b）第一次按 P 键

（c）第二次按 P 键

图 2-14　游戏对象旋转效果

2.3.4　Time 类

在 Unity 中可以通过 Time 类获取和事件相关的信息，可以用来计算帧速率，调整事件流逝速度等。Time 类包含了一个重要的类变量 deltaTime，它表示距上一次调用所用的时间。Time 类的成员变量见表 2-10。

表 2-10　Time 类成员变量

变量名	说明
time	游戏从开始到现在所经历的时间（秒）（只读）
timeSinceLevelLoad	此帧的开始时间（秒）（只读），从关卡加载完成开始计算
deltaTime	上一帧耗费的时间（秒）（只读）
fixedTime	最近 FixedUpdate 的时间。该时间从小游戏开始计算

续表

变量名	说明
fixedDeltaTime	物理引擎和 FixedUpdate 的更新时间间隔
maximumDeltaTime	一帧的最大耗费时间
smoothDeltaTime	Time.deltaTime 的平滑淡出时间
timeScale	时间流逝速度的比例。可以用来制作慢动作特效
frameCount	已渲染的帧的总数（只读）
realtimeSinceStartup	游戏从开始到现在所经历的真实时间（秒），该时间不会受 timeScale 影响
captureFramerate	固定帧率设置

这里重点说一下 deltaTime，它表示从上一帧开始到当前帧结束，这两帧之间的时间间隔。游戏刷新速度一般是每秒 60 帧，但不总是 60 帧，具体刷新的帧速率是与电脑的硬件相关。硬件性能好一些就刷新得快一些，硬件性能差一些就刷新得慢一些。

示例如下：

（1）按下 P 键输出 deltaTime 值，代码如下：

```
void Update()
    {
      if (Input.GetKeyDown(KeyCode.P)) {
         float d = Time.deltaTime;
         print(d);
      }
  }
```

上述代码运行结果如图 2-15 所示。从结果上看，每次的 deltaTime 值也不完全相同。

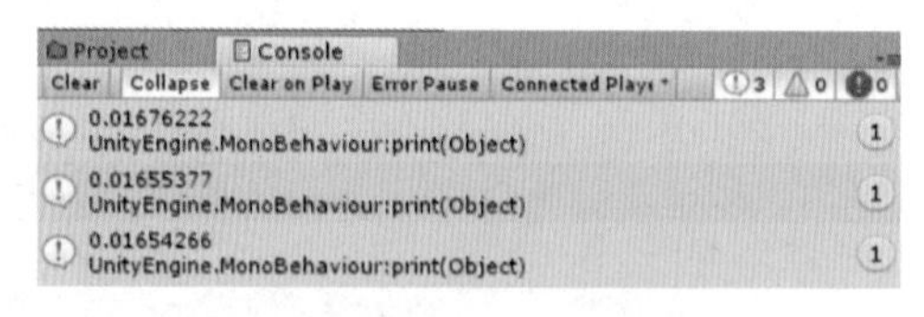

图 2-15　deltaTime 值

（2）游戏对象按每秒 30 度旋转，代码如下：

```
void Update()
    {
      // 游戏对象绕 Y 轴每秒旋转 30 度
      transform.Rotate(Vector3.up, Time.deltaTime * 30);
    }
```

2.3.5　Mathf 类

Unity 中封装了数学类 Mathf，使用它可以轻松地解决复杂的数学公式。

Mathf 类提供了常用的数学运算，其变量与常用方法见表 2-11 和表 2-12。

表 2-11　Mathf 类的变量

变量	说明	变量	说明
PI	圆周率 π，即 3.141 592 653 589 79...（只读）	Deg2Rad	度到弧度的转换系数（只读）
Infinity	正无穷大∞（只读）	Rad2Deg	弧度到度的转换系数（只读）
NegativeInfinity	负无穷大 - ∞（只读）	Epsilon	一个很小的浮点数（只读）

表 2-12　Mathf 类的常用方法

方法	说明	方法	说明
Sin	计算角度（单位为弧度）的正弦值	Max	返回若干数值中的最大值
Cos	计算角度（单位为弧度）的余弦值	Pow	Pow(f,p) 返回 f 的 p 次方
Tan	计算角度（单位为弧度）的正切值	Exp	Exp(p) 返回 e 的 p 次方
Asin	计算反正弦值（返回的角度值单位为弧度）	Log	计算对数
Acos	计算反余弦值（返回的角度值单位为弧度）	Log10	计算基为 10 的对数
Atan	计算反正切值（返回的角度值单位为弧度）	Ceil	Ceil(f) 返回大于或等于 f 的最小整数
Sqrt	计算平方根	Floor	Floor(f) 返回小于或等于 f 的最大整数
Abs	计算绝对值	Round	Round(f) 返回浮点数 f 进行四舍五入后得到的整数
Min	返回若干数值中的最小值	Clamp	Clamp(value,min,max) 将数值限制在 min 和 max 之间
Clamp01	Clamp01(value) 将数值 value 限制在 0 和 1 之间		

以上介绍的是 Unity 脚本常用的 API，我们在项目开发中经常会重复使用它们。

2.4　Unity 脚本案例

根据前面所学知识制作一个拾金币小游戏，控制小球在四面封闭的场地内移动，碰到金币就吃掉。

1. 创建场地

（1）启动 Unity 应用程序，创建名为 CollectJb 的项目，进入编辑界面。在 Hierarchy 视图单击 Create 按钮，选择 3D Object → Plane 命令，创建 Plane 作为地面，在 Inspector 视图设置其大小 Scale 为 (4,1,4)。

（2）为 Plane 创建材质。在 Project 视图单击 Create 按钮，选择 Folder 创建一个文件夹，命名为 Material，在此文件夹下右键单击，在弹出的快捷菜单中选择 Create → Material 命令，创建一个材质球，命名为 Plane，设置其颜色为灰色，然后把材质添加到 Plane 对象上。

（3）创建四个 Cube，使用工具栏的移动、旋转、缩放等工具进行编辑，将四个 Cube 作为墙把场地四面围住。

（4）在 Hierarchy 视图单击 Create 按钮，选择 Create Empty 命令，创建一个空的名为 changdi 的游戏对象，把 Plane 和四个 Cube 拖放到它里面，如图 2-16 所示。

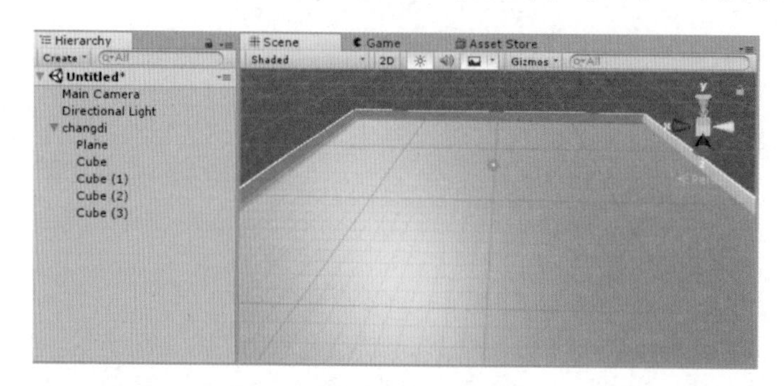

图 2-16　场地

（5）设置摄像机视角。在 Scene 视图中通过工具调整一个合适的视角，在 Inspector 视图中选择 Main Camera，执行菜单上的 GameObject → Align With View 命令，或按组合键 Ctrl+Shift+F，把场景视角变为摄像机视角，打开 Game 视图就可看到效果，如图 2-17 所示。

图 2-17　设置摄像机视角

2. 创建主角 Player

（1）在 Hierarchy 视图单击 Create 按钮，选择 3D Object → Sphere 命令，将球体放在 (X:0, Y:5, Z:0) 并命名为 Player。

（2）在 Material 文件夹内创建材质，命名为 Player，颜色设为紫色，添加到 Player 对象上，如图 2-18 所示。

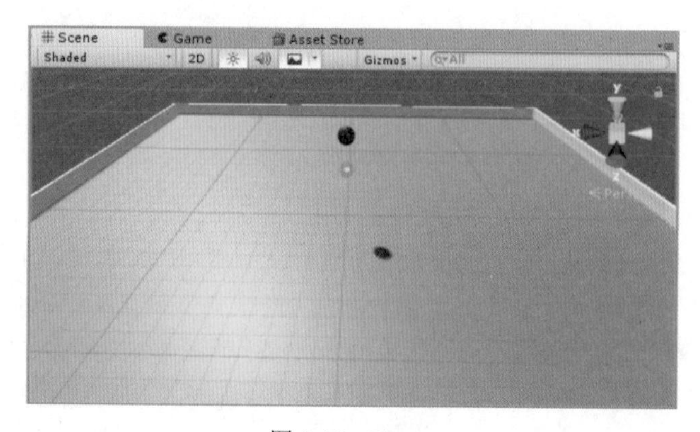

图 2-18　Player

（3）Player 对象需要和场景中的其他对象发生碰撞反应。要实现这一点，在 Hierarchy 视图中选择 Player，然后单击 Inspector 视图中的 Add Component 按钮，在弹出的菜单中选择 Physics → Rigidbody 命令，为 Player 添加一个刚体组件，这样它就能够使用 Unity 的物理引擎了。

修改这个刚性体的属性：Drag（阻力）设为 1，Angular Drag（角阻力）为 0，如图 2-19 所示。

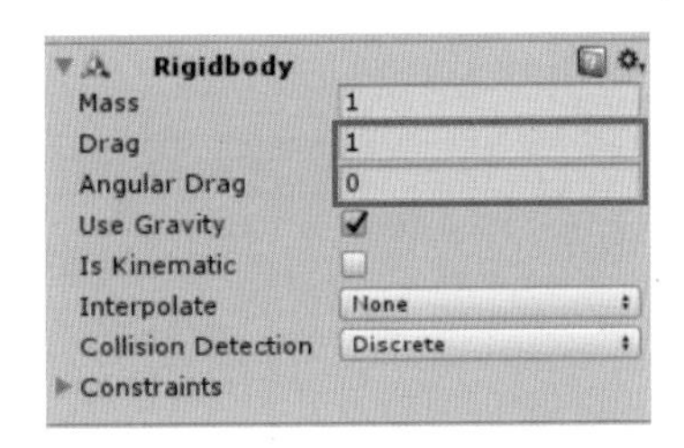

图 2-19　刚体组件参数

3．为 Player 添加移动脚本

（1）在 Project 视图中，选择 Assets，单击 Create 按钮，选择 Folder 命令创建文件夹并命名为 Scripts。在 Scripts 文件夹中，单击 Create 按钮，选择 C# Script 命令创建脚本，命名为 PlayerMovement。

（2）双击 PlayerMovement.cs 脚本打开脚本编辑器，编写代码如下：

```
public class playermovement : MonoBehaviour {
  private Rigidbody ri;
  public int speed = 10;
  void Start () {
    ri = GetComponent<Rigidbody>();
  }
  void Update () {
    float h = Input.GetAxis("Horizontal");
    float v = Input.GetAxis("Vertical");
    ri.AddForce(new Vector3(h,0.0f,v) * speed * Time.deltaTime);
  }
}
```

（3）保存脚本，回到 Unity 编辑器，将 PlayerMovement 脚本拖到 Hierarchy 视图的 Player 对象上。

（4）单击▶按钮运行，按键盘上的方向键就可以控制 Player 的移动了。

如果速度不理想，修改 Inspector 视图脚本组件 PlayerMovement 内的 speed 的值即可。

提示：声明为 public 类型的变量会出现在 Inspector 视图的脚本组件处，可以方便地在 Inspector 视图中对其查看与编辑。

4．相机跟随

在小球滚动时如果摄像机的位置不动，那滚出了视角范围就看不见了，就像一个人走路时不转头一样，只能看到前面的一块，这样视角有限，那向右、左、后就容易出问题，因此需要摄像机跟随主角一起移动。

（1）创建脚本，命名为 CameraMove，双击脚本，打开脚本编辑器，编写代码如下：

```
public class CameraMove : MonoBehaviour {
public Transform playertransform;
private Vector3 offset;
void Start() {
 offset = transform.position - playertransform.position;
}
void Update() {
            transform.position = playertransform.position + offset;
      }
}
```

（2）保存脚本，回到 Unity 编辑器，将 CameraMove 脚本拖到 Hierarchy 视图的 Main Camera 上。

（3）选择 Main Camera，把 Player 拖放到 Inspector 视图中脚本组件 CameraMove 的 playertransform 处。

（4）单击▶按钮运行，按键盘上的方向键就可以看见摄像机跟随 Player 一起移动了。

5. 创建金币

（1）在 Hierarchy 视图单击 Create 按钮，选择 3D Object → Sphere 命令，将其命名为 jinbi，设置其大小 Scale 为 (0.5,0.5,0.2)。

（2）在 Material 文件夹内创建材质，命名为 Player，颜色设为金黄色，将其添加到 jinbi 对象上，如图 2-20 所示。

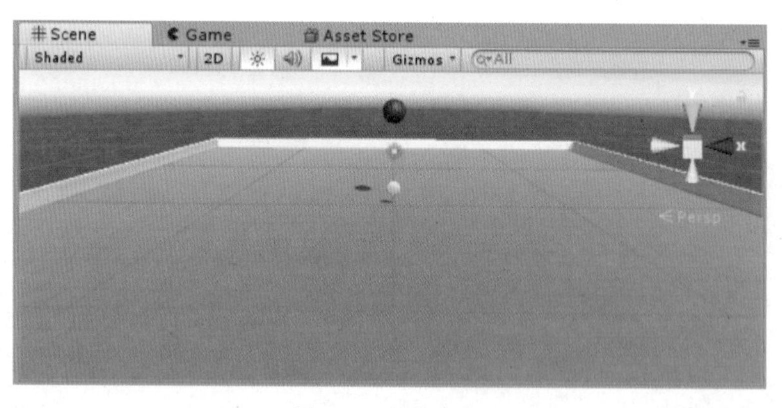

图 2-20　创建金币

6. 让金币旋转起来

（1）创建脚本，命名为 jinbi，双击脚本，打开脚本编辑器，编写代码如下：

```
void Update () {
     transform.Rotate (new Vector3(0, 1, 0) * 10) ;
  }
```

（2）保存脚本，回到 Unity 编辑器，将 jinbi 脚本拖到 Hierarchy 视图的 jinbi 对象上。

7. 制作多个金币

（1）创建预制体。在 Assets 下新建一个文件夹 Prefabs，将 jinbi 对象拖进这个文件夹，就创建好了一个预制体。

（2）在 Hierarchy 视图中选择 jinbi，按组合键 Ctrl+D 复制 10 个 jinbi，使用移动工具把它们移动到不同的位置并在水平方向任意旋转，使其形态各一，如图 2-21 所示。

图 2-21　复制金币

（3）在 Hierarchy 视图中创建一个空对象，命名为 groupjinbi，把所有金币对象都拖放到它里面，方便管理。

8. 碰撞吃掉金币

双击脚本 PlayerMovement，打开脚本编辑器，添加代码如下：

```
void OnCollisionEnter(Collision collision)
{
    if(collision.collider.tag == "jinbi"){
      Destroy(collision.collider.gameObject);
    }
}
```

保存脚本，回到 Unity 编辑界面，单击按钮▶运行，按键盘上的方向键控制 Player 移动，当它碰到金币，金币就消失了，代表把金币吃掉了。

本章小结

本章主要介绍 Unity 脚本基础。首先了解脚本是什么，起什么作用。脚本是一种特殊的组件，是由程序语言编写的一段指令，通过这些指令来定义游戏对象的行为，因此脚本编写好后要绑定到游戏对象上才能生效。然后介绍如何创建、编写脚本，以及使用、运行脚本。最后介绍了常用脚本 API，主要包括 Vector3 类、Inut 类、Transform 组件、Time 类、Mathf 类。通过本章的学习可为以后脚本编写打下坚实的基础。

第 3 章 虚拟现实交互场景的创建

3.1 光照

为了计算一个三维物体的阴影，Unity 需要知道照射到物体上光线的亮度、方向和颜色。这些属性由场景中的 Light 对象提供。不同类型的 Light 根据指定的颜色以不同的方式发光，Unity 能为不同的用途使用不同的方法计算复杂、高级的光照效果。

3.1.1 光照基础

Unity 中的光照是由 Light 对象提供。另外还有两种创造光照的方法：环境光和反射材料，这取决于你选择的光照方式。

1. 光照的类型

本节详细介绍在 Unity 中可以创建的不同类型的光照。执行菜单上的 GameObject → Light 命令，可以选择 Unity 中的光照类型，如图 3-1 所示。

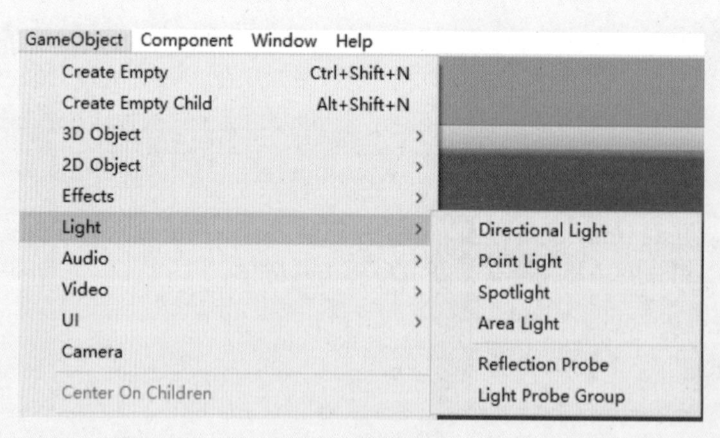

图 3-1 光照类型

（1）Directional Light。Directional Light 用来表示游戏场景范围外部的远距离大型光源。在一个现实场景中，可以用来模拟太阳或者月亮。在一个抽象的游戏世界，可以实现在不指定光源具体位置的情况下为物体制造不错的阴影效果。Directional Light 的光源没有固定的位置，可以放到场景中的任何地方。光线照射到场景中所有物体的方向一致，光线到达目标物体的亮度也是一致的，不会衰减，如图 3-2 所示。

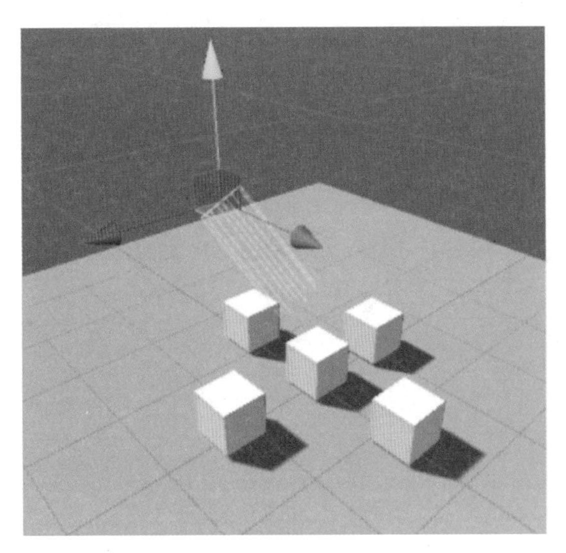

图 3-2　场景中的 Directional Light 效果

新建的场景默认会包含一个 Directional Light。可以删除默认的 Directional Light 后重新创建。旋转默认的 Directional Light 会导致天空盒效果发生变化。当光线与地面平行时，可以得到日落的效果。另外，光线方向向上时，天空会变黑，就好像到了晚上。光线方向向下时，天空类似于白天。如果环境光光源设置为天空盒，环境光就会根据这些颜色相应地发生变化，如图 3-3 所示。

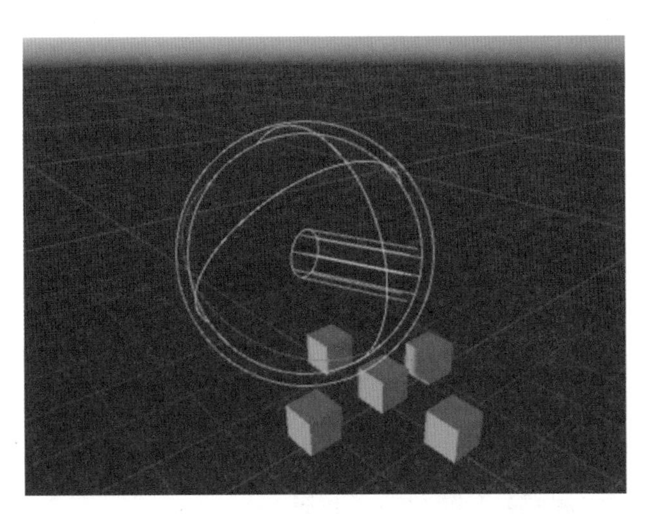

图 3-3　旋转 Directional Light 改变场景效果

（2）Point Light。Point Light 从场景空间中的一个点向所有方向均匀发出光线。照射到物体表面的光线方向为接触点和 light object 中心的连线。光发出后强度随着距离变小，到达指定距离后减为 0。光的强度与距离的关系：L=1/(d*d)，与真实世界中的衰减方式一致。

Point Light 可以用来模拟场景中的灯光和其他局部光源，非常适合用来表现照亮周围环境的闪光或者爆炸效果，如图 3-4 所示。

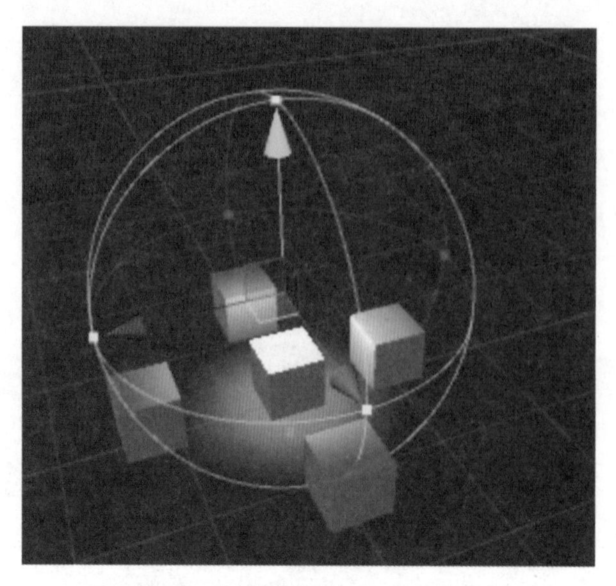

图 3-4　场景中的 Point Light 效果

（3）Spotlight。Spotlight 与 Point Light 一样有一个具体的位置和强度衰减距离。但是 Spot light 只向一个角度范围内发光，形成一个锥形的照明区域。锥体的中心线为 light object 的方向（默认为 Z 方向），光的亮度到达锥体边缘时减为 0，增大发光角度时锥体范围会增大。

Spotlight 一般用来模拟人工光源，如手电筒、车灯和探照灯。通过脚本或者动画可以控制 Spotlight 的移动来照亮场景中的一小块区域，从而创造出舞台灯光效果，如图 3-5 所示。

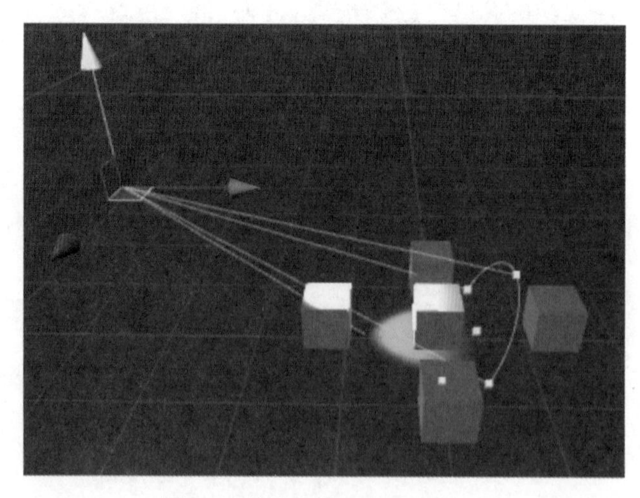

图 3-5　场景中的 Spot ligth 效果

（4）Area Light。Area Light 由空间中的一个矩形定义。从表面区域的一侧，向空间的各个方向均匀地发出光线。Area Light 的传播距离不能设置，亮度随着距离增加，按照距离的平方衰减。由于这个光照的计算量较大，Area Light 在运行过程中是不可用的，只能 bake 到 lightmaps 中。

由于 Area Light 会同时从不同方向照亮物体，相较于其他类型的光，阴影会更加柔软微弱，可以用来制造现实主义的街灯效果或者一盏离玩家比较近的灯。一个面积较小的 Area Light 可以模拟较小的光源（比如屋内的灯光），会得到比点光源更真实的效果，如图 3-6 所示。

图 3-6　Area Light 光效果

2. 光照属性窗口

光照决定了物体的明暗和投射的阴影，因此它们是图形渲染的基础部分。这里将以 Point Light 为例展示 Light 属性窗口内的各参数。选中场景中的 Point Light 光源，进入 Inspector 视图中的 Light 属性窗口，如图 3-7 所示。

Light	
Type	Point
Range	15
Color	
Mode	Realtime
Intensity	10
Indirect Multiplier	1
Realtime indirect bounce shadowing is not supported for Spot and Point lights.	
Shadow Type	Soft Shadows
Realtime Shadows	
Strength	1
Resolution	Use Quality Settings
Bias	0.05
Normal Bias	0.4
Near Plane	0.2
Cookie	None (Texture)
Draw Halo	
Flare	None (Flare)
Render Mode	Auto
Culling Mask	Everything

图 3-7　Light 属性窗口

3.1.2 光照窗口

光照窗口是设置 Global Illumination 最重要的地方。虽然 Unity 默认的 GI 设置就能提供不错的显示效果，但是光照窗口中的属性能让你调整 GI 的处理过程，定制你的场景或者根据需要优化显示质量、速度以及存储空间。这个窗口还包含环境光、光晕、cookies 纹理以及雾灯效果的设置。

1. 概述

执行菜单 Window → Lighting → Settings 命令，打开光照窗口，如图 3-8 所示。

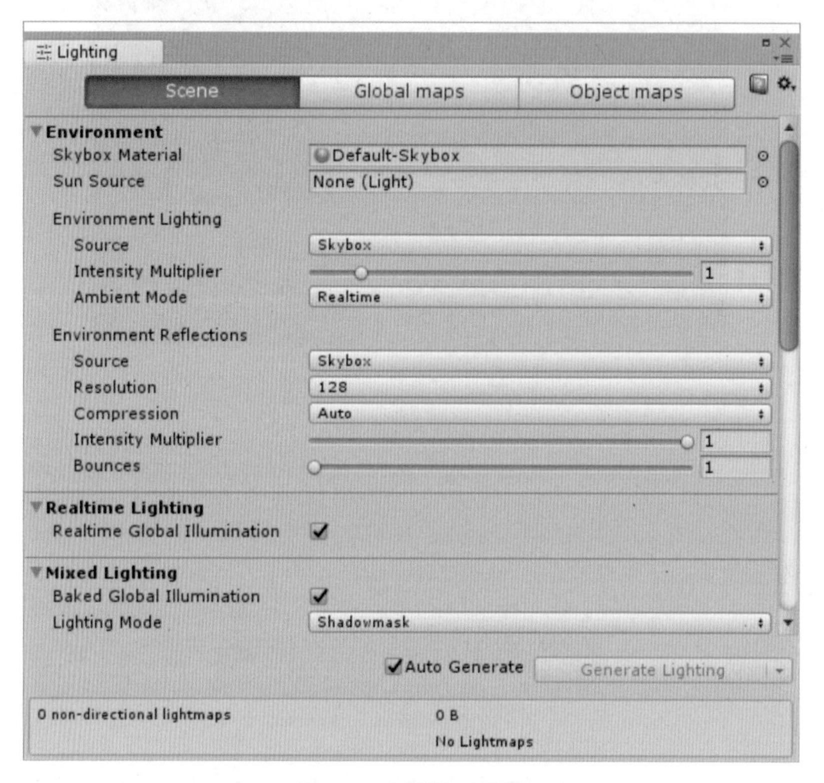

图 3-8 光照窗口总览

这个窗口的下方有一个 Auto Generate 勾选框，选中这个勾选框时，每次编辑场景后 Unity 会自动更新 lightmap 数据，更新过程通常需要花费几秒钟，而不是立刻完成。如果取消这个勾选框，你需要通过 Generate Lighting 按钮手动触发 lightmap 更新。Generate Lighting 会清除场景中的 baked 数据，但是不会清除 GI Cache。

2. Scene 标签

场景 Scene 标签包含 Environment、Realtime Lighting、Mixed Lighting、Lightmapping Settings、Other Settings 和 Debug Settings 的设置。

3. Global maps 标签

Global maps 标签用来查看光照系统使用的实际纹理，包括亮度光照图，阴影遮掩和主方向图。只有使用 Baked lighting 或 Mixed lighting 时可用，使用 Realtime Lighting 时这个预览是空白的，如图 3-9 所示。

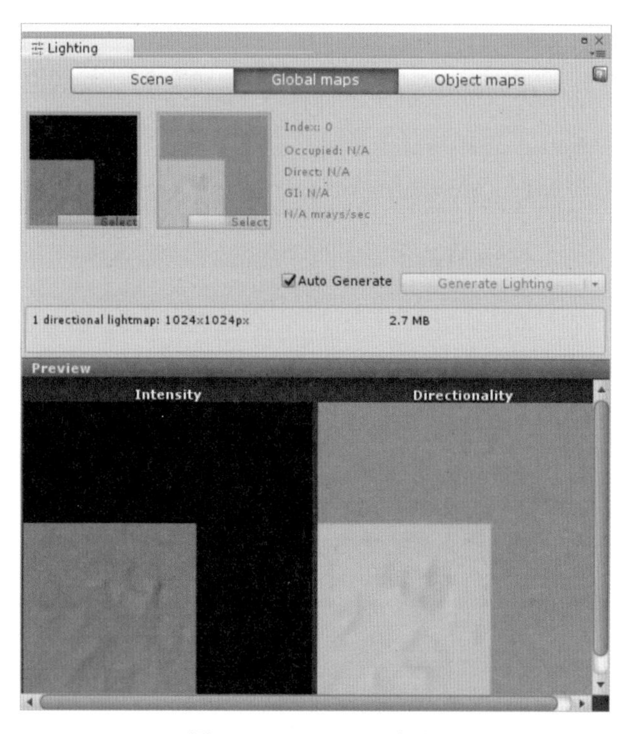

图 3-9 Global maps 标签

4. Object maps 标签

Object maps 标签用来预览当前选中的 GameObject 的 Baked 纹理和阴影遮掩，如图 3-10 所示。

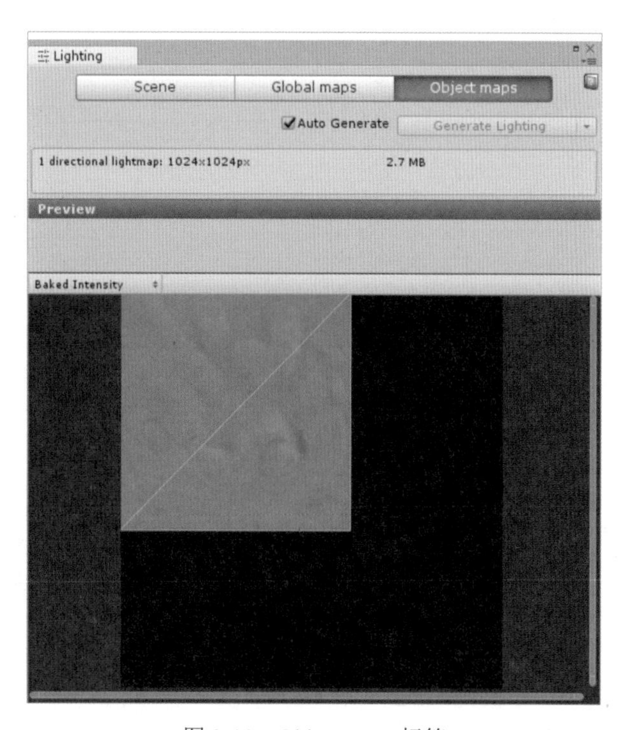

图 3-10 Object maps 标签

3.1.3 光照模式

在 Unity 中控制光线的预处理和合成，需要为光照设置 Light Mode。选择场景中的一个光照，在光照属性窗口中使用 Mode 下拉框选择光照模式，如图 3-11 所示。

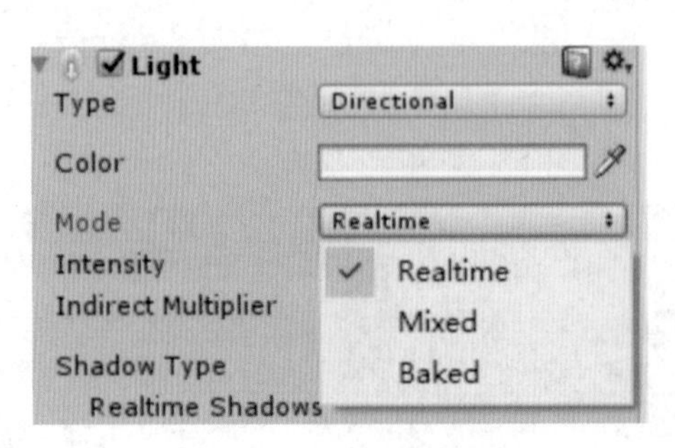

图 3-11 选择光照模式

光照属性窗口中的每一个 Mode 都对应光照中一个设置集。执行菜单 Window → Lighting → Setting 命令，选择 Scene 选项卡，打开如图 3-12 所示的光照设置窗口。

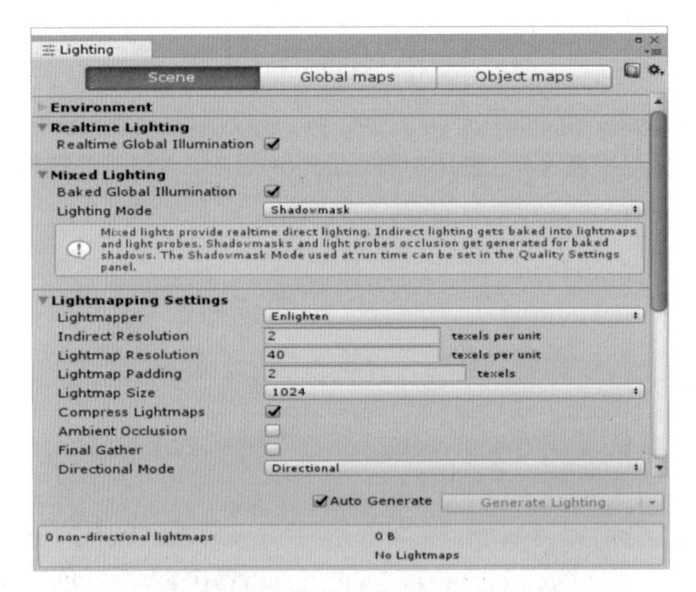

图 3-12 光照设置窗口

其中，各个光照模式及对应的功能见表 3-1。

表 3-1 光照模式及对应的功能

Light 属性	Lighting 设置	功能
Realtime	Realtime Lighting	所有的实时光照都不会预处理，Unity 会在运行时每一帧刷新实时光照
Mixed	Mixed Lighting	部分混合光会被预处理，在受限的条件下则在运行时计算
Baked	Lightmapping Settings	所有烘培光都会在运行之前进行光照预处理，不会在运行时进行任何烘培光计算

在 Lighting Scene 窗口中做的修改，会应用到所有使用对应模式的光照。比如勾选了 Realtime Lighting Settings 下的 Realtime Global Illumination 选项，所有 Realtime 模式的光照都会使用 Realtime Global Illumination。

下面分别介绍三种光照模式。

1. 实时光照（Realtime）

要在游戏中通过脚本改变属性或者用脚本来生成的光需要使用 Realtime 模式，Unity 在运行时的每一帧计算并更新这些光照，它们可以响应玩家的动作以及场景中发生的事件。比如可以切换它们的开关状态（像闪光一样），改变它们的位置（像在黑暗房间中移动的火炬），改变它们的颜色亮度之类的属性。

实时光照在 static 和 dynamic 的 GameObject 上都能照明并且投射真实的光影。它们投射阴影的距离可以用 Shadow Distance（Edit → Project Settings → Quality）属性设置。

在 Unity 中，实时光照和 Realtime GI 是最灵活且效果最真实的光照组合。在光照窗口中勾选 Realtime Global Illunimation 启用 Realtime GI。启用 Realtime GI 后，实时光照能向场景中同时贡献直接光和间接光。用这个组合来表现场景中缓慢改变的光源，能够达到非常好的视觉效果。比如天空中慢慢移动的太阳，在封闭的走廊里缓慢晃动的灯光。场景中快速变化的灯光或特效不需要使用 Realtime GI，因为会造成系统延迟。

2. 混合光（Mixed）

混合光可以在运行过程改变位置和视觉属性（颜色和亮度），但是有很强的限制。它们能照射静态的和动态的 GameObject，能够提供直接光照，也能可选地提供间接光照。混合光照亮的动态 GameObject 能向其他动态 GameObject 投射动态阴影。

场景中所有的混合光都使用相同的 Mixed Lighting Mode。在光照窗口中，选择场景标签，在 Mixed Lighting 部分可以设置混合光模式，如图 3-13 所示。

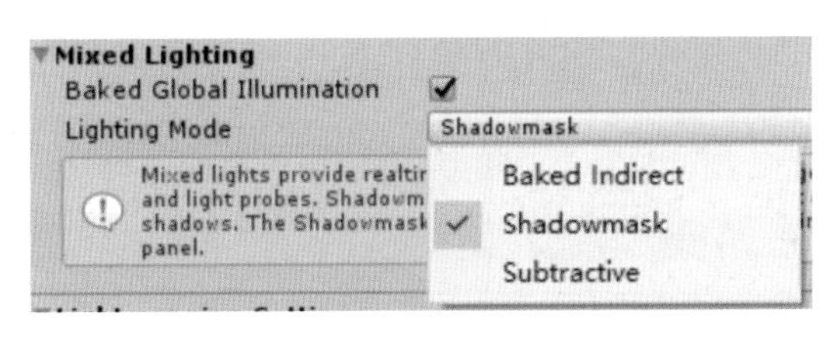

图 3-13 设置混合光模式

Baked Indirect 模式：只有间接光会被预处理。

Shadowmask 模式：间接光和直接遮挡会被预处理。

Subtractive 模式：所有的光照路径都会被预处理。

3. 烘培光（Baked）

烘培光可以用来表示局部环境光，而不是功能齐全的光照。Unity 在运行之前预计算这些光照的照明，在任何运行时的灯光计算中都不会考虑它们。

（1）烘培光的优势：

- 将静态 GameObject 向静态 GameObject 投射的高质量阴影存储到光照贴图中，而不增加成本。

- 提供间接照明。
- 静态 GameObject 的所有光照只形成一个可以从着色器的光照贴图中获取的纹理。

（2）烘培光的缺点：

- 没有实时直接光（也就是说没有镜面光照效果）。
- 动态 GameObject 不能向静态 GameObject 投射阴影。
- 只能使用光探测器得到静态 GameObject 向动态 GameObject 投射的低分辨率阴影。
- 与实时光相比，光照贴图纹理会占用更多内存。

3.1.4 阴影

Unity 能将物体的阴影投射到物体自身其他部分或者附近的其他物体上。阴影使原本看起来扁平的物体表现出了尺寸和位置，从而一定程度上增加了场景的深度和现实感，如图 3-14 所示。

图 3-14 场景中物体投射的阴影

1. 阴影的产生

在一个只有单一光源的场景中，光线从光源以直线向外传播最终可能碰到场景中的物体，光线不能达到的区域就会形成阴影。另外一个方法是想象一个处在光源位置的相机，场景中的阴影区域恰好就是相机无法看到的区域，实际上这正是 Unity 确定一个光源阴影位置的方法。Light 按照相机的方式渲染场景，与场景中的相机一样，使用深度缓冲系统跟踪离光源最近的物体表面，视线能到达的物体表面被照亮，所有其他区域都在阴影中，这个深度图被称为 Shadow Map。

2. 启用阴影

选中场景中的 Light 对象，在 Inspector 视图中为每个 Light 启用并指定阴影类型，如图 3-15 所示。

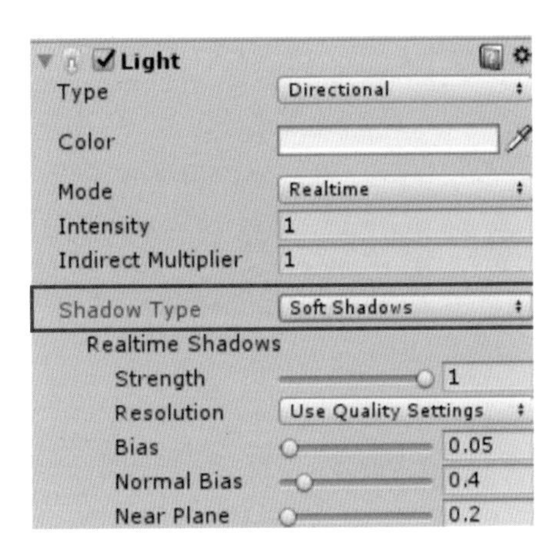

图 3-15　指定阴影类型

其中，Shadow Type 的 Hard Shadows 选项会生成边缘尖锐的阴影，看起来没有 Soft Shadows 选项真实，但是计算量较小，并且在许多情况下是可接受的。

另外场景中的每个 Mesh Renderer 都有 Cast Shadows 和 Receive Shadows 属性，必须正常启用，如图 3-16 所示。在属性选项的下拉菜单中选择 On/Off 来启用或禁用 Mesh 的阴影投射；也可以选择 Two Sided 让表面的两侧都能投射阴影；或者 Shadows Only 显示一个不可见 GameObject 的阴影，如图 3-17 所示。

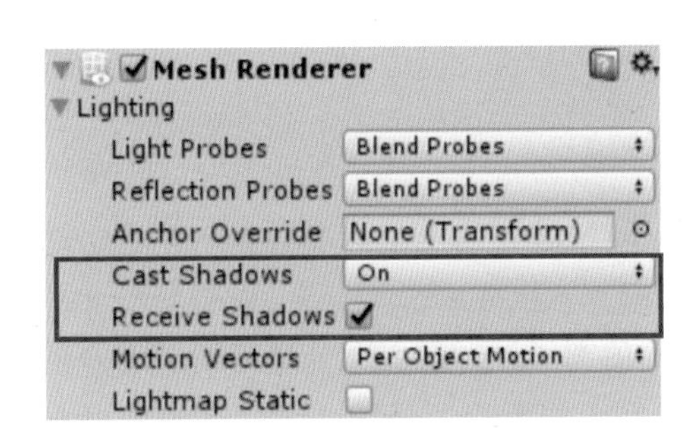

图 3-16　启用 Shadows 属性

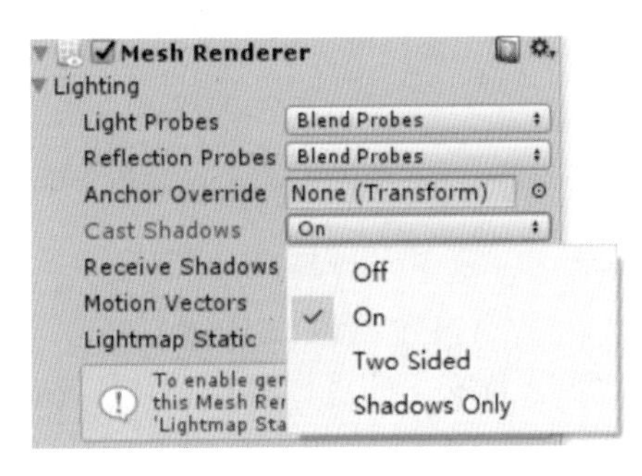

图 3-17　Cast Shadows 选项

3.2　摄像机

3.2.1　摄像机基础

正如电影中的镜头用来将故事呈现给观众一样，Unity 的相机（Camera）用来将游戏世界呈现给玩家。Unity 的 Game 视图中所看到的景象都是用相机（Camera）进行渲染的。游戏场景中至少有一个相机，也可以有多个。

启动 Unity，新建一个工程，在工程中 Unity 会主动添加一个 Main Camera，如图 3-18 所示。

在 Hierarchy 视图中选择 Main Camera，在 Inspector 视图中其组件信息如图 3-19 所示。

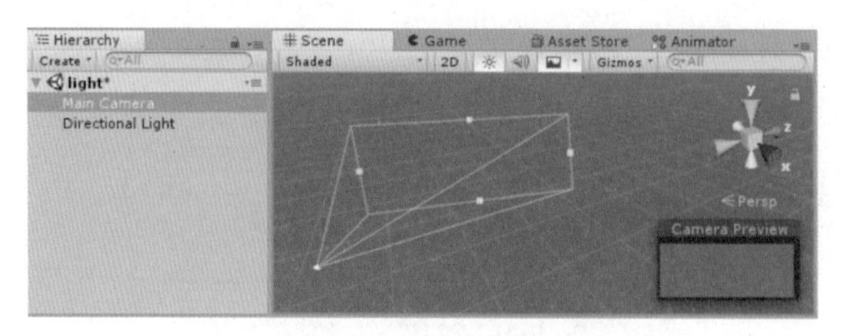

图 3-18　Main Camera

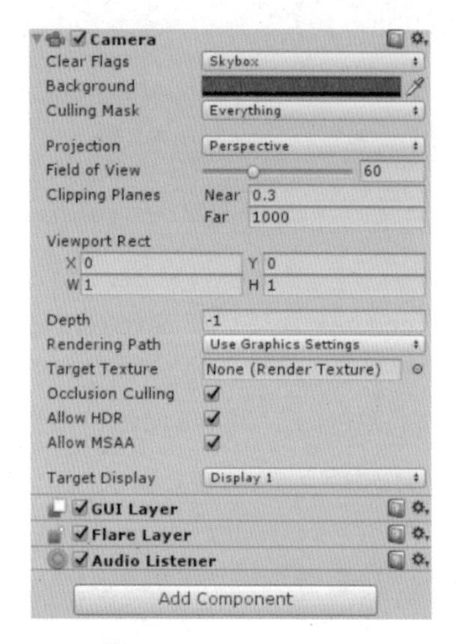

图 3-19　Camera 组件

Viewport Rect 可以很容易地创建双玩家（Two-player）的分割画面效果。创建了两个摄像头后，设置两个相机的 H 值为 0.5，然后设置玩家 1 的 Y 值为 0.5，设置玩家 2 的 Y 值为 0。那么玩家 1 的摄像机就会从屏幕的中间到顶部显示，玩家 2 的摄像机就会从屏幕底部到屏幕中间显示（把屏幕按上下分成两部分，上半部分是玩家 1 的，下半部分是玩家 2 的），如图 3-20 所示。

图 3-20　画面分割

3.2.2　摄像机的切换

需要在多个摄像机（Camera）之间进行切换时，要创建多个摄像机。

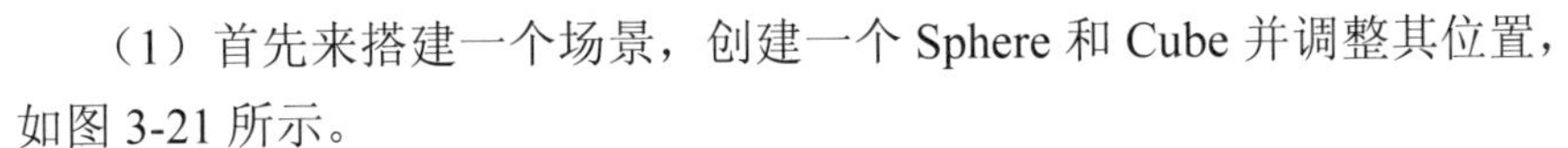

（1）首先来搭建一个场景，创建一个 Sphere 和 Cube 并调整其位置，如图 3-21 所示。

（2）创建三个 Camera。执行菜单 GameObject → Camera 命令进行创建，或在 Hierarchy 视图的 Create 下拉列表中单击 Camera 进行创建。分别命名为 Camera1、Camera2 和 Camera3，如图 3-22 所示。

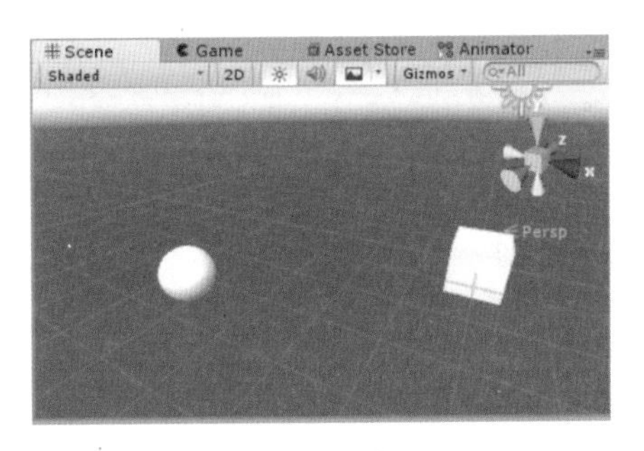

图 3-21　搭建场景

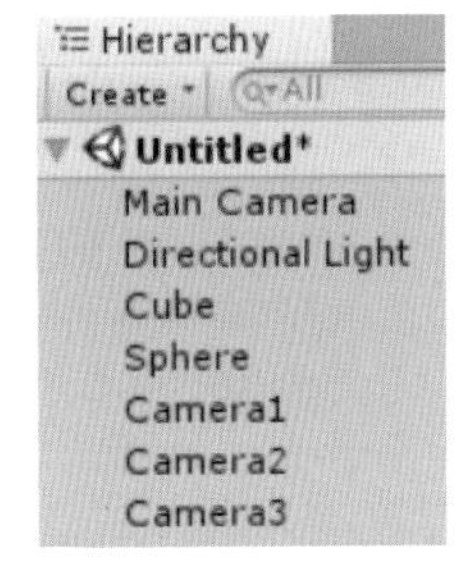

图 3-22　创建摄像机

（3）在场景中调整好视角，分别赋予三个 Camera。方法为，调整好一个视角，在 Hierarchy 视图中选择要赋予的 Camera 对象，执行 GameObject → Align With View 命令即可。三个 Camera 的视角如图 3-23 所示。

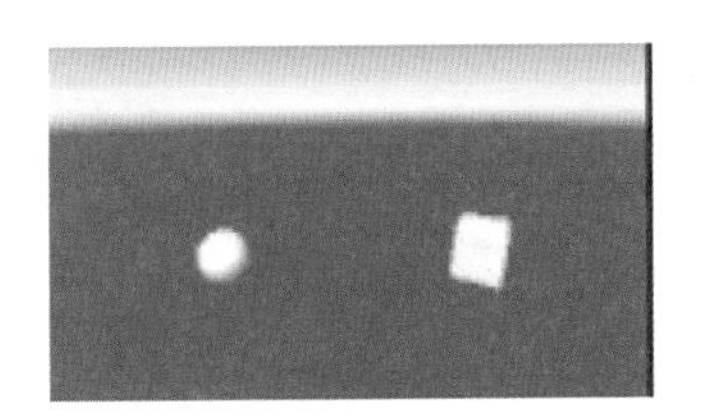

（a）Camera1 视角

（b）Camera2 视角

（c）Camera3 视角

图 3-23　三个 Camera 的视角

（4）创建一个空对象。

（5）在 Project 视图中创建一个 C# 脚本，并命名为 CameraSwitch，双击此文件打开脚本编辑器编辑代码，代码如下：

```
using System.Collections;
using System.Collections.Generic;
using UnityEngine;
public class CameraSwitch : MonoBehaviour {
  private GameObject Camera1;
  private GameObject Camera2;
  private GameObject Camera3;
  void Start () {
    Camera1 = GameObject.Find("Camera1");        // 查找名为 Cmaera1 的游戏对象
    Camera2 = GameObject.Find("Camera2");        // 查找名为 Cmaera2 的游戏对象
```

```
        Camera3 = GameObject.Find("Camera3");          // 查找名为 Cmaera3 的游戏对象
    }
    void Update () {
        if (Input.GetKeyDown(KeyCode.E))               // 按 E 键，显示 Camera3 视角
        {
            Camera1.SetActive(false); // 隐藏 Camera1，相当于把 Inspector 视图中游戏对象名前的勾取消
            Camera2.SetActive(false); // 隐藏 Camera2
            Camera3.SetActive(true);  // 激活 Camera3
        }
        if (Input.GetKeyDown(KeyCode.R))               // 按 R 键，显示 Camera1 视角
        {
            Camera2.SetActive(false);
            Camera3.SetActive(false);
            Camera1.SetActive(true);
        }
        if (Input.GetKeyDown(KeyCode.T))               // 按 T 键，显示 Camera2 视角
        {
            Camera1.SetActive(false);
            Camera3.SetActive(false);
            Camera2.SetActive(true);
        }
    }
}
```

（6）保存脚本文件，回到 Unity，把此脚本文件拖放到 Hierarchy 视图中的空对象上。

（7）运行。按 E 键，显示 Camera3 的视角；按 R 键，显示 Camera1 的视角；按 T 键，显示 Camera2 的视角，效果如图 3-24 所示。

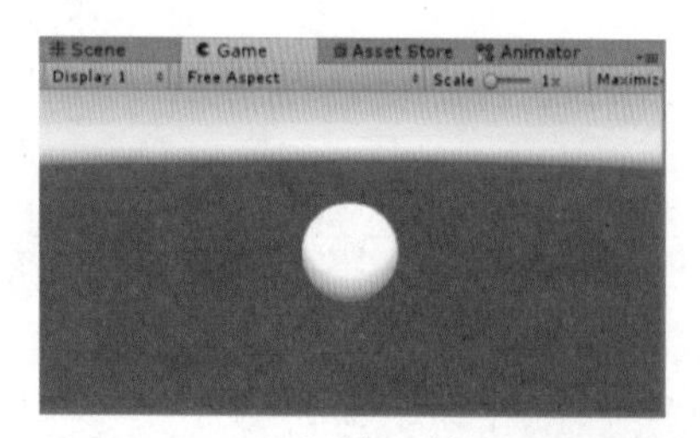

（a）按 E 键

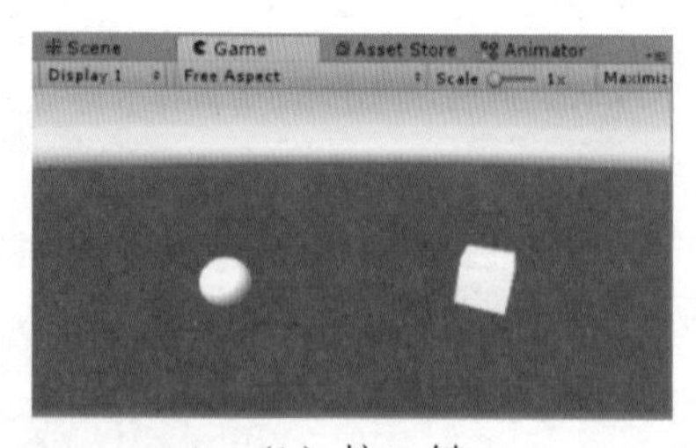

（b）按 R 键

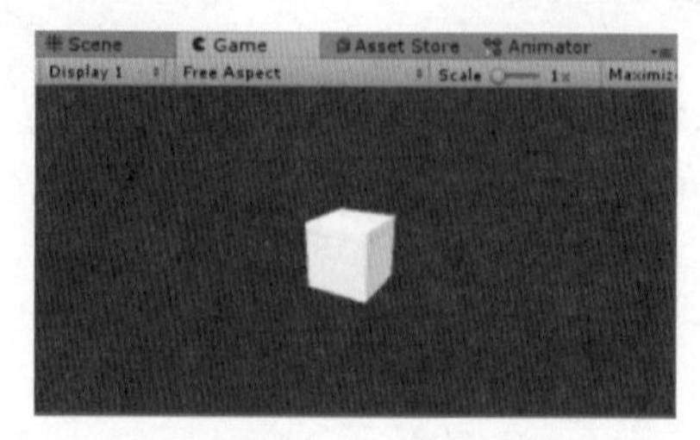

（c）按 T 键

图 3-24　运行效果

3.3 天空盒

3.3.1 天空盒基础

在玩游戏时，常常能够看到天空、云彩，感觉是在一个真实的环境中。在 Unity 中是用天空盒来模拟真实的天空环境，可以把天空盒想象成一个将游戏场景包裹起来的盒子，而在盒子的内壁上贴上天空纹理图来模拟天空环境。

Unity 中的天空盒实际上是一种使用了特殊类型 Shader 的材质。在 Project 视图中创建一个材质球，选择此材质球，在 Inspector 视图中的 Shader 的下拉列表中的 Skybox 类型中，可以看到有三种天空盒，如图 3-25 所示。

1. 6 Sided——六面天空盒

六面天空盒在游戏开发中最为常用，它使用六张天空纹理图组成一个天空场景。选中此选项后，会有六个纹理采样器，如图 3-26 所示。

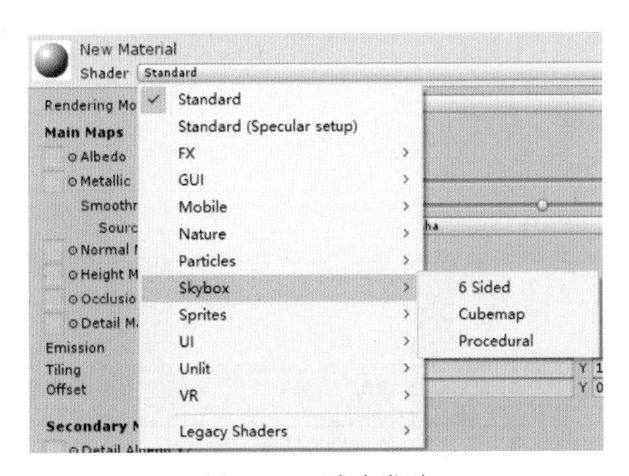

图 3-25 天空盒类型

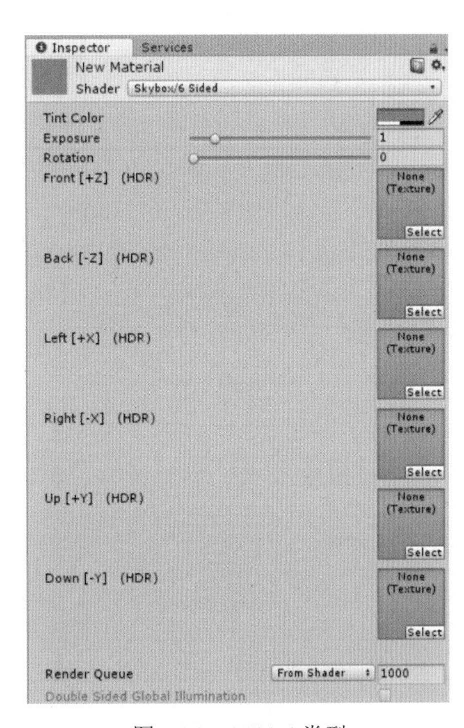

图 3-26 6 Sided 类型

2. Cubemap——反射天空盒

反射天空盒是一个由六个独立的正方形纹理组成的集合，通常被用来作为具有反射属性物体的反射源。选择此选项，参数如图 3-27 所示。

3. Procedural——系统天空盒

系统天空盒是 Unity 自带的一个天空盒，开发人员是无法对系统天空盒进行修改纹理贴图的，选择此选项，参数如图 3-28 所示。

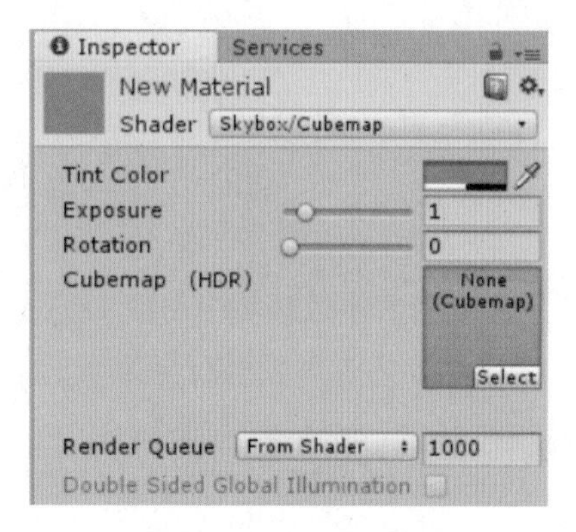

图 3-27　Cubemap 类型

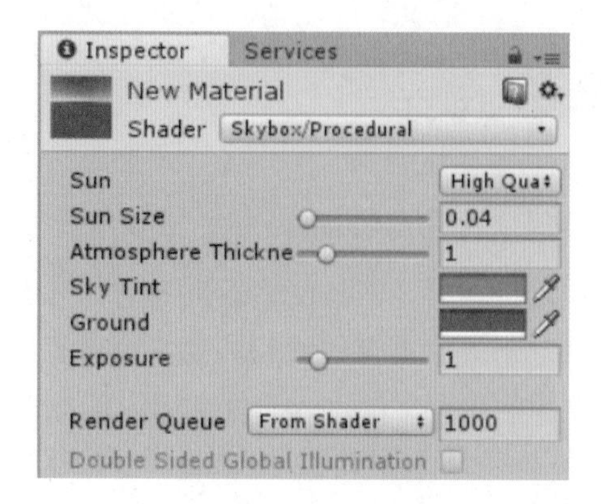

图 3-28　Procedural 类型

3.3.2　天空盒的使用

添加使用天空盒有两种方法：一是在摄像机上添加天空盒；二是在场景中添加天空盒。

1. 将天空盒绑定到摄像机上

如果要多个摄像机的天空不一样，就要将天空盒绑定到摄像机上，这样在摄像机的视野里见到的天空就是设置了天空贴图的，这样切换摄像机就会见到不同的天空。当然如果切换摄像机就将显示一个不同的天空了。将天空盒绑定到摄像机上的步骤如下所述。

（1）首先，在 Hierarchy 视图中选择一个摄像机。

（2）选择该摄像机，在 Inspector 视图中单击 Add Component 按钮，在下拉列表中选择 Rendering → Skybox 命令添加一个天空盒组件，如图 3-29 所示。

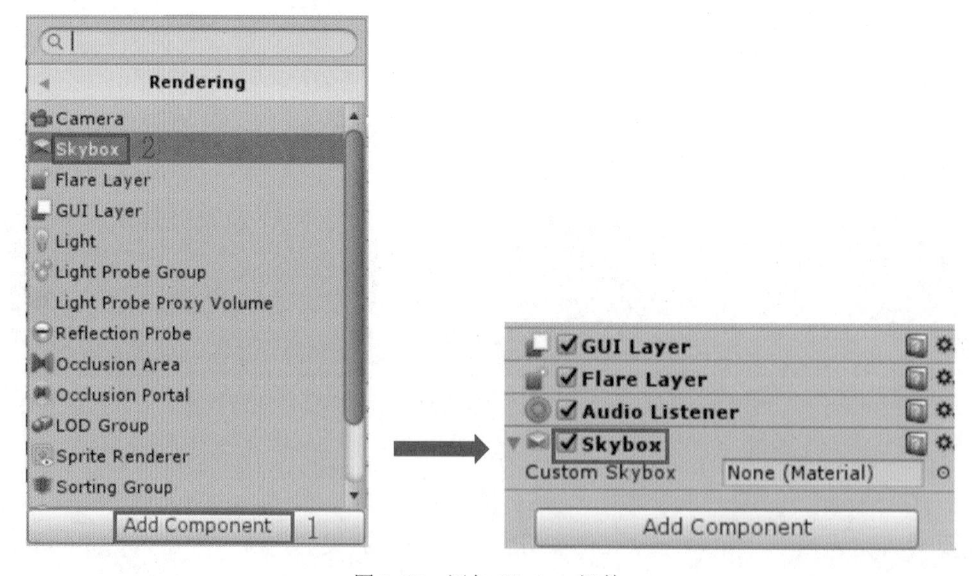

图 3-29　添加 Skybox 组件

（3）单击 Skybox 组件后面带有点的小圆圈，弹出一个“Select Material”对话框，然后选择其中一个，就添加上了天空盒，此时场景的天空背景如图 3-30 所示。

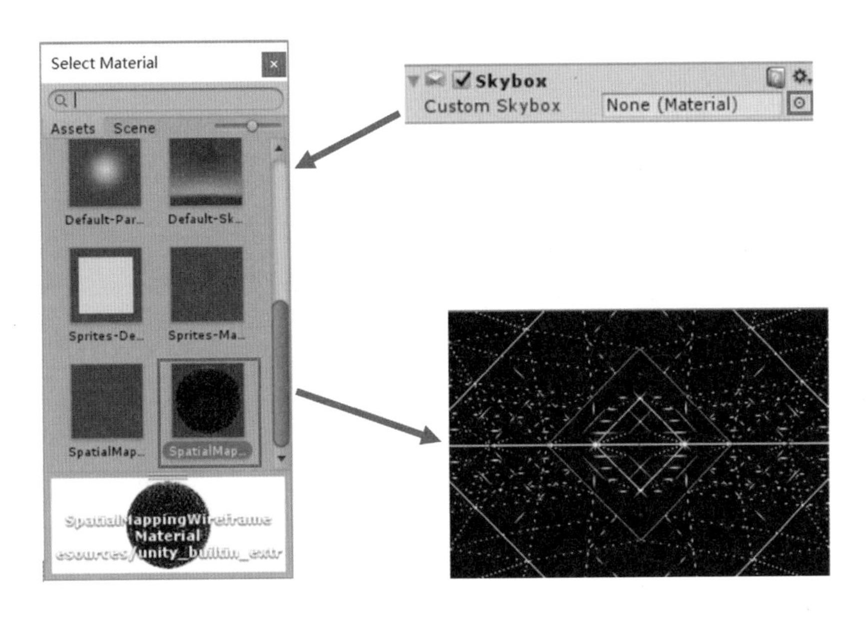

图 3-30　设置天空盒

2. 将天空盒添加到场景中

在场景中添加天空盒，如果没有给每个摄像机单独添加天空盒，那么在多个摄像机之间进行切换时天空就是一样的了。

在菜单栏依次单击 Window → Lighting → Settings，打开 Lighting 对话框，如图 3-31 所示。Skybox Material 是默认的天空盒，可以单击后面带小圆点的图标打开“Select Material”对话框为其指定一个天空盒材质，单击运行按钮，将会看到该场景出现了刚才选择的天空背景。

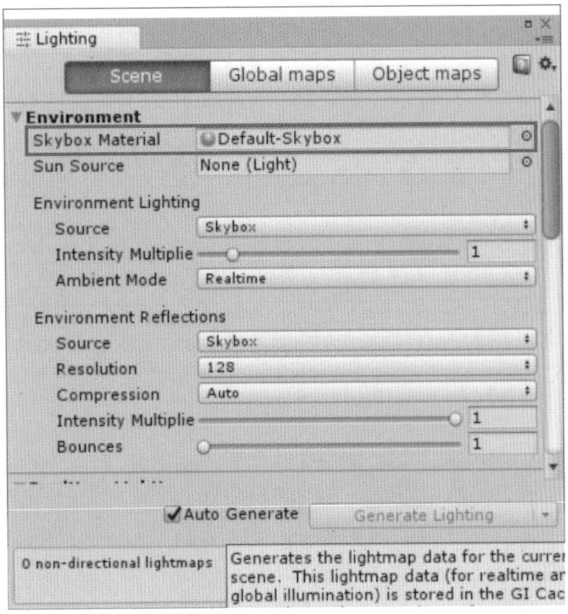

图 3-31　Lighting 对话框

3.3.3 天空盒案例

本案例在同一个场景中有两台摄像机分上下屏显示，各自显示不同的天空，天空按一定速度水平转动，按空格键可以切换天空。本例中的天空盒使用的是 6 Sided 天空盒。

（1）启动 Unity，新建一个名为 SkyboxDemo 的项目。进入 Unity，依次选择菜单中的 GameObject → Camera 命令创建一个相机。

（2）在 Project 视图 Assets 下分别创建名为 Texture 和 Materials 的文件夹用于存放天空盒的纹理图和材质。在 Texture 文件夹下创建六个名称分别为 Sky1 ~ Sky6 的文件夹，分别用于放置六个天空盒的纹理图，把天空盒纹理图分别复制到此六个文件夹中。

（3）制作天空盒材质。在 Materials 文件夹下创建名为 Sky1 的材质球，选择该材质球，在 Inspector 视图中的 Shader 下拉列表中选择 Skybox/6 Sided。在 Project 视图中单击 Texture 文件夹下的 Sky1，展开第一个天空盒的纹理图，按住鼠标左键选中纹理图拖放至 Inspetor 视图中相应纹理位置，按名称相对应放置即可，如图 3-32 所示。

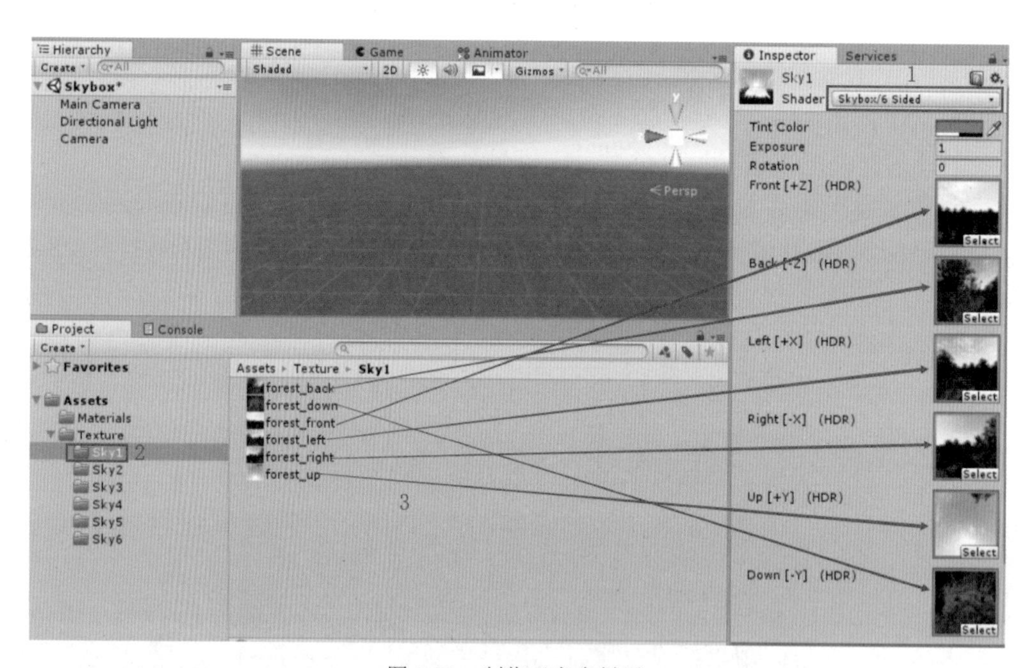

图 3-32 制作天空盒材质

用相同的方法制作其他五个天空盒材质 Sky2 ~ Sky6，如图 3-33 所示。

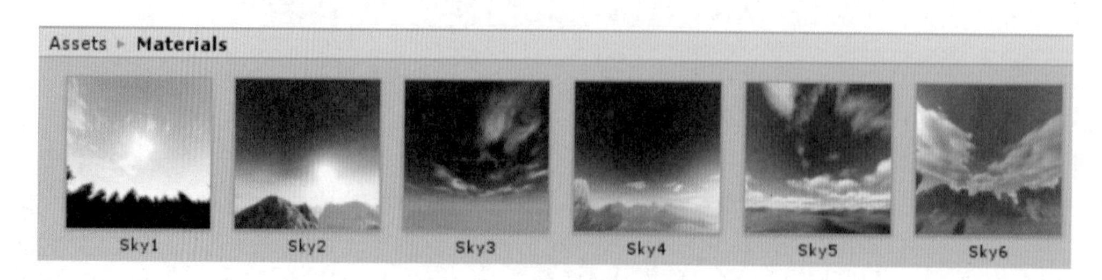

图 3-33 完成的天空盒材质

（4）在 Hierarchy 视图中创建一个空对象，将 Main Camera 和创建的 Camera 拖放到此空对象下面作为其子对象，这样在旋转的时候只需要旋转空对象，两个子对象摄像机就会跟着一起旋转。

（5）分别给 Main Camera 和 Camera 添加组件 Skybox 组件，并把 Sky1 材质赋给 Main Camera 的 Skybox 组件，把 Sky2 材质赋给 Camera 的 Skybox 组件。

（6）两个摄像机分屏显示。在 Hierarchy 视图中选择 Main Camera，在 Inspector 视图中将 Camera 组件下的 Viewport Rect（视口矩形）参数的 Y 设置为 0.5。用同样的方法把 Camera 对象的 Viewport Rect（视口矩形）参数的 Y 设置为 -0.5。

（7）在 Project 视图中 Assets 下创建一个 Scripts 文件夹，在其中创建一个名为 SkySwitch 的 C# 文件，双击此文件打开脚本编辑器编辑代码，代码如下：

```
using System.Collections;
using System.Collections.Generic;
using UnityEngine;
public class SkySwitch : MonoBehaviour {
  private GameObject Camera1, Camera2;
  public float speed = 15f;          // 摄像机旋转速度
  public Material[] up;              // 上屏摄像机天空盒材质组
  public Material[] down;            // 下屏摄像机天空盒材质组
  private int i;                     // 上屏天空盒材质组索引
  private int j;                     // 下屏开空盒材质组索引
  void Start () {
    // 获取名为“Main Camera”和“Camera”的子对象，并转换为 GameObject 类型
    Camera1 = GameObject.Find("Main Camera").gameObject;
    Camera2 = GameObject.Find("Camera").gameObject;
  }
  void Update () {
    // 绕 Y 轴以每秒 speed 的速度旋转
      this.transform.Rotate(Vector3.up * Time.deltaTime * speed);
    if (Input.GetKeyDown(KeyCode.Space))
    {
      i++;
      j++;
      // 修改上下屏天空盒材质，% 为取余
      Camera1.GetComponent<Skybox>().material = up[i % up.Length];
      Camera2.GetComponent<Skybox>().material = down[j % down.Length];
    }
  }
}
```

（8）把脚本文件赋给空对象。选择空对象，在 Inspector 视图中把 Sky Switch(Script) 组件下的两个公共数组长度 Size 都设为 3，并分别把 Sky1 ～ Sky3 材质赋给 Up 数组，Sky4 ～ Sky6 材质赋给 Down 数组。也可在 Project 视图中选中材质拖放到数组元素中，

或单击数组元素后面的◎按钮打开 Select Material 对话框，在其中进行选择，如图 3-34 所示。

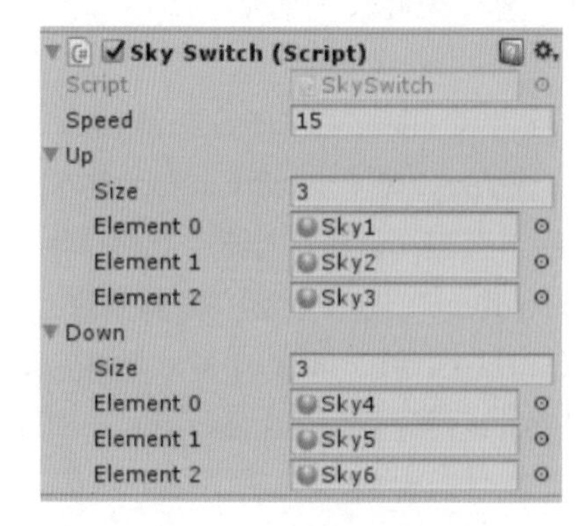

图 3-34　设置材质数组

单击“播放”按钮运行，效果如图 3-35 所示。

图 3-35　运行效果

3.4　地形系统

地形被广泛地应用于开放的场景和城市的仿真，游戏里也有被大规模地使用。组成游戏地形的要素主要有两个：第一个是游戏的地形；第二个是地形上添加的地表纹理。Unity 中内置了功能丰富的地形引擎，通过合理地使用该引擎，可以快速地创建出多种地形环境。

3.4.1　创建地形

（1）启动 Unity，创建项目并命名为 Terrain。

（2）导入环境资源包。依次选择菜单中 Assets → Import Package → Environment 命令，如图 3-36 所示。在弹出的 Import Unity Package 对话框中，单击 Import 按钮，环境资源包就导入到项目工程中了。在 Project 视图中的 Assets 文件夹下就可以看到导入的环境资源包，如图 3-37 所示。

（3）依次选择 GameObject → 3D Object → Terrain 命令，创建一个地形，新创建的地形会在 Assets 文件夹下创建一个地形资源，并在 Hierarchy 视图中生成一个地形实例，如图 3-38 所示。

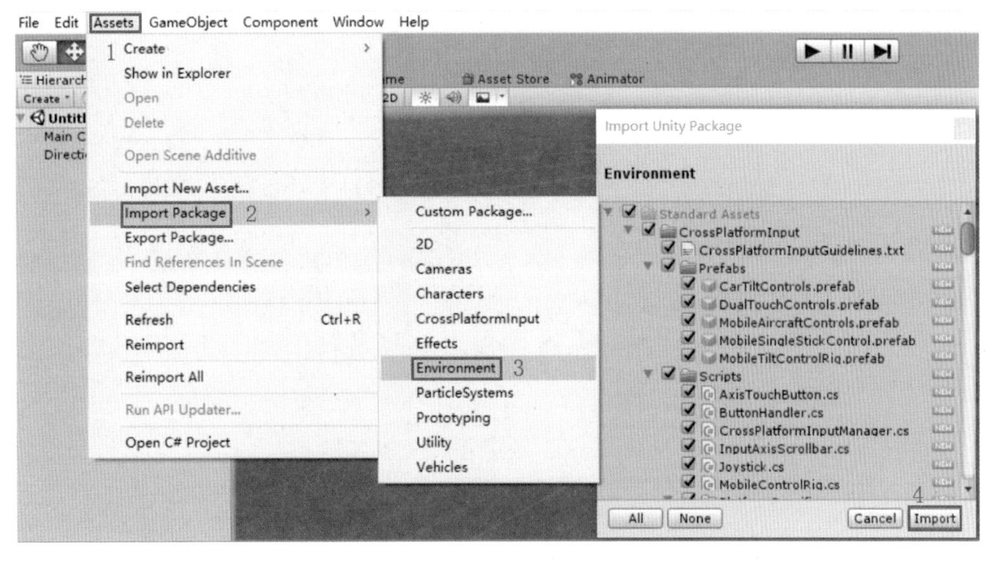

图 3-36　导入环境资源包

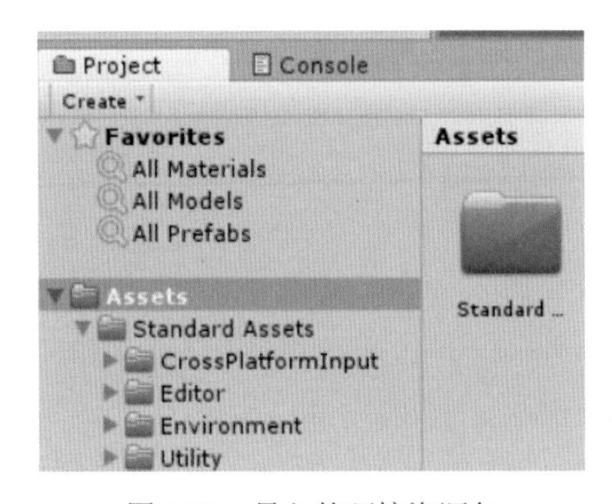

图 3-37　导入的环境资源包

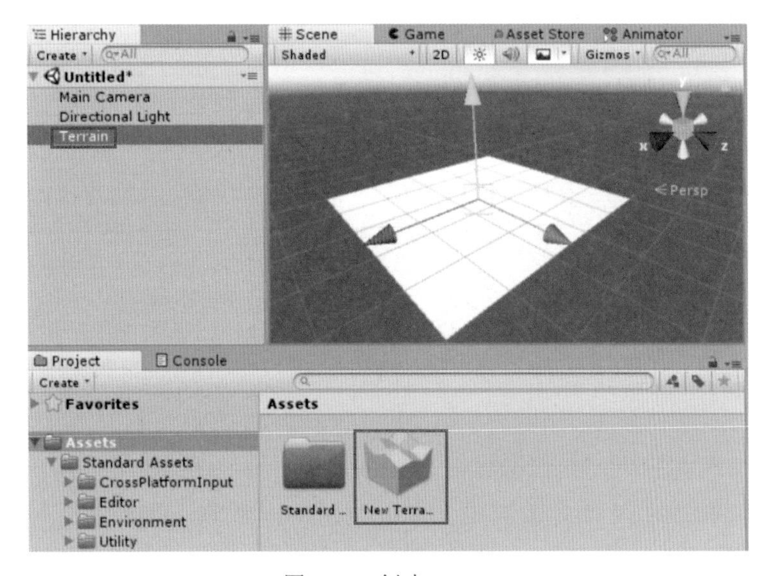

图 3-38　创建 Terrain

（4）在 Hierarchy 视图中选中 Terrain，其 Inspector 视图如图 3-39 所示。

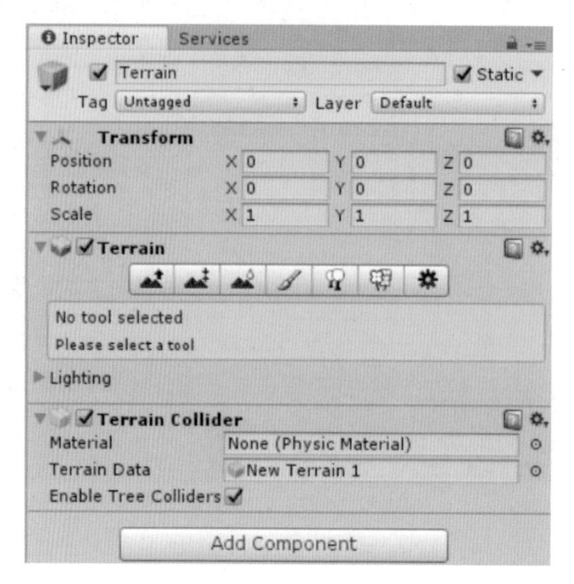

图 3-39　Terrain 组件

除了组件 Transform 外，还包含两个组件：Terrain 和 Terrain Collider，前者实现地形的绘制与设置，后者充当地形碰撞器。

（5）地形设置。在对地形进行操作前，需要对地形的基本属性进行设置。单击 Terrain 组件下的“设置”按钮，在弹出的界面中可以对地形进行一些参数设置。可以设置地形的大小及精度等参数，还可以给地形添加一个模拟风，使地形中的花草树木非常生动地随风摆动，地形的参数设置如图 3-40 所示。

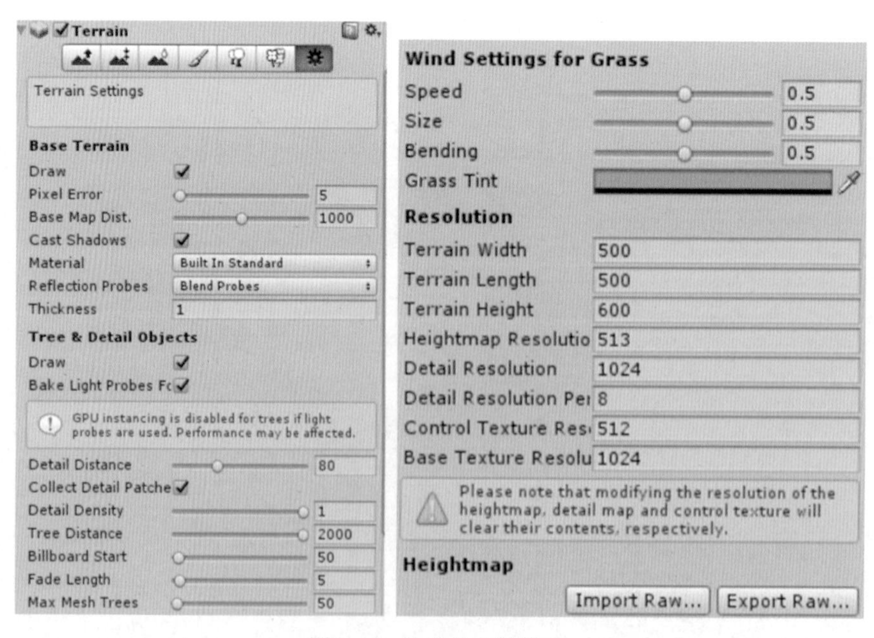

图 3-40　地形的参数设置

3.4.2 绘制地形

在 Terrain 组件下有一排地形编辑工具，分别对应了地形的各项操作，如图 3-41 所示。

图 3-41 地形编辑工具

（1）选择第一个工具（提升 / 沉降），其下的文本区域会显示出各按钮的名称以及操作方式，如图 3-42 所示。

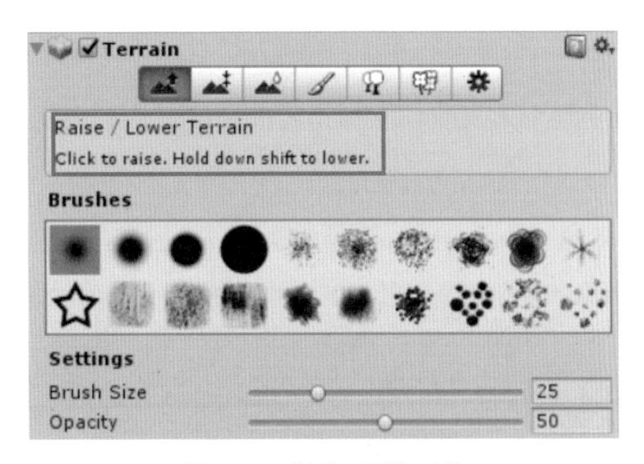

图 3-42 提升 / 沉降工具

通过单击或拖动鼠标，可以使鼠标点过的地方提升，同时按下 Shift 键可以实现地形的沉降，但只能对有了高度的地形才可以实现地形沉降。

通过工具进行操作，绘制如图 3-43 所示的地形。

图 3-43 使用提升 / 沉降工具绘制的地形

（2）选择第二个工具（平坦地形），其作用是将笔刷刷过的地方全部设置为指定高度 Height，原来高的地方会沉降、低的地方会提升，使地形变得平坦。参数如图 3-44 所示。

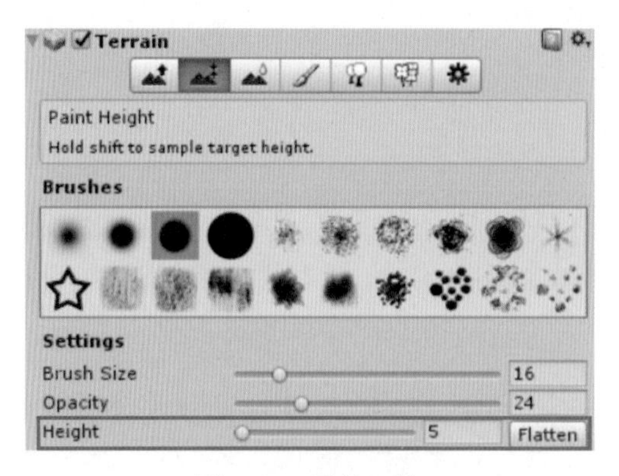

图 3-44　平坦工具

除了笔刷的设置外，还有一个 Height 参数，指定地形的高度。如果单击后面的 Flatten 按钮，则会将整个地形的高度设置为指定的高度，地形将变为一片平地。

使用此工具配合提升 / 沉降工具编辑地形，把山谷中间做成一个平地并向下沉降出一个湖，如图 3-45 所示。

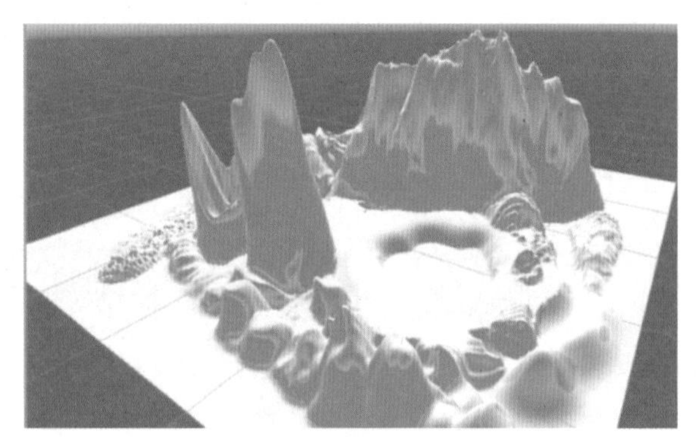

图 3-45　平坦工具使用效果

（3）选择第三个工具（平滑地形）。使用前面两个工具绘制的地形比较粗糙，由于地形高度差比较大导致部分地形显得特别突兀，或者使山峰过于尖锐，这时就需要进行平滑处理，该工具可以使地形更加平滑，其参数与“提升 / 沉降”工具一样。使用平滑工具处理后的地形如图 3-46 所示。

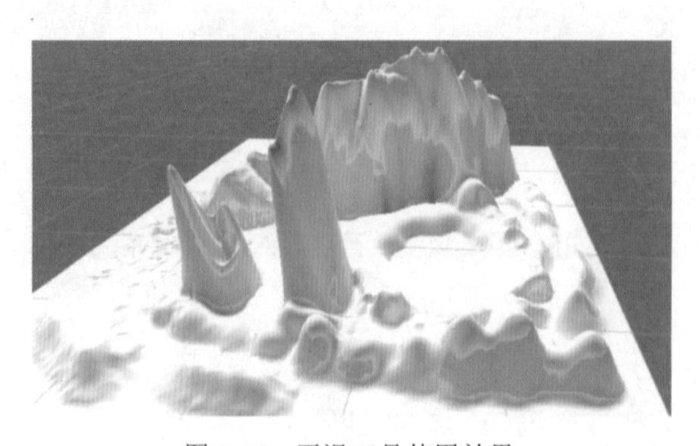

图 3-46　平滑工具使用效果

3.4.3 添加地形纹理

在地形的开发过程中，除了制作逼真的地形样式外，添加合适的纹理图也是必不可少的一部分。地形引擎对此功能进行了封装，使得开发人员可以在地形的任意位置添加地形纹理图或者花草树木图。

（1）选择工具 （绘制纹理）进行添加纹理，如图3-47所示。用图片绘制纹理是以涂画的方式进行，将单元图片赋给笔刷，笔刷经过的地方会有所对应的纹理图贴到地形上。

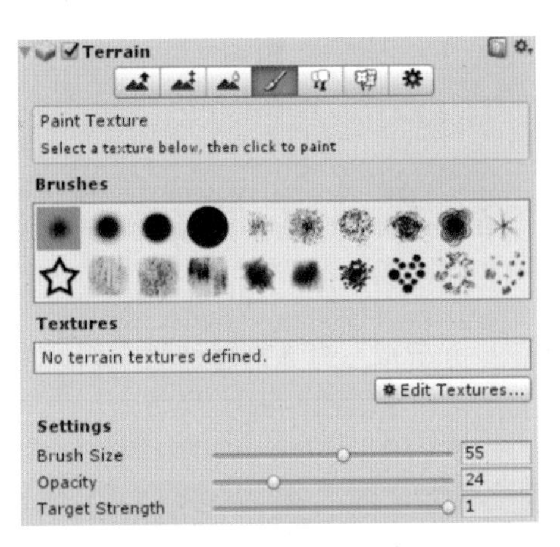

图3-47 绘制纹理工具

笔刷除了大小与强度参数外，还有一个Target Strength（笔刷涂抹强度值）参数。

（2）单击纹理后面的按钮Edit Texture，在弹出的界面中选择Add Texture命令，则弹出Add Terrain Texture对话框。有两种贴图，一种是标准的2D贴图，一种是法线贴图，我们选择标准2D贴图，如图3-48所示。

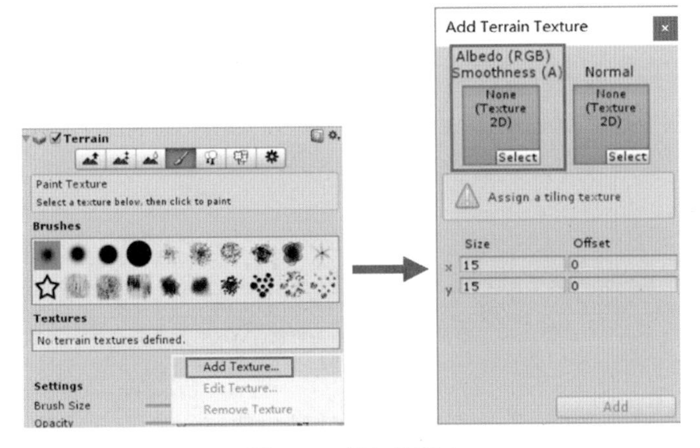

图3-48 添加纹理1

（3）单击贴图下面的Select按钮弹出Select Texture2D对话框，在此对话框中选择GrassRockyAlbedo命令。可以通过调整Metallic值来调整纹理图的明暗程度，调整Smoothness来调整其平滑度。然后单击Add Terrain Texture对话框下的Add按钮，如图3-49所示。

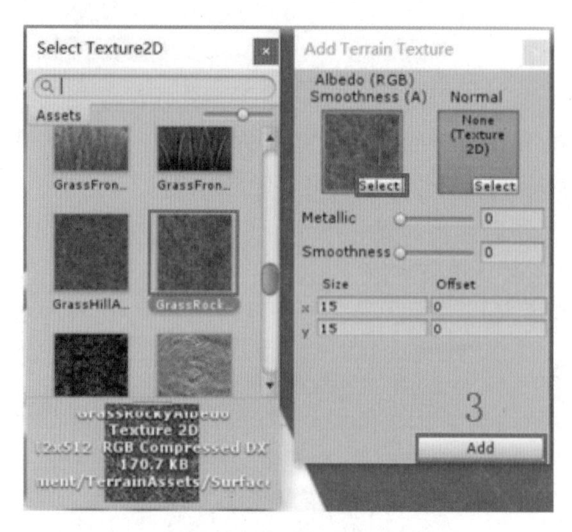

图 3-49　添加纹理 2

添加完纹理的效果如图 3-50 所示。为地形添加第一幅纹理图时，该纹理图会铺满整个地形。可以单击 Edit Texture 按钮来编辑纹理。

图 3-50　添加纹理效果

地形引擎还支持添加多幅纹理图，并通过笔刷改变地形中某部分的纹理图。

（4）按照上一步骤，继续添加一个名为 CliffAlbedoSpecular 的纹理，然后在 Textures 下选择该纹理，在地形山脉上绘制该纹理，如图 3-51 所示。

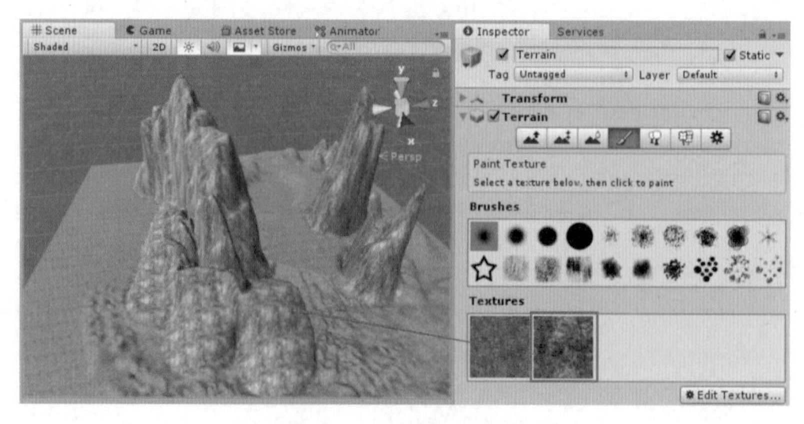

图 3-51　绘制第二种纹理

3.4.4 添加树木和植被

地形引擎还可以为地形添加花草树木。树木的添加与添加纹理图方式相同，先选择树木资源，以涂画的方式批量地进行树木的种植。

（1）添加树木。在 Treeain 组件下单击工具，然后单击 Edit Trees 按钮，选择 Add Tree 命令，在弹出的 Add Tree 对话框中，单击 Tree 右侧的带点圆圈按钮，在弹出的 Select GameObject 对话框中选择名为 Broadleaf_Desktop 的树，最后在 Add Tree 对话框中单击 Add 按钮，把树添加到 Inspector 视图中，如图 3-52 所示。

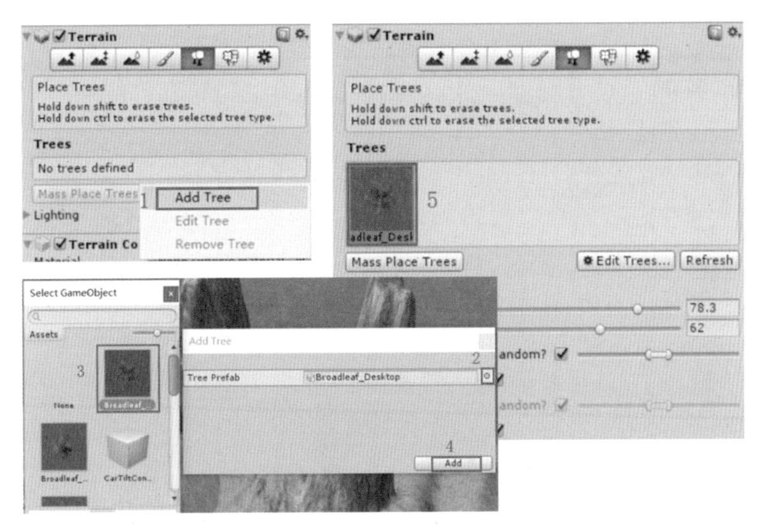

图 3-52 添加树木

我们可以添加多种 type 的树，然后一层层地刷出复杂的森林结构。同样地，我们也可以单击 Edit Trees → Edit Tree，给树更换 GameObject，或单击 Edit Trees → Remove Tree，删除某一层的树。

（2）用上述同样的方法再添加两种树 Broadleaf_Mobile 和 Palm_Desktop。设置好参数，按下鼠标左键开始刷树。按住 Shift 键再刷可以删除已经刷出来的树，按住 Ctrl 键再刷可以删除当前选择的特定类型的树。绘制完树木，效果如图 3-53 所示。

图 3-53 绘制树木效果

（3）添加草。除了进行树木的种植，还可以在地形上铺设花草等修饰物。在 Treeain 组件下单击工具，然后单击 Edit Details 按钮，在弹出的列表中，可以选择 Add Grass Texture 纹理也可选 Add Detail Mesh 网格作为其资源对象，在此选择 Add Grass Texture 选项。在弹出的 Add Grass Texture 对话框中，单击 Detail Texture 右侧的带点圆圈按钮，在弹出的 Select Texture2D 对话框中选择 GrassFrond02AlbedoAlpha。最后在 Add Grass Texture 对话框中设置好参数，再单击 Add 按钮，GrassFrond02AlbedoAlpha 就添加到了 Inspector 视图中，如图 3-54 所示。

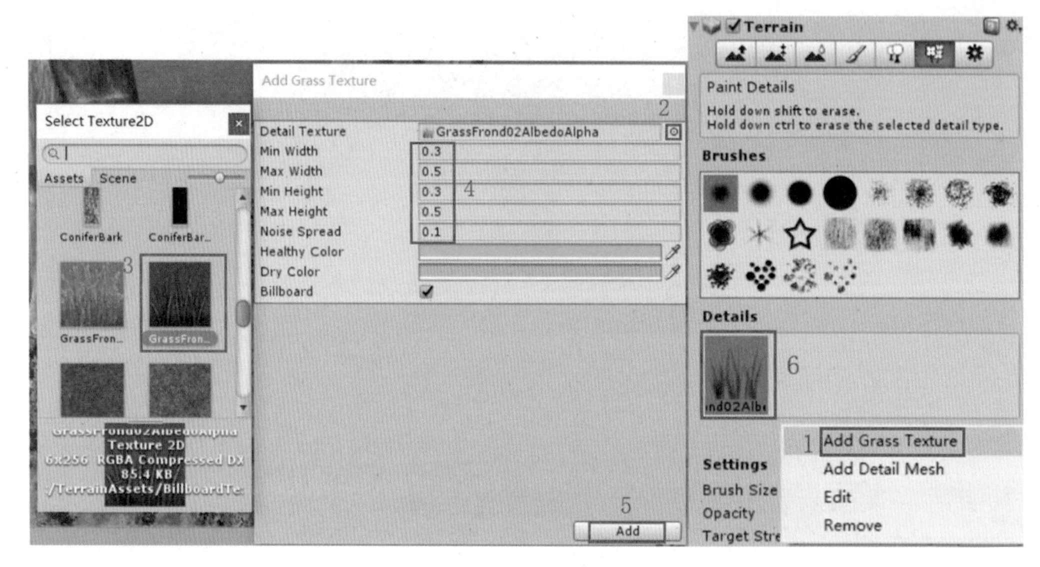

图 3-54　添加草

（4）用同样的方法再添加 GrassFrond01AlbedoAlpha。选择刚添加的草纹理，设置好笔刷大小和硬度，然后在地形上单击或按住鼠标左键拖动种植草，效果如图 3-55 所示。

图 3-55　绘制草效果

3.4.5　添加水特效

前面导入的 Environment 资源中包括了水资源，如图 3-56 所示。

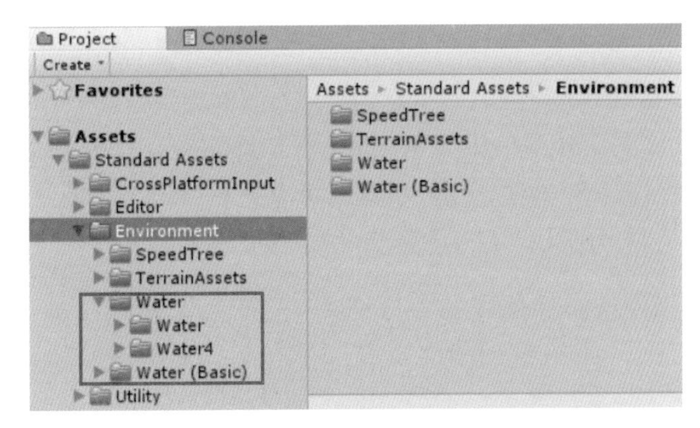

图 3-56 水资源

有 Water 和 Water（Basic）两种水特效。Water 里的水特效功能较为丰富，能够实现反射和折射效果，也可以对其波浪大小、反射扭曲等参数进行设置。水是预制体形式，打开 Water 文件夹里的 Prefabs 文件夹，里面含有两种水特效预制体，一个白天水特效，一个夜晚水特效。Water（Basic）里也包含白天和夜晚两种基本的水预制体。这两种水功能较为单一，没有反射、折射等功能，仅可以对水的波纹大小与颜色进行设置。由于其功能简单，这两种水所消耗的计算资源远远小于前面两种，更适合移动端平台的开发。

在 Project 视图中，打开资源里的 Water4 文件夹下的 Prefabs 文件夹，将名为 Water4Advanced 的水效果预设体拖放到 Scene 视图中湖位置的坑中，然后使用选择工具沿 Y 轴方向向上移动一定距离，再使用缩放工具进行缩放使其充满整个湖面，如图 3-57 所示。

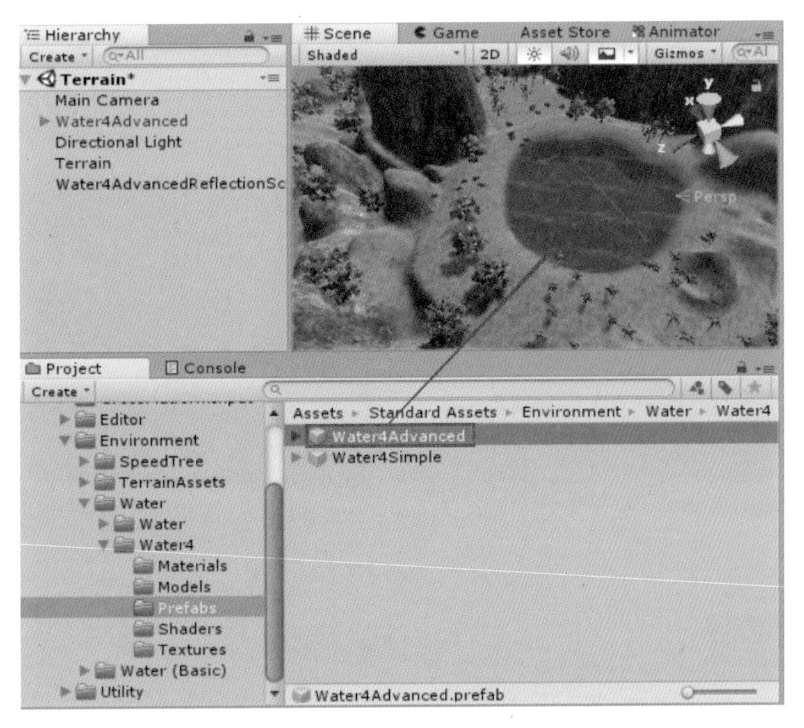

图 3-57 添加水特效

3.4.6　添加雾特效

Unity 中内置了雾特效，开发人员可以轻松地将其添加到场景中。

开启雾特效。依次选择菜单中的 Window → Lighting → Setting 命令，打开 Lighting 对话框，在 Scene 页中的 Other Settings 项勾选 Fog，即开启雾特效。雾特效有三种模式，如图 3-58 所示。

图 3-58　雾特效的三种模式

添加一个雾特效后效果如图 3-59 所示。

图 3-59　添加雾特效效果

3.5　音效

没有声音的游戏是不完整的，一款游戏里所有的声音统称为音效。其中声音分为两种，游戏音乐和游戏音效，前者适合时间较长的音乐，如游戏背景音乐；后者适合较短的音乐，如枪击声等。

Unity 的音效系统是灵活的、强大的，可以导入标准格式的音频文件格式，在 3D 空间播放声音。Unity 支持 4 种常用的音频格式，分别是 AIFF 格式、WAV 格式、MP3 格式和 OGG 格式。其中 AIFF 和 WAV 格式适用于较短的音乐文件，可作为游戏中如枪击、打斗、胜利或失败等的音效；MP3 和 OGG 格式适用于较长的背景音乐。

3.5.1 音频组件

在 Unity 中对音乐进行了封装，要实现音乐的播放需要两个组件：AudioListener 和 AudioSource。

1. Audio Listener 组件

Audio Listener 组件的功能是监听当前场景下的所有音效的播放并将这些音效输出，相当于人的耳朵或电脑的扬声器，如果没有这个组件，则不会发出任何的声音。

我们创建场景时在 Main Camera 上就自带有这个组件，如图 3-60 所示。该组件不需要创建多个，一般场景中只需要在任意的 GameObject 上添加一个该组件就可以了，但是要保证这个 GameObject 不被销毁，所以一般按照 Unity 的做法，在主摄像机中添加该组件即可。

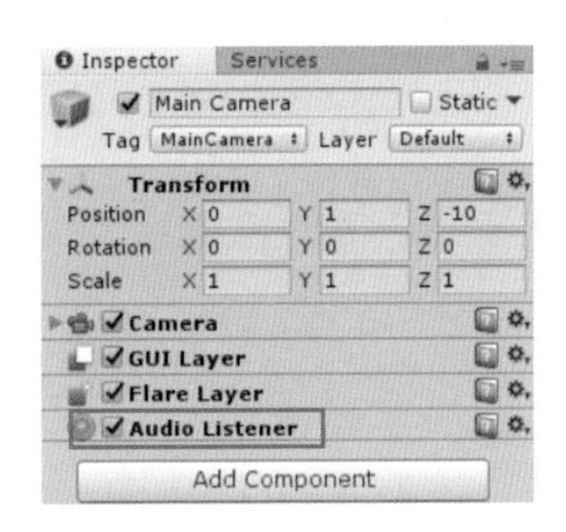

图 3-60 Main Camera 自带的 Audio Listener 组件

依次单击菜单中的 Component → Audio → Audio Listener 命令即可添加该组件。

2. Audio Source 组件

Audio Source 组件是音频源组件，要播放音乐必须要有音频源——Audio Source，其播放的是音频剪辑（Audio Clip）。若音频剪辑是 3D 的，声音则会随着音频侦听器与音频源之间距离的增大而衰减，产生多普勒效应。音频不仅可以在 2D 和 3D 之间变换，还可以改变其音量的衰减模式。

（1）接前面 3.4 节的地形项目，给主摄像机添加一个 Audio Source 组件。在 Hierarchy 视图中选中 Main Camera，依次选择菜单中的 Component → Audio → Audio Source 命令即可添加该组件，组件参数如图 3-61 所示。

（2）将声音源文件导入工程。在 Project 视图的 Assets 文件夹下创建一个名为 Audio 的文件夹，把声音源文件“Breeze In The Sand.mp3”拖放或复制到此文件夹下，然后把此声音源文件拖放到 Main Camera 的 Audio Source 组件下的 Audio Clip 中，如图 3-62 所示。

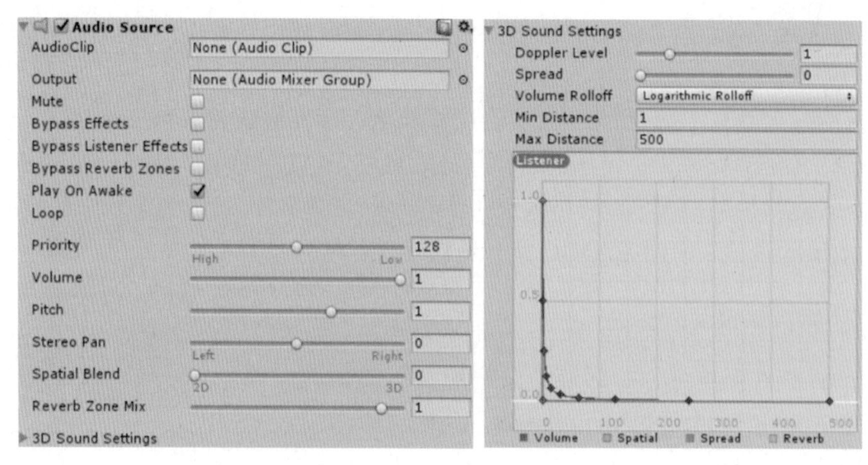

图 3-61　Audio Source 组件

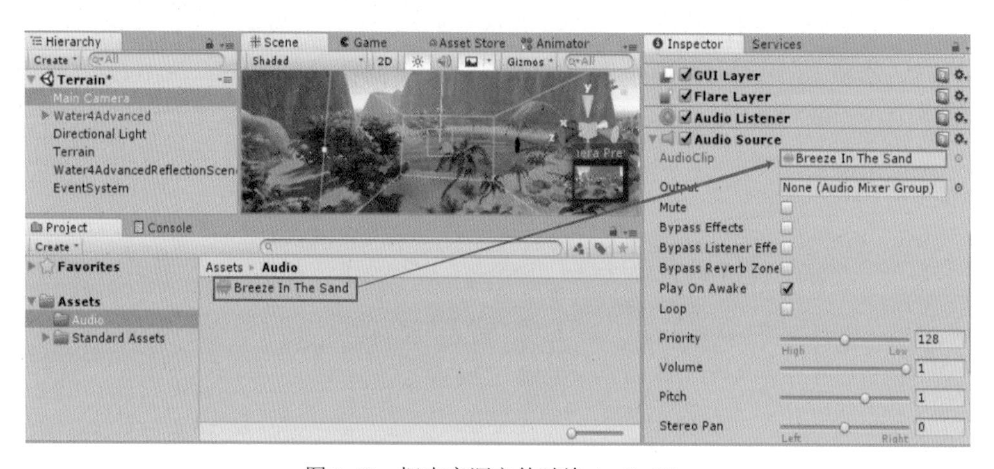

图 3-62　把声音源文件赋给 AudioClip

单击“播放”按钮运行，就可以听到音乐了。

3．其他组件

除了 Audio Listener 和 Audio Source 组件，还有一些其他音频组件，应用这些组件可以达到不同的播放效果。

3.5.2　音频使用案例

接前面 3.5.1 中的项目，在其中制作一个简单的音频效果，效果为运行时播放音乐，单击 P 键暂停播放，再次单击 P 键继续播放，如此循环，单击空格键切换音乐。

（1）已经在项目中导入了一个音乐文件，再导入两个音乐文件 MF_Field.mp3 和 Xiwenji.mp3 到 Audio 文件夹里。

（2）在 Project 视图 Assets 下创建一个名为 Scripts 的文件夹，在此文件夹下创建一个名为 AudioControl 的 C# 文件，双击此文件打开编辑器编辑代码，代码如下：

```
using System.Collections;
using System.Collections.Generic;
```

```
using UnityEngine;
public class AudioControl : MonoBehaviour {
    private AudioSource audioSource;        // 音频源变量
    public AudioClip[] audios;              // 音频剪辑数组
    private int i;
    void Start () {
        audioSource = GetComponent<AudioSource>();          // 获取音频源组件
        audioSource.clip = audios[0];                       // 初始将第一个音乐赋给 AudioClip
        audioSource.Play();                                 // 播放音乐
    }
    void Update () {
        if (Input.GetKeyDown(KeyCode.P)) {
            if (!audioSource.isPlaying) {
                audioSource.Play();                         // 当音乐没有播放时播放音乐
            }
            else {
                audioSource.Pause();                        // 暂停播放
            }
        }
        if (Input.GetKeyDown(KeyCode.Space)) {
            i++;
            audioSource.clip = audios[i % audios.Length];   // 修改音频剪辑
            audioSource.Play();                             // 播放音乐
        }
    }
}
```

（3）保存文件，回到 Unity。把 AudioControl.cs 赋给 Main Camera。在 Hierarchy 视图中选择 Main Camera，在 Inspector 视图的 Audio Control(Script) 组件中，将公共音频剪辑数组 Audios 的大小 Size 设置为 3。将 Project 视图中 Audio 文件夹下导入的 3 个音频文件分别拖放到这三个元素中，或单击其后面的⊙按钮，在弹出的 Select Audio Clip 对话框中选择相应的音频文件，如图 3-63 所示。

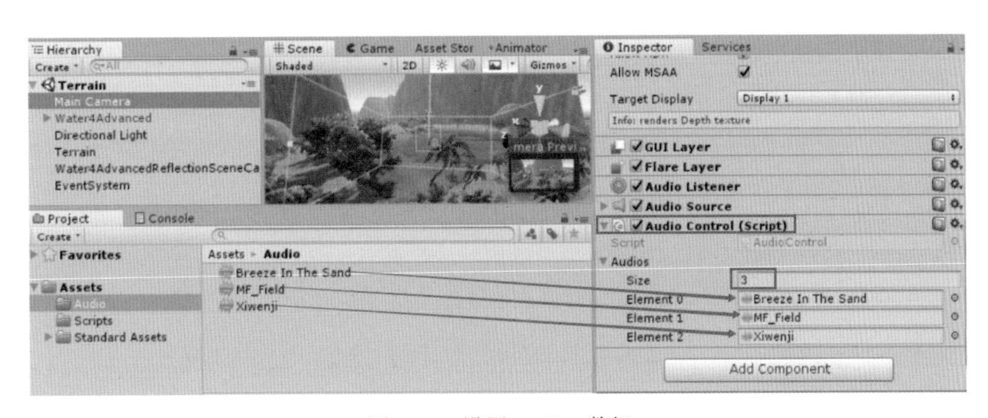

图 3-63　设置 Audios 数组

（4）单击“播放”按钮运行，开始播放的是 Element0 中的音乐，单击 P 键音乐暂停，再单击 P 键音乐继续播放，单击空格键音乐按顺序进行切换。

本章小结

本章主要介绍了在 Unity 中进行虚拟交互场景创建时 Unity 自带的一些对象与特效，包括光照、摄像机、天空盒、地形系统以及音效。光照中包括光照的类型、光照窗口设置、光照浏览器、光照模式以及阴影。摄像机的设置以及切换。天空盒的类型、材质的制作与天空盒的使用。地形系统的创建与绘制，添加地形纹理，添加树木与植被，添加水特效与雾特效。音效的种类与格式，音频组件的添加与使用。用户可以使用这些 Unity 自带的对象制作一些简易的交互场景。

第 4 章 Unity 图形界面系统

UGUI（Uinty Graphical User Interface）是 Unity Technologies 公司自己开发的一套图形用户界面。自 Unity 4.6 版本至今，Unity 中新的 UGUI 系统已经相当成熟，UGUI 允许用户快速直观地创建图形用户界面，它提供了强大的可视化编辑器，提高了 GUI 开发的效率。

4.1 UGUI 概述

4.1.1 精灵 Sprite

当我们用 UGUI 创建一个 Image 或 Button 时，Image 的 Source Image（图像源）和 Button 的背景只支持精灵类型。什么是精灵呢，2D 中所有图像我们都称之为精灵，精灵和标准的纹理几乎一样，但是采用了特殊技术用来组合并管理精灵纹理，进而提高开发效率，使操作更便捷。精灵可以在一张大图中去截取一部分（大图就是整体图像集合（Atlas），而截取的小图就是一个精灵），然后给精灵命名，使用时通过精灵的名称就能直接绘制，并且精灵还可以用来制作动画。

1. 图片设置为精灵

有两种方法将图片设置为精灵：

（1）如果工程在创建的时候就设定为 2D，那么当你将图片文件复制到 Assets 目录下的时候，图片的纹理类型默认就是 Sprite 了。

（2）如果项目工程是 3D 的，图像导入之后默认为 Texture（纹理），只需要在 Inspector 视图中把 Texture Type（纹理类型）设置成 Sprite，步骤如下：

1）将要做成 Sprite 的图片拖放进 Unity，如图 4-1 所示。

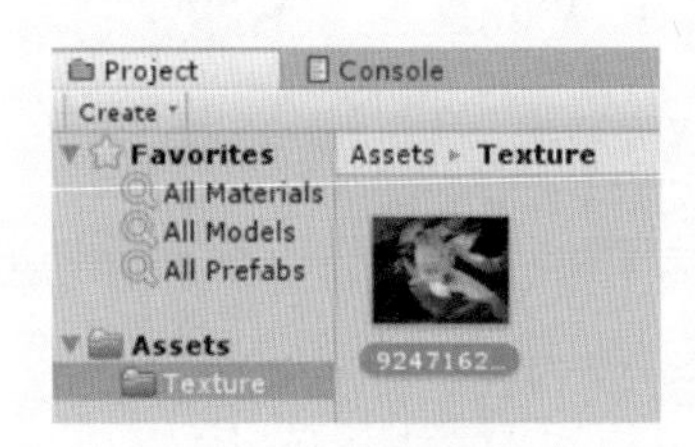

图 4-1　原始图片

2）选中该图片，在 Inspector 视图中单击 Texture Type 属性，选择 Sprite（2D and UI），再单击右下角的 Apply 按钮，如图 4-2 所示。这时候我们发现，图片上面多了一个三角符号图标，如图 4-3 所示，现在图片就变成了 2D 精灵。

图 4-2　修改 Texture Type 属性

图 4-3　精灵图

2. 将图片切割为多个精灵

有时，一个精灵纹理（Texture）只包含一个精灵元素（Element），但是，更常见的是在一张图像中包含多个相关的精灵元素，这样使用起来会更方便。例如，在一张图像中可以包含一个角色身上的所有部位，或者包含一辆车的车轮、车身等。对于这样的图像资源，Unity 提供了一个方便的工具，能够快速地提取出里面的元素并让我们进行编辑，这就是精灵编辑器（Sprite Editor）。

如果要想把一个精灵切割成多个精灵元素，在 Sprite 精灵的 Inspector 视图里，还需要将精灵模式（Sprite Mode）修改为多精灵模式（Multiple），然后单击 Sprite Editor 按钮进入精灵编辑器（Sprite Editor）进行编辑切割，如图 4-4 所示。

单击 Sprite Editor 按钮弹出 Unapplied import settings 窗口，如图 4-5 所示。单击 Apply 按钮打开 Sprite Editor（精灵编辑器）窗口，如图 4-6 所示。

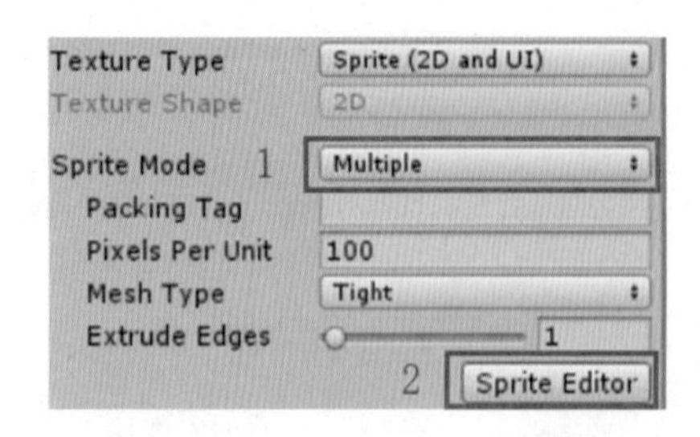

图 4-4　打开 Sprite Editor 编辑器

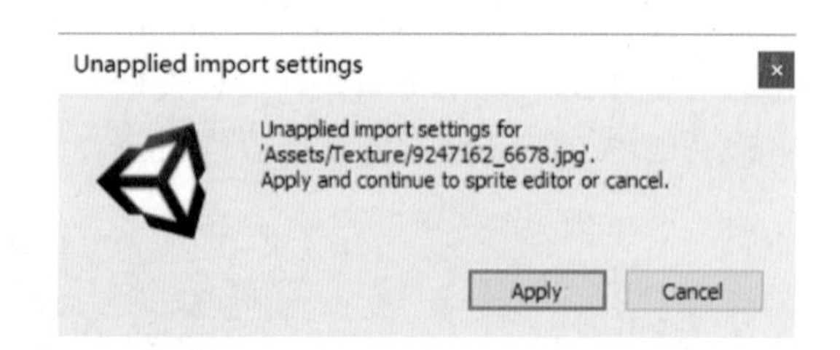

图 4-5　Unapplied import settings 窗口

在图 4-6 中单击 Slice 弹出分割列表。有两种分割模式：Automatic（自动）和 Grid（网格），如图 4-7 所示。

图 4-6　Sprite Editor 窗口

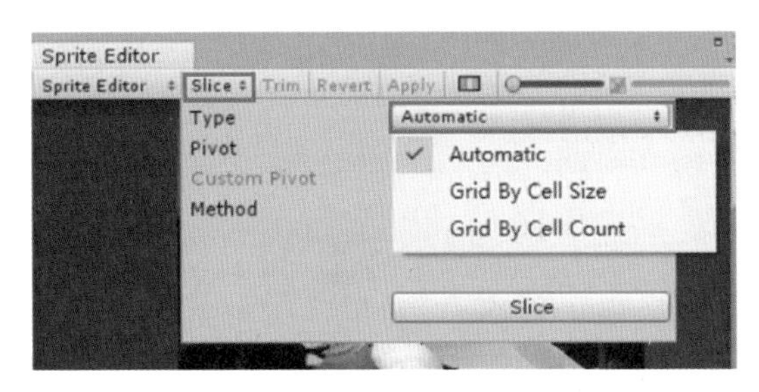

图 4-7　Slice Type 模式

Automatic：可以自动找到精灵边界进行切割，适合于当其中的精灵大小不等时。

Grid：可以按网格大小进行切割，也可以按网格数量进行切割。

这里选择 Grid By Cell Count，按 3×3 进行切割，切割参数如图 4-8（a）所示，单击 Slice 按钮，切割效果如图 4-8（b）所示。

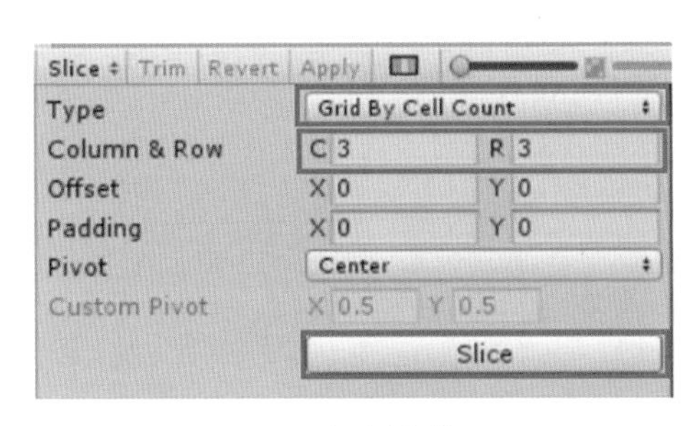

（a）切割参数

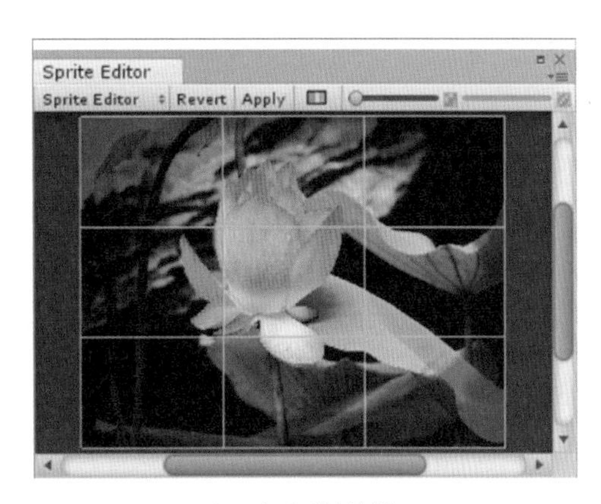

（b）切割效果

图 4-8　切割参数和切割效果

精灵图已被分割为 9 部分，单击任意一个小精灵图，会弹出如图 4-9 所示的精灵参数设置面板。在图 4-9 中可以给精灵命名，设置位置（Position），设置边界宽度（Border）以及中心点（Pivot）。设置完毕后单击上面的 Apply 按钮应用分割。

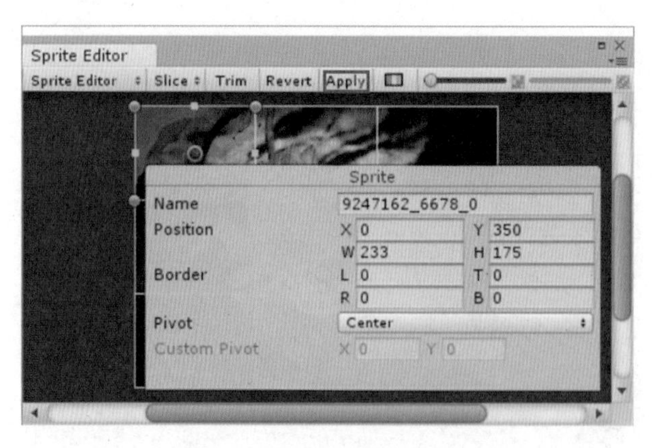

图 4-9　精灵参数设置面板

关闭 Sprite Editor。在 Project 视图中单击精灵图片右边的三角符号图标展开可以发现，此精灵图已被分割成了 9 张精灵图，如图 4-10 所示。

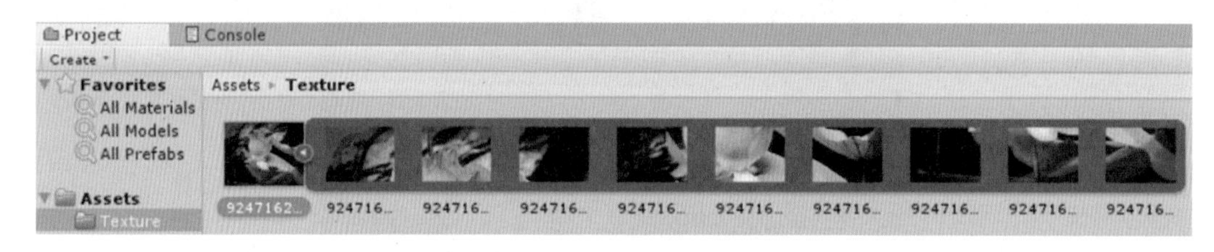

图 4-10　Project 视图切割精灵图效果

4.1.2　画布 Canvas

Canvas 是画布，所有的 UI 组件就是绘制在这个画布里的，脱离画布，UI 组件就不可用。Canvas 是所有 UI 的根结点。创建画布有两方式：一是通过菜单 GameObject → UI → Canvas 命令直接创建；二是在直接创建一个 UI 组件时，会同时自动创建一个容纳该组件的画布出来。

不管哪种方式创建画布，系统都会自动创建出一个 EventSystem 组件，这是 UI 的事件系统，如图 4-11（a）所示。

在 Hierarchy 视图中选择 Canvas，Inspector 中的 Camvas（画布）组件如图 4-11（b）所示。

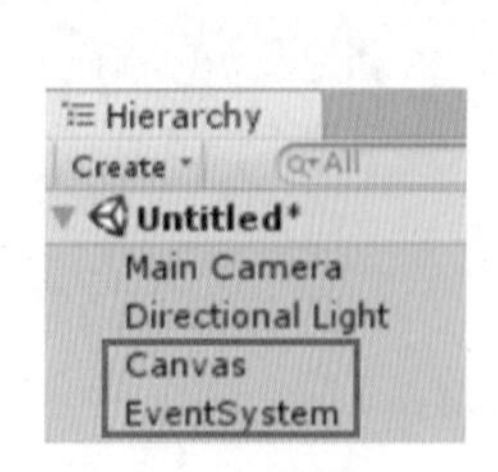

（a）创建画布

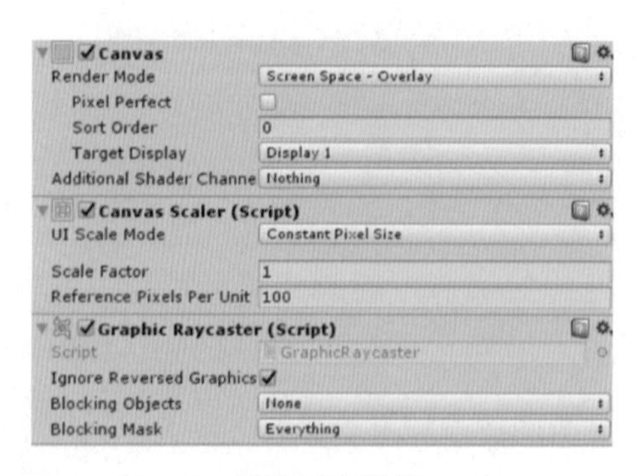

（b）画布组件

图 4-11　创建画布和画布组件

1. Canvas 组件

Render Mode：渲染模式。它有三个选项，分别对应 Canvas 的三种渲染模式：Screen Space – Overlay、Screen Space – Camera、World Space。

（1）Screen Space – Overlay：使画布拉伸以适应全屏大小，并且使 GUI 控件在场景中渲染于其他物体的前方。如果调整屏幕大小或改变分辨率，画布将会自动地改变大小以适应屏幕显示，参数如图 4-12 所示。

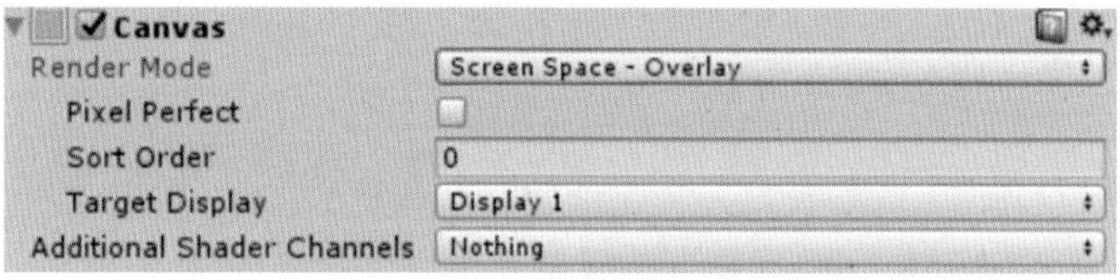

图 4-12　Screen Space – Overlay 模式

（2）Screen Space – Camera：画布以特定的距离放置在指定的相机前，参数如图 4-13 所示。

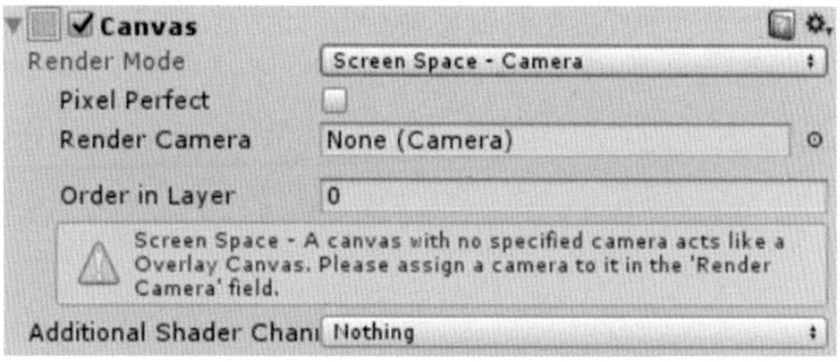

图 4-13　Screen Space – Camera 模式

此模式需要提供一个 UI Camera，它支持在 UI 前方显示 3D 模型与粒子系统等内容。不过此模式下，需在 Render Camera None (Camera) 中给它挂一个摄像机。

当挂上摄像机并选择 3D 显示模式时，我们选中这个摄像机并移动它，可发现画布会跟随摄像机的移动而移动，且 Game 视图显示的 UI 其位置与大小均保持不变，如图 4-14 所示。

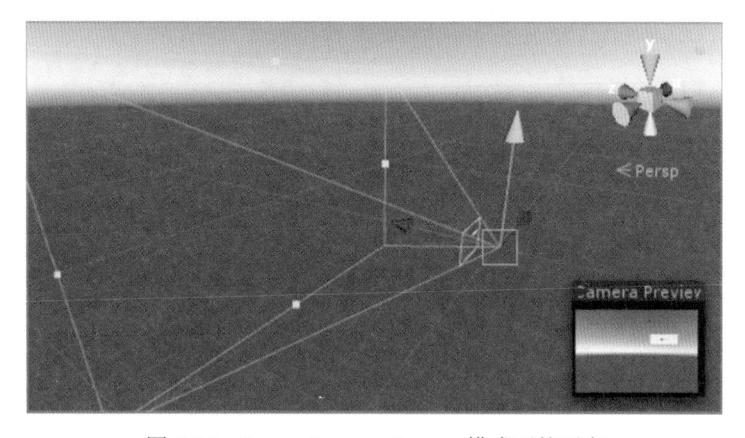

图 4-14　Screen Space – Camera 模式下的画布

虽然这种模式的UI的显示效果与Screen Space – Overlay模式没有什么两样，但是因在画布与摄像机之间可放置三维物体或粒子系统，因此可做出许多绚丽的特效。

Plane Distance　100 这一项设置Canvas与摄像机之间的距离，其值越大，可在画布与摄像机之间放越多的三维物体，默认是100，建议设置为100与200之间即可。

（3）World Space：该模式下画布在场景中就是一个游戏对象，也就是把UI也当成了3D对象，可以通过调整Rect Transform来改变画布的大小。如摄像机离它远了，其显示就会变小，近了就会变大，参数如图4-15所示。

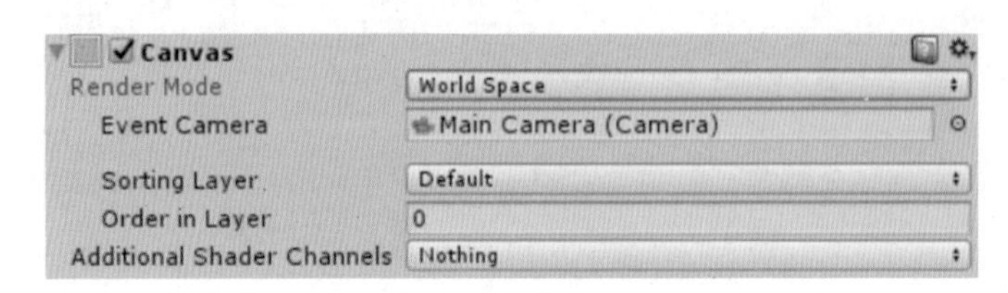

图4-15　World Space模式

当有多个画布时，Sorting Layer　Default 决定谁在前，即谁先显示。

2. Canvas Scaler组件（画布的大小）

Canvas Scale组件的参数如图4-16所示。

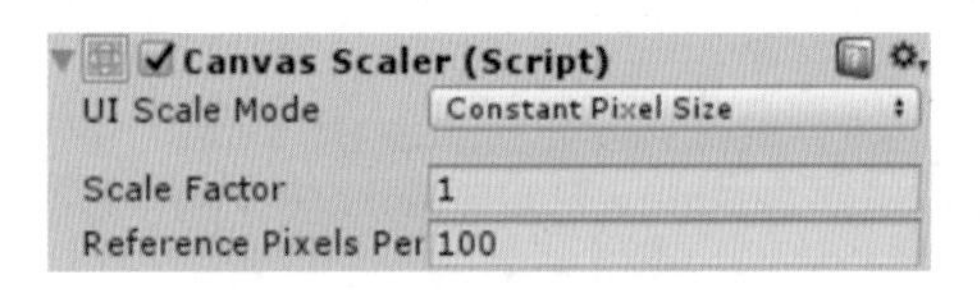

图4-16　Canvas Scale组件

当我们把Canvas中的Render Mode设为Screen Space – Overlay或Screen Space – Camera时，此Canvas Scale中的UI Scale Mode（大小模式）就可用，且其中有三个选项，如图4-17所示。

（1）Constan Pixel Size：固定像素尺寸，无论屏幕大小怎么变化，UI元素大小都不会变化，如图4-18所示。

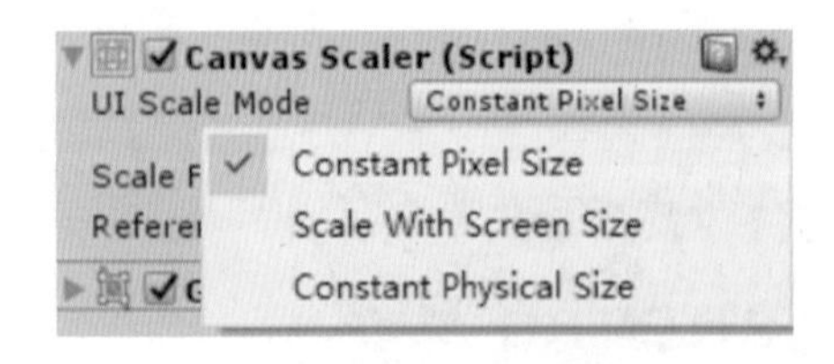

图4-17　UI Scale Mode选项

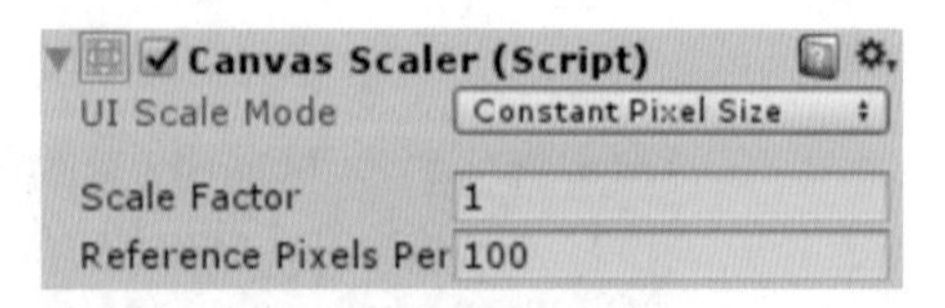

图4-18　Constan Pixel Size模式

（2）Scale With Screen Size：大小随屏幕大小改变而改变（屏幕自适应特性），如图4-19所示。

（3）Constant Physical Size：固定物理尺寸，按物理单位尺寸显示，大小不变，如图4-20所示。

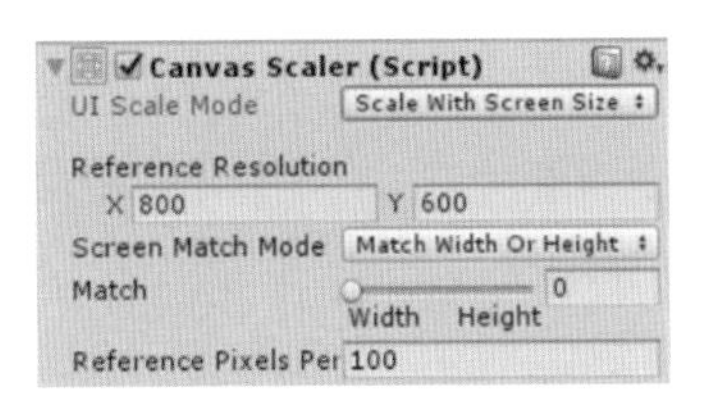

图 4-19　Scale With Screen Size 模式

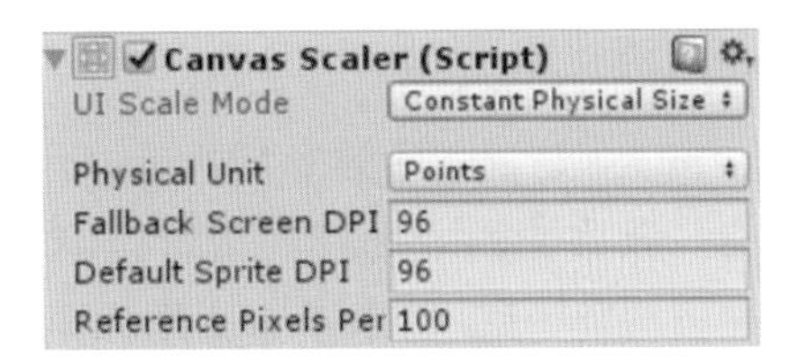

图 4-20　Constant Physical Size 模式

4.2　UGUI 控件

4.2.1　图像 Image

图像（Image）控件用来显示非交互式图像，可用于作为装饰、图标等。

依次选择菜单 GameObject → UI → Image 命令或在 Hierarchy 视图中选择 Create → UI → Image 命令创建 Image 控件，同时会自动创建 Canvas，如图 4-21 所示。

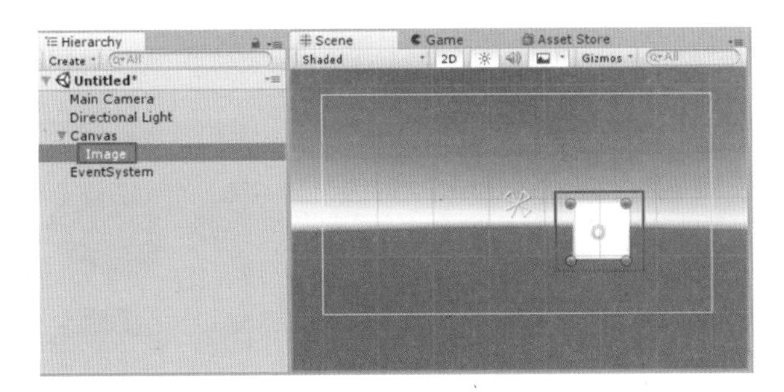

图 4-21　创建 Image 控件

在 Inspector 视图中，图像组件如图 4-22 所示。

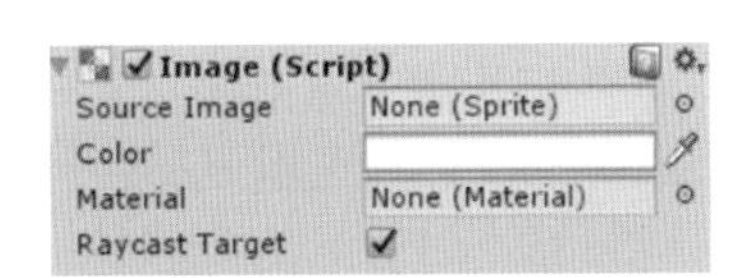

图 4-22　Image 组件

把一个 Sprite 图片赋给 Image 后，效果如图 4-23 所示，其组件样式如图 4-24 所示。

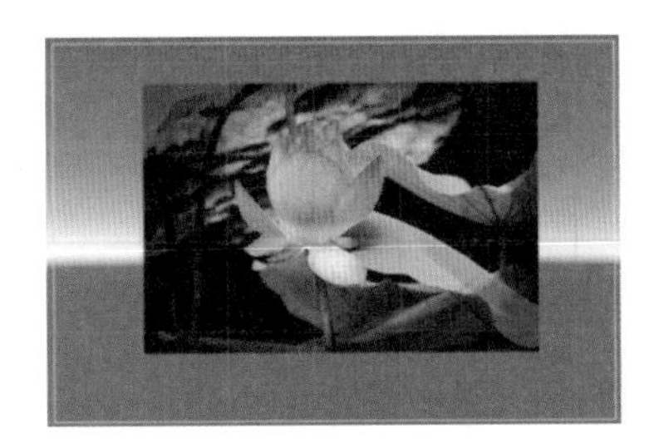

图 4-23　Image 图像

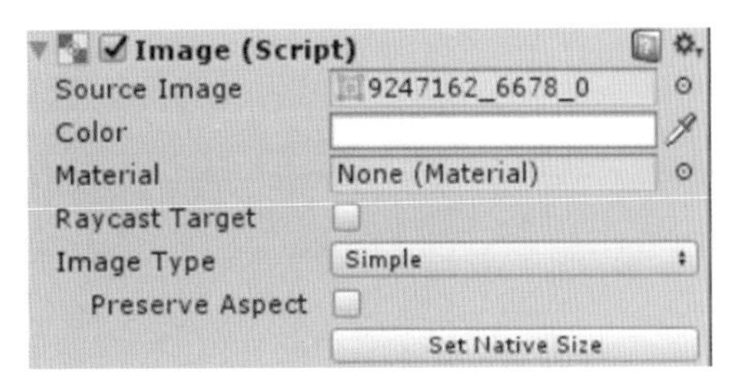

图 4-24　有原始图的 Image 组件

4.2.2 原始图片 Raw Image

Raw Image 与 Image 的功能类似，用于显示不可交互的图片信息，常作为游戏场景的装饰。但 Raw Image 与 Image 的属性并不完全一致，Raw Image 组件属性如图 4-25 所示。

提示： Raw Image（Script）组件所显示的图片，可以是任何类型，而不只是 Sprite 类型。

给 Raw Image 组件添加一张图片，如图 4-26 所示，创建的组件默认大小为 100×100。

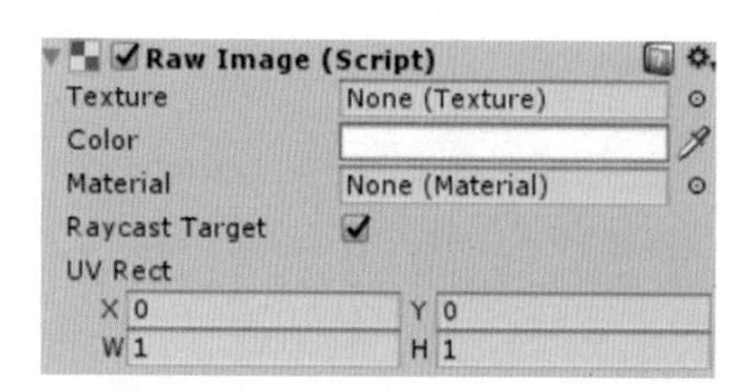

图 4-25 Raw Image 组件

图 4-26 Raw Image

UV Rect：可以让图片的一部分显示在 Raw Image 组件中，X、Y 属性用于控制 UV 左右、上下偏移，W、H 用于控制 UV 的重复次数，如图 4-27 所示.

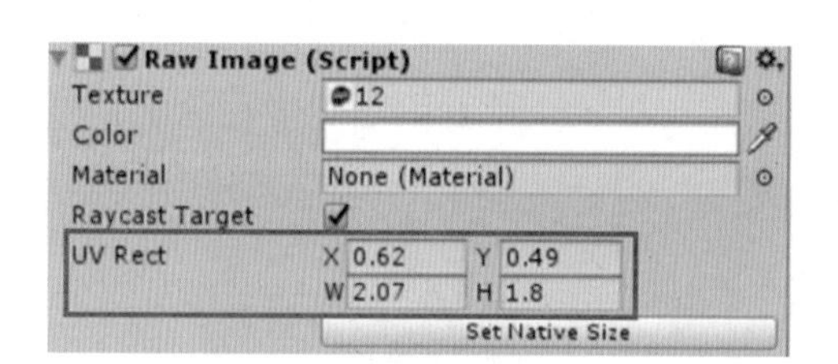

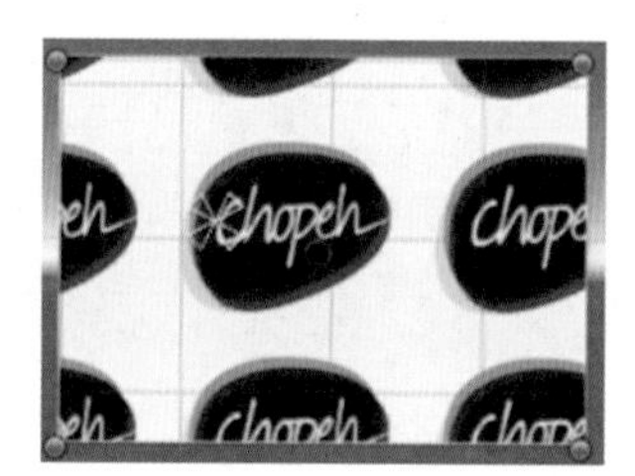

图 4-27 设置 UV Rect 参数及效果

4.2.3 面板 Panel

面板实际上就是一个容器，在其上可放置其他 UI 控件。当移动面板时，放在其中的 UI 组件就会跟随移动，这样可以更加合理、方便地移动与处理一组控件。也就是通过面板，可以把控件分组。一个功能完备的 UI 界面，往往会使用多个 Panel 容器控件，而且一个面板里还可套用其他面板。

初次创建 Panel，它会充满整个画布，如图 4-28 所示。可以拖动面板的 4 个角点或四条边调节面板的大小。

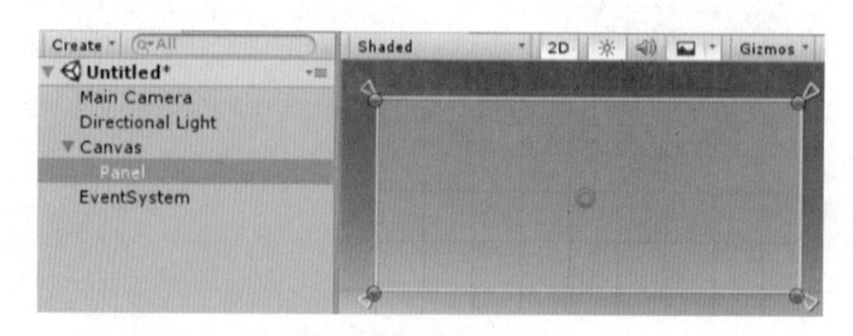

图 4-28 面板 Panel

在 Hierarchy 视图中选中 Panel，Inspector 视图中的属性如图 4-29 所示。面板默认包含一个 Image（Script）组件。

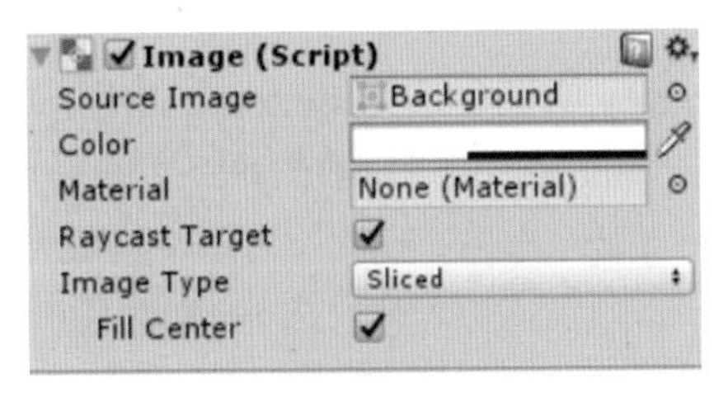

图 4-29　Panel 属性

4.2.4　文本 Text

文本控件可显示非交互文本，可以作为其他 GUI 控件的标题或者标签，也可用于显示指令或者其他文本。创建一个文本控件，在 Inspector 视图中文本控件的属性如图 4-30 所示。

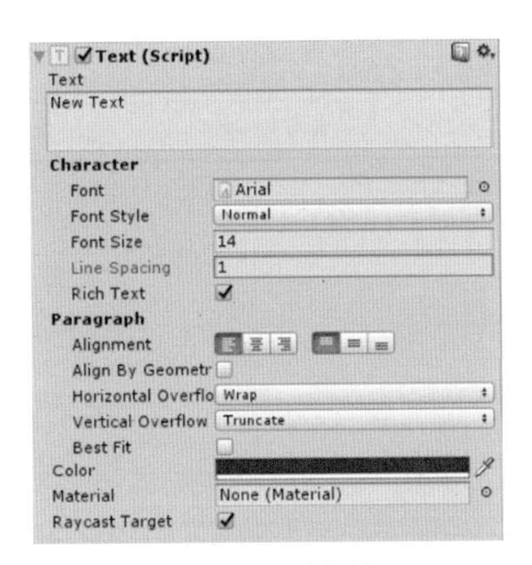

图 4-30　文本控件

勾选 Rich Text 选项，可以接受在 Text 输入框中编写 HTML 语言，比如：

<b> text </b>　　-- 粗体
<i> text </i>　　-- 斜体
<size = 12> text </size>　　-- 字号
<color = red> text</color>　　-- 颜色
<color = #65ff48> text </color>　　-- 自定义颜色

编写代码，如图 4-31 所示。

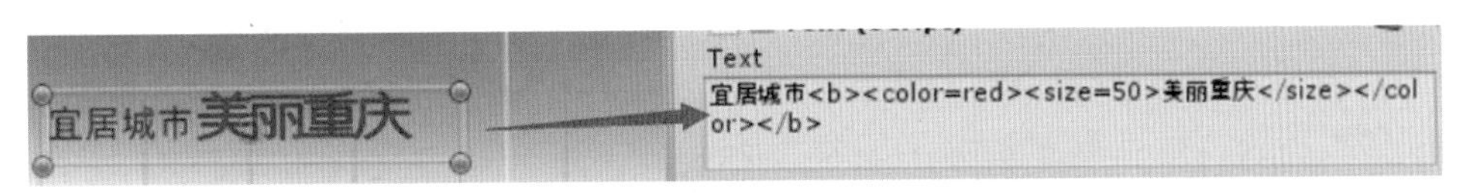

图 4-31　富文本

4.2.5 按钮 Button

按钮控件用于响应来自用户的单击事件，用于启动或者确认某项操作。

创建按钮控件，在 Hierarchy 视图中展开 Button，它内部自带一个 Text 控件，用于显示按钮上的文本，默认名称是 Button，如图 4-32 所示。

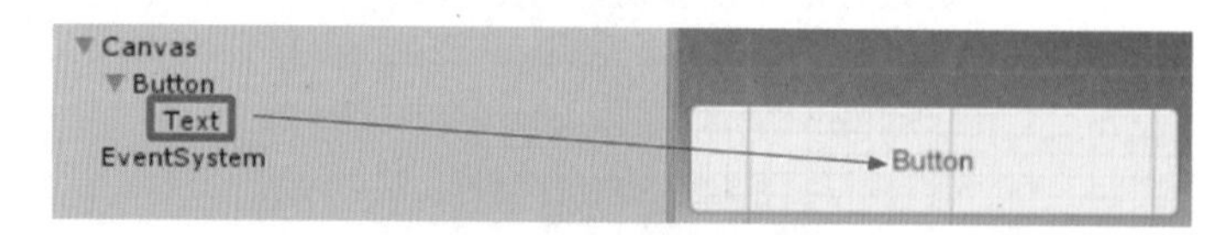

图 4-32　按钮上的文本

在 Hierarchy 视图中选中 Button，Inspector 视图的属性中除了 Rect Transform 组件外，还有两个组件，分别是 Image 组件和 Button 组件。Image 组件主要用于给按钮组件添加背景，给其添加一个背景图，如图 4-33 所示。

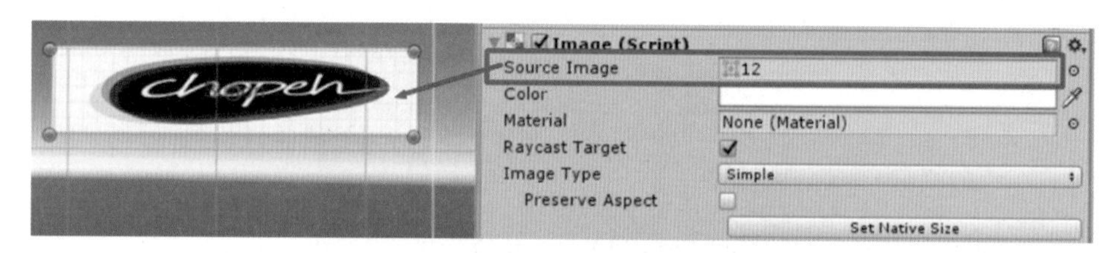

图 4-33　按钮背景图

Button 组件属性如图 4-34 所示。

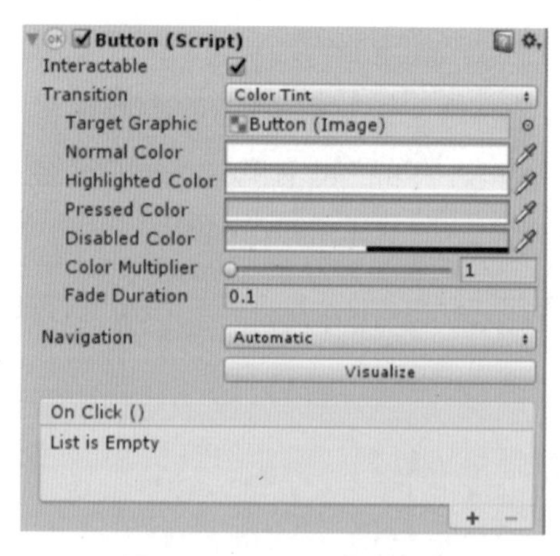

图 4-34　Button 组件属性

【例 4-1】单击按钮，在系统后台输出“单击了 Button！”。

（1）创建一个脚本文件 ButtonEvent，双击进入脚本编辑窗口。

现在要把它应用于 UI，故必须引入 UI 的命名空间，即脚本的首部增加一行：using UnityEngine.UI;。在此脚本中增加一个方法，该方法为公共 public 的，方法名为 DisplayInfo，用于输出。代码如下：

```
Public void DisplayInfo(){
    Print( "单击了 Button！ ");
}
```

整个脚本文件的内容如下：

```
using System.Collections;
using System.Collections.Generic;
using UnityEngine;
using UnityEngine.UI;  //UI 命名空间
public class ButtonEvent:MonoBehaviour {
    public void DisplayInfo()
    {
        Print( "单击了 Button！ ");
    }
}
```

（2）在在 Hierarchy 视图的 Canvas 中创建一个空对象，命名为 Event，并把上面的脚本作为组件挂到这个空对象上，那么这个对象就是具有事件处理能力的 object 了。

（3）为按钮添加其事件处理的委托对象。

1）在层级面板中选中单击按钮 Button，此时 Inspector 视图中 Button 组件的 On Click() 上的事件列表为空：List is Empty，如图 4-35 所示。

2）单击其下的"+"按钮为其添加一个事件，如图 4-36 所示，此时虽添加了事件，但其委托事件处理对象为空：None（Object）。当然连事件处理对象都没有，其事件处理方法自然也就为空：No Function。

图 4-35　On Click()

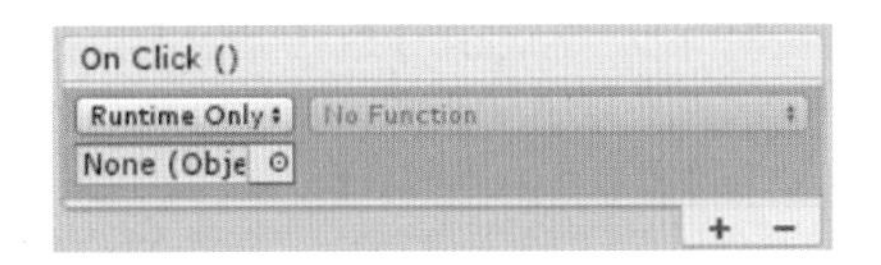

图 4-36　添加了按钮事件

3）把层级视图中刚建好的并已挂上了事件处理脚本的 Event 对象拖放到 None（Object）框中，此时框中显示的内容即为委托的此事件处理对象的名称：Event，如图 4-37 所示。

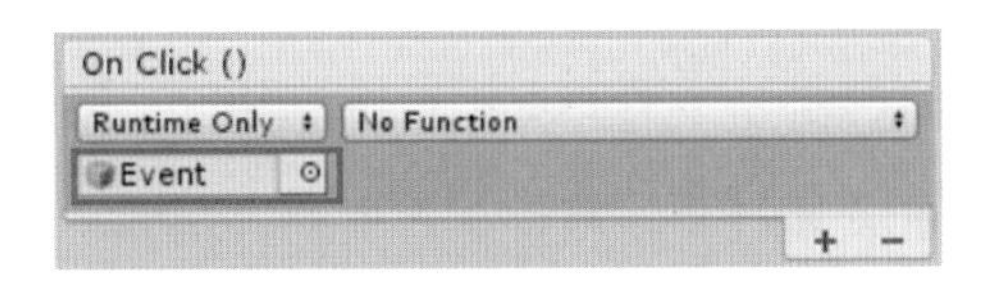

图 4-37　添加事件处理对象

4）有了事件处理对象，还需给它指定处理事件的方法，其方法是单击显示内容为 No Function 的那个事件方法框时，会弹出菜单列表，当鼠标指向最后一项 ButtonEvent 时会继续展开，其中就有前面创建的脚本中编写的事件处理方法：DisplayInfo()，选中它即可，如图 4-38 所示，这样就完成了事件的委托。

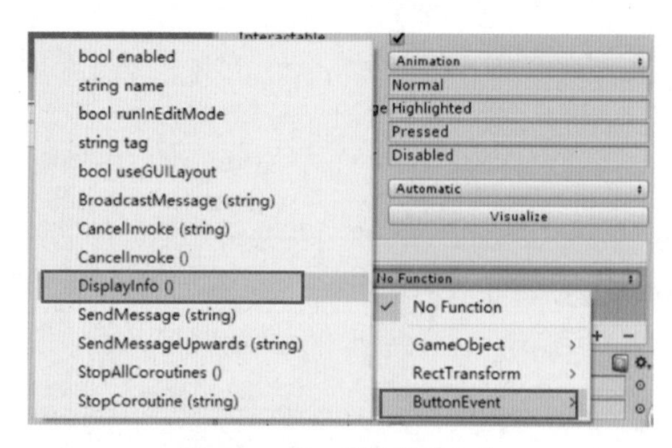

图 4-38 添加事件处理方法

（4）单击播放按钮运行，单击按钮 Button，后台输出“单击了 Button！”，如图 4-39 所示。

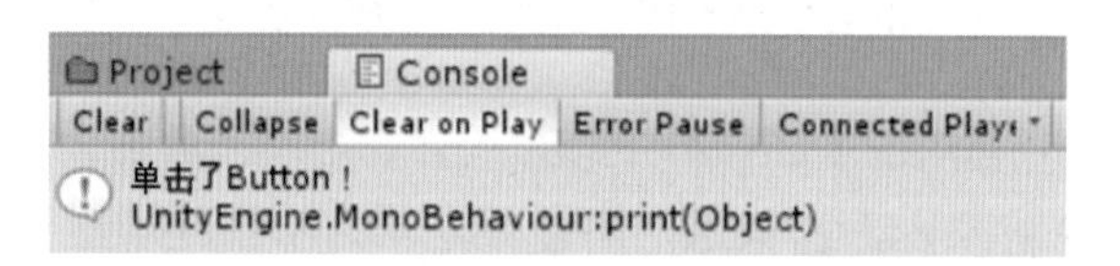

图 4-39 运行结果

4.2.6 输入区域 InputField

InputField 为输入控件，主要用途为接收用户输入数据，常用于输入用户名、密码等。

在 Hierarchy 视图中创建一个输入控件，如图 4-40 所示。

在 Hierarchy 视图中展开 InputField 控件前面的三角，可发现它是一个复合控件，在主控件上还包含两个子控件：Placeholder 和 Text，如图 4-41 所示。

图 4-40 InputField 控件

图 4-41 InputField 控件结构

Text 就是前面所介绍的文本控件，程序运行时用户所输入的内容就保存在这个 Text 中，而 Placeholder 是占位符，它表示程序运行时在用户还没有输入内容时显示给用户的提示信息，默认为 Enter text...。可在层级视图中展开这个 InputField 控件，选中其子控件 Placeholder，在 Inspecter 视图中可发现其 Text（Sript）组件，可在此修改其值，如图 4-42 所示。

在 Hierarchy 视图中选择 InputField 控件，InputField 控件的属性如图 4-43 所示。InputField 继承于 Button 控件对象。

图 4-42 占位符内容设置

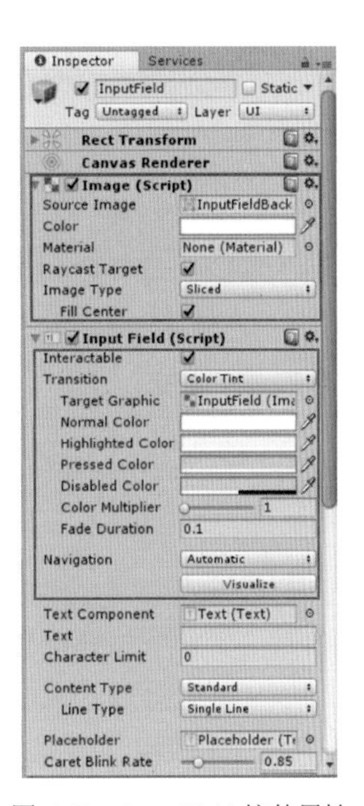

图 4-43 InputField 控件属性

4.2.7 开关控件 Toggle

开关控件 Toggle 是一个允许用户选择或取消选中某个选项的复选框。

在 Hierarchy 视图中创建一个 Toggle 控件，展开控件名前面的三角图标，如图 4-44 所示。

图 4-44 Toggle 结构

Toggle 控件有 Background 和 Label 两个子控件，而 Background 控件中还有一个 Checkmark 子控件，如果将其拖散，如图 4-45 所示，由图可清楚地看见，Background 是一个图像控件，其子控件 Checkmark 也是一个图像控件，其 Label 控件是一个文本框。

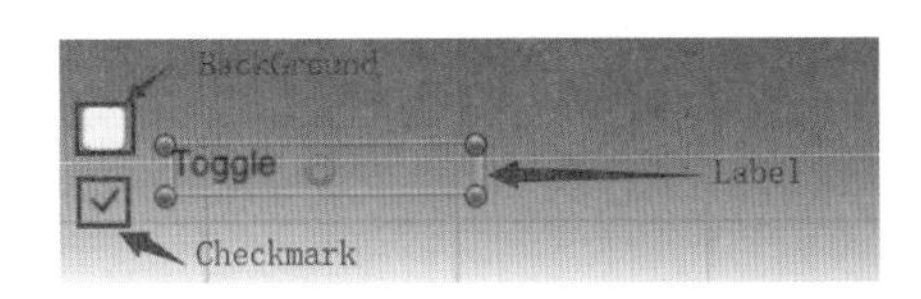

图 4-45 Toggle 分解图

在 Hierarchy 视图中选择 Toggle 控件，该控件的属性如图 4-46 所示。

Toggle 控件的属性 Interactale、Transition 和 Navigation 与 Button 控件是一样的。

1. 实现复选

在 Hierarchy 视图中，选中已创建的 Toggle 控件，然后按组合键 Ctrl+D 两次，复制出两个 Toggle 控件，并在场景视图中拖动它们，使它们都可见。运行后，这三个 Toggle 都可被选中，即它们是复选框，如图 4-47 所示。

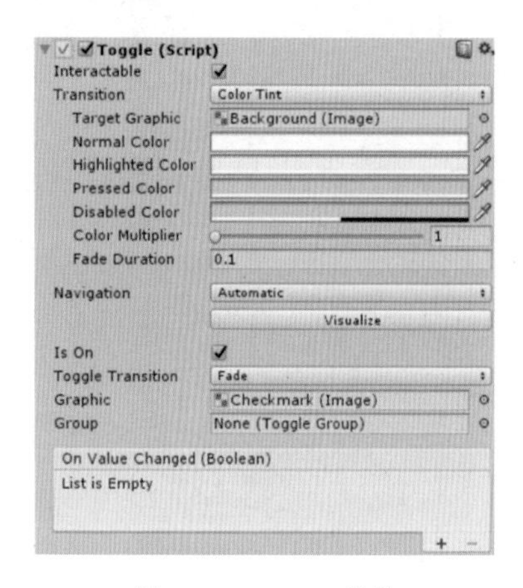

图 4-46 Toggle 组件

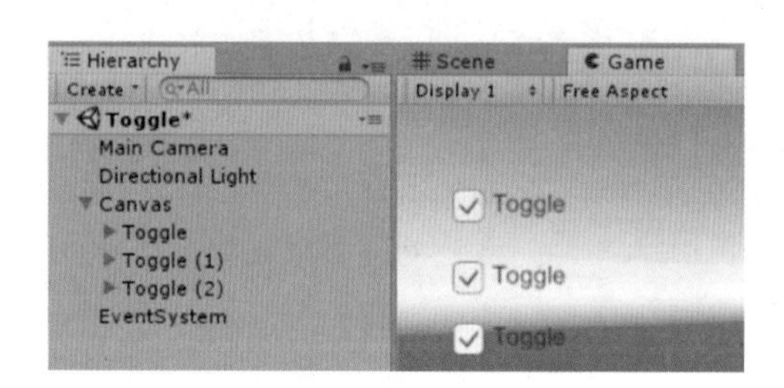

图 4-47 复选框

2. 实现单选

上述所创建的三个 Toggle 按钮是独立的，互不关联，可独自地选与不选。如果把这三个按钮组成一个组，让它们关联，就可做成单选了。从 Group 属性可以看出它需要一个 Toggle Group。

（1）在画布上创建一个空对象，并命名为 ToggleGroup。

（2）在空对象的 Inspector 视图中单击 Add Component 按钮为其添加组件，在弹出的菜单中依次选择 UI → Toggle Group，这样就添加了一个 Toggle Group 组件，如图 4-48 所示。

在 Hierarchy 中同时选中要组成组的那三个 Toggle 控件，把已添加了 Toggle Group 组件的 ToggleGroup 拖到 Inspector 的 Group 属性中即可，如图 4-49 所示。这样便把这三个 Toggle 控件组成组了。运行，最开始是三个 Toggle 控件都默认选中，当取消两个后再选择时，就只能选中其中一个了。

图 4-48 添加 Toggle Group 组件

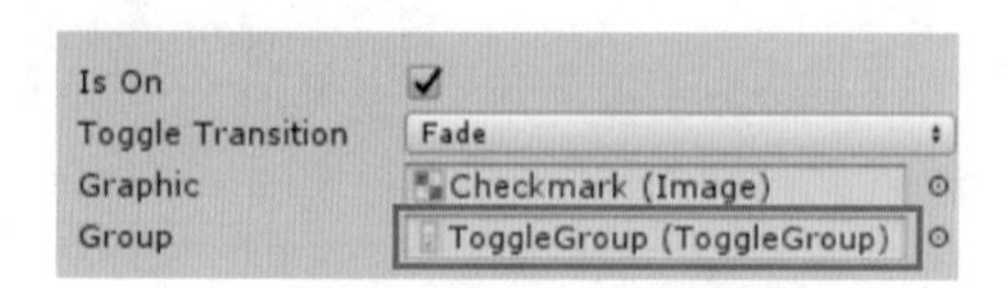

图 4-49 添加 ToggleGroup

4.2.8 滑动条 Slider

一个用于通过拖动以改变目标值的控件，它的最恰当的应用是用来改变一个数值，最大值和最小值自定义，拖动滑块数值可在最大值和最小值之间改变，例如改变声音大小。

在 Hierarchy 视图中创建一个 Slider 控件，展开该控件名称前的三角图标，如图 4-50 所示。

Background 是背景，默认颜色是白色；Fill Area 是填充区域，其子控件 Fill 中只有一个 Image（Script）专有组件，我们将其颜色改为红色；Handle Slice Area 中的子控件 Handle（手柄）中也只有一个 Image（Script）专有组件，我们将其颜色改为黄色，那么 Slider 的外观为：。

在 Hierarchy 视图中选择 Slider 控件，该控件在 Inspector 视图中的属性如图 4-51 所示。

Slider
Background
Fill Area
Fill
Handle Slide Area
Handle

图 4-50 Slider 结构

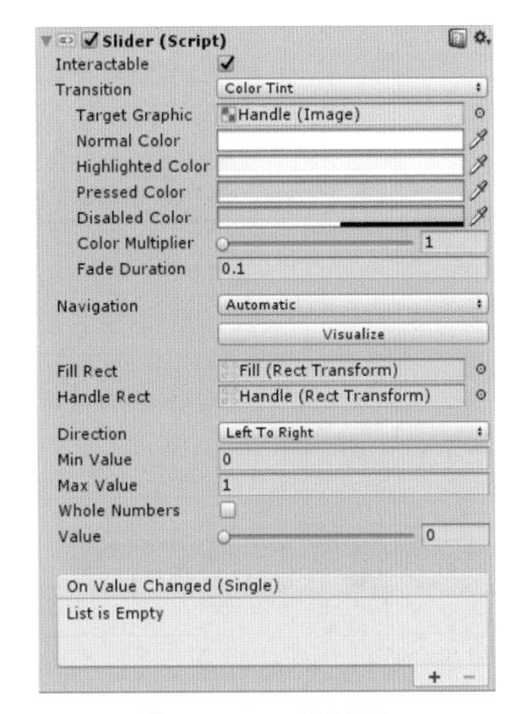

图 4-51 Slider 组件属性

图 4-51 中上部的 Interactable、Transition 与前面介绍的控件是类似的，不再赘述。

4.2.9 滚动条 ScrollBar

当图像或者其他可视物体太大而不能完全看到视图时就要用到滚动条。滚动条与滑动条的区别在于后者用于选择数值而前者主要用于滚动视图。熟悉的例子包括在文本编辑器中的垂直滚动条和查看一张大的图像和地图的一部分时的一组垂直和水平的滚动条。

在 Hierarchy 视图中创建一个 ScrollBar 控件，如图 4-52 所示。

图 4-52 ScrollBar 控件

在 Hierarchy 视图中选择 ScrollBar 控件，该控件在 Inspector 视图中的属性如图 4-53 所示，其属性与 Slider 类似。

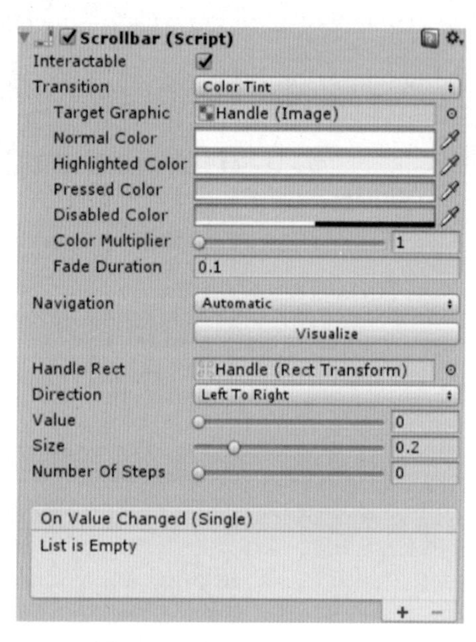

图 4-53 ScrollBar 组件属性

4.3 Rect Transform 组件

Rect Transform 组件是 UI 控件的位置属性，继承自 Transform 组件。Transform 组件表示一个点，而 Rect Transform 表示一个可容纳 UI 元素的矩形。在 Transform 基础上，Rect Transform 增加了轴心（Pivot）、锚点（Anchors），如图 4-54 所示。

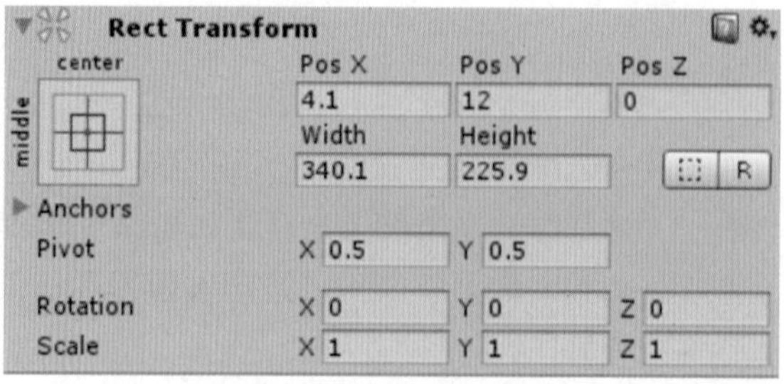

图 4-54 Rect Transform 组件

Pos X、Pos Y、Pos Z 三个属性等同于 Transform 组件的 Position，表示 UI 控件在三维空间内的位置。

4.3.1 轴心点 Pivot

轴心点是 UI 控件的中心点，旋转与缩放都是围绕轴心点进行的。轴心点在 Scene 中是一个“空心的蓝色圆环”，锚点是“四个三角形”如图 4-55 所示。

轴心点的属性：Pivot X 0.5 Y 0.5

Pivot 两个参数的取值范围都是 0 ～ 1。X、Y 都是 0.5 时就是中心位置。这两个值是相对于控件本身的，左下角为（0，0），右上角为（1，1），如图 4-56 所示。

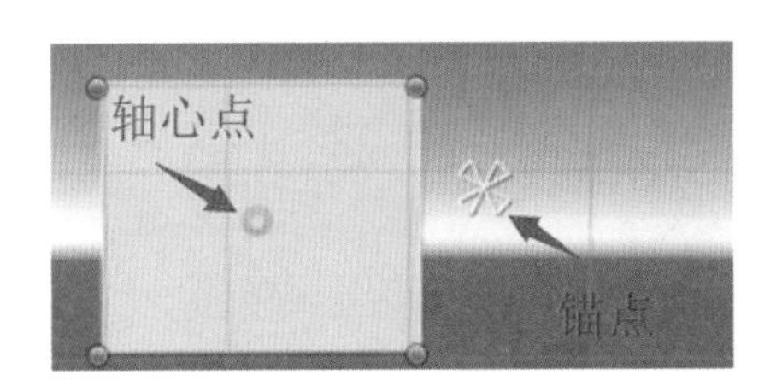

图 4-55　轴心点与锚点

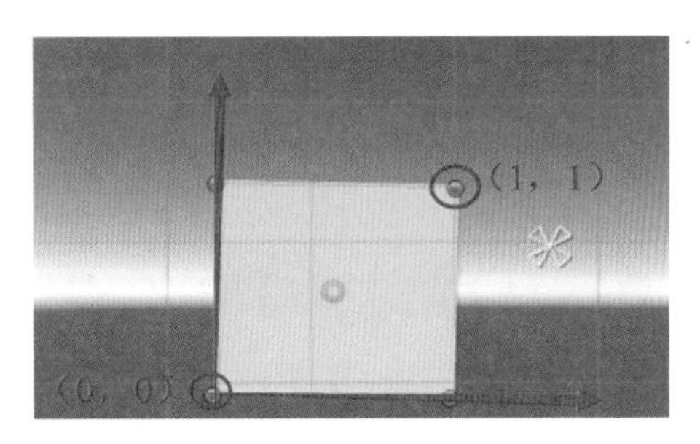

图 4-56　轴心点坐标

4.3.2 锚点 Anchors

锚点 Anchors 的作用是当改变屏幕分辨率的时候，当前控件会跟着做相应的位置变换，实现了屏幕自适应。Anchors 是子 UI 在父 UI 中的映射位置。

如图 4-55 所示，锚点是以四个三角形手柄的形式呈现，每个手柄都对应固定于相应的父物体的矩形的角，可以单独拖动每一个手柄，如图 4-57 所示。当 Anchors 汇聚成一个点时，我们通常称之为锚点，可以单击它们的中心一起拖动它们；当 Anchors 是一个矩形状时，我们通常称之为锚框。

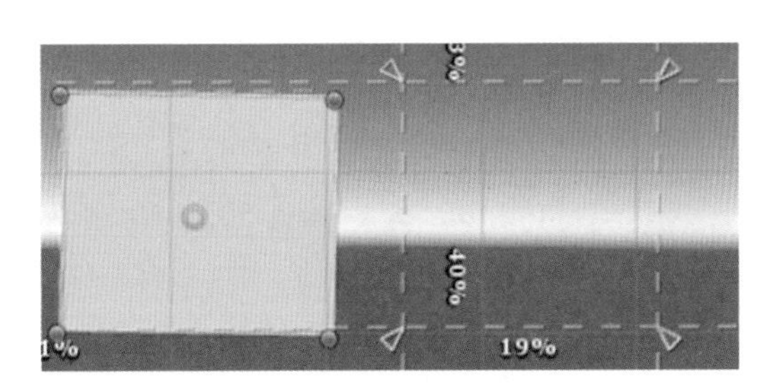

图 4-57　Anchors 分开为矩形

锚点属性如图 4-58 所示。

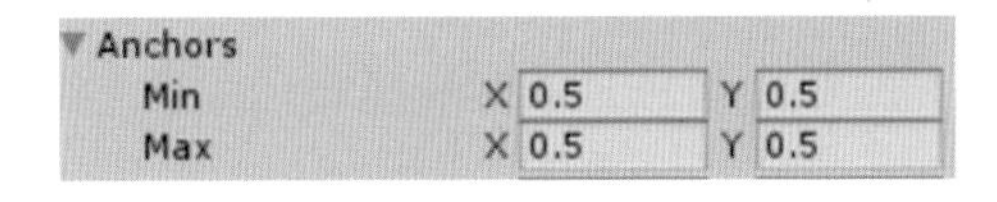

图 4-58　锚点属性

它是由两个点 Min 和 Max 组成的一个矩形，这两个点的坐标是相对于 UI 控件的父元素的，左下角坐标为 Min，右上角坐标为 Max，四个手柄分布在这四个角上。这两个点的取值范围都是 0 ～ 1，当两个点值相同时就重合成一个点。

锚点的位置可以通过拖动来设置，也可以选择预置位置。锚点预置按钮在矩形变换组件的左上角，单击该按钮打开预置锚点下拉列表，如图 4-59 所示，在这里用户可便捷地选择常用的锚点选项。用户可以将 GUI 控件固定在父物体的某一边或中心，或固定到某个区域。当选择了锚点选项以后，锚点预置按钮将显示当前选中的选项。当锚点位置不在预置选项当中时，系统会在锚点设置框的左上角自动生成 Custom 按钮并选中该选项。

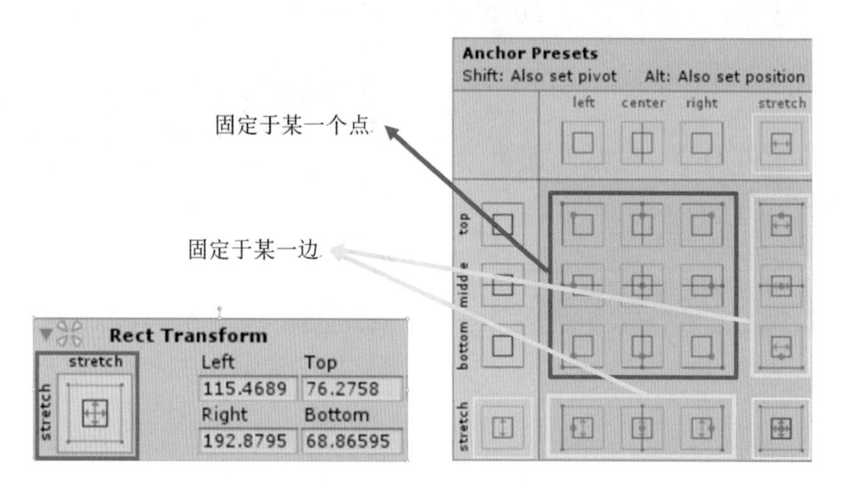

图 4-59　锚点预置列表

1. Anchors 是一个点

当 Anchors 是一个点时，Width、Height 可以设置，不受 Anchors 影响。Pos X、Pos Y 可以设置。设置此值后，不管如何改变父 UI 的尺寸，矩形轴心点与锚点之间的距离就恒定了，如图 4-60 所示。

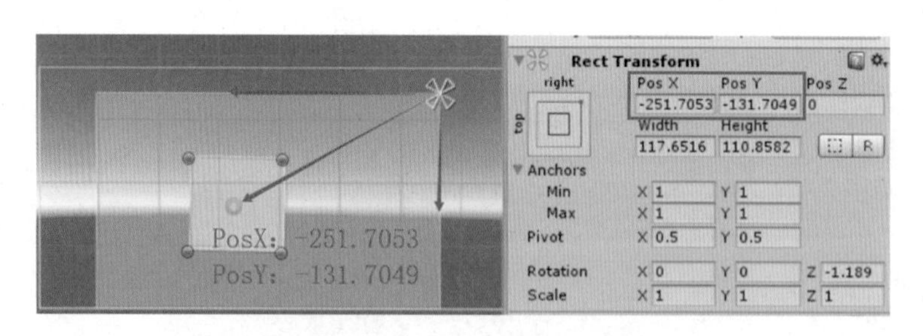

图 4-60　Anchors 是一个点

子 UI 不会随父 UI 进行拉伸，位置和大小是固定的。

2. Anchors 是一条线

当 Anchors 是一条横线时，参数变为 Left、Right、Pos Y、Height，它们分别代表左锚点与控件左边框的距离、右锚点与控件右边框的距离、控件轴心点的 Y 坐标、控件的高度，如图 4-61 所示。

这种情况下子 UI 宽度会随父 UI 拉伸，高度和 Y 方向的距离是固定的。

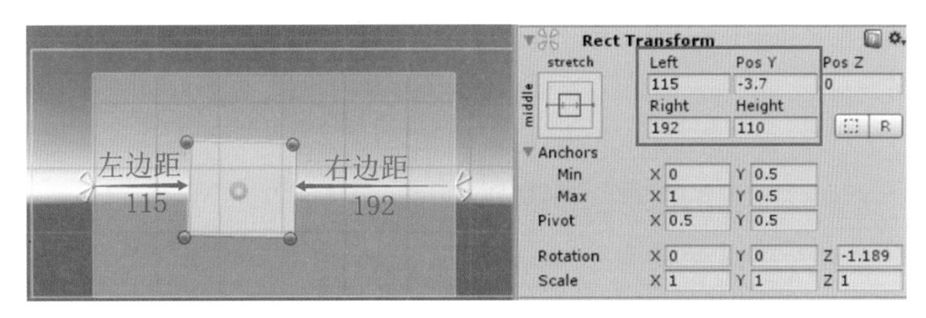

图 4-61　Anchors 是一条横线

当 Anchors 是一条竖线时，参数变为 Pos X、Width、Top、Bottom，它们分别代表控件轴心点的 X 坐标、控件的宽度、上锚点离控件上边框的距离、下锚点离控件下边框的距离，如图 4-62 所示。

这种情况下子 UI 高度会随父 UI 进行拉伸，宽度和 X 方向的距离是固定的。

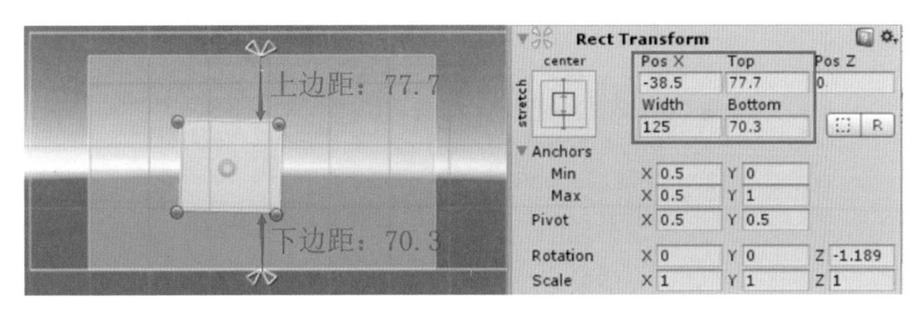

图 4-62　Anchors 是条竖线时

3. Anchors 是一个矩形

当 Anchors 是一个矩形时，参数变为 Left、Right、Top、Bottom，它们分别为锚点的四边与控件的四边的间距，如图 4-63 所示。这种情况下子 UI 宽度和高度都是拉伸状态，宽度和高度不可以设置，矩形的四条边与锚框的边间距是固定的。

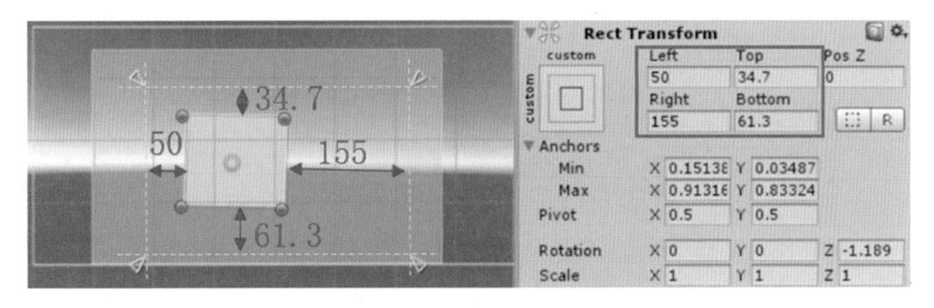

图 4-63　Anchors 是一个矩形

4.4　案例训练——简单游戏开始界面的制作

首先进入登录界面进行登录，如图 4-64 所示。用户名为 Admin，密码为 123456，若登录成功，则跳转到开始设置界面，如图 4-65 所示，否则提示“用户名或密码错误，请重新登录”。

图 4-64 登录界面

图 4-65 开始设置界面

在图 4-65 中，单击“设置”按钮进入设置界面，如图 4-66 所示。设置完成后单击“确定”按钮回到开始设置界面；单击“开始”按钮，开始游戏；单击“退出“按钮则退出游戏。

图 4-66 设置界面

启动 Unity，创建一个名为 UIanli 的项目。在 Project 视图中创建一个 Sprites 文件夹，把背景图片放入此文件夹并转化为 Sprite。

1. 背景的制作

在画布上创建一个 Panel 控件作为背景并命名为 Background。把准备好的背景图片拖放到属性 Source Image 中 Source Image 背景 ，效果如图 4-67 所示。

图 4-67 添加背景图

我们发现这个图是发灰的，不鲜亮，原因是它是半透明的。在 Spector 视图中单击 Color 打开色彩拾取窗口，如图 4-88 所示，其中 A（Alpha）的三角图标识在中间，这就是半透明的意思，把三角标识拖放到最右边，或直接把 A 的值改为 255，就变为完全不透明了，最终效果如图 4-69 所示。

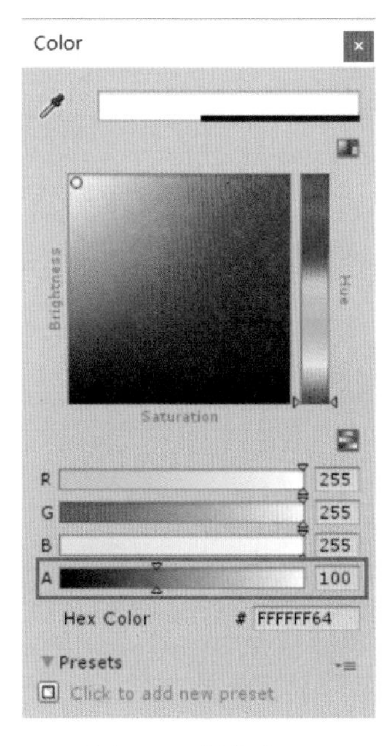

图 4-68 颜色窗口

图 4-69 背景效果

2. 登录界面的制作

（1）创建一个 Panel 控件作为登录界面并将其命名为 Denglu，调整其大小，背景颜色设置为绿色，如图 4-70 所示。后面的控件都在此面板上创建，为其子对象。

图 4-70　登录界面背景

（2）创建两个文本控件，分别命名为 Tex_user 和 Tex_pwd，文本内容分别为“用户名：”和“密码：”。勾选属性 Best Fit ✓（后面的所有文本都勾选此项），并调整其大小，颜色设置为黄色。

（3）创建两个输入控件，分别命名为 Input_user 和 Input_pwd，调整位置将它们放置于相应的“用户名：”和“密码：”文本控件后面。

（4）创建一个名为 Btn_dl 的按钮控件，背景颜色设置为红褐色，文本内容为“登录”，颜色设置为白色。

（5）创建一个名为 Tex_info 的文本控件，里面的内容设置为空，颜色改为红色，用于显示提示信息。

调整这些控件的位置和大小，其最终效果如图 4-71 所示。

图 4-71　登录界面效果

3. 开始设置界面的制作

登录成功后会进入开始设置界面，此界面中只有三个按钮，分别为“开始”“设置”和“退出”。

（1）创建一个 Panel 控件，命名为 PlayAndSz，调整其大小与登录界面一样大，颜色设置为绿色。后面的控件都在此面板上创建，为其子对象。

为了查看方便只显示开始设置界面而不显登录界面。在 Inspector 视图中选择登录界面，把 Inspector　Services ☑ denglu 中 denglu 面的对勾取消即可。

（2）在 PlayAndSz 面板上创建三个按钮控件，分别命名为 Btn_play、Btn_sz 和 Btn_exit，文本分别为“开始”“设置”和“退出”，背景颜色分别为橙色、青色和蓝色，文本颜色都为白色，调整各控件位置，效果如图 4-72 所示。

图 4-72 开始设置界面效果

4. 设置界面的制作

单击“设置”按钮时会进入设置界面。此界面中可设置声音的音量、难度和音效。

（1）创建一个 Panel 控件，命名为 Shezhi，调整其大小与登录界面一样大，颜色为绿色。后面的控件都在此面板上创建，为其子对象。

为了查看方便，用上面相同的方法把开始设置界面隐藏。

（2）创建一个文本控件并命名为 Tex_yl，文本内容为“音量”，颜色为黄色。

（3）创建一个滑动条，其 Fill 颜色设置为红色，调整其大小放置于音量控件的右边。

（4）复制音量文本控件，修改其名称为 Tex_nd，文本内容修改为“难度”。

（5）创建三个开关控件，分别命名为 Tog_Nandu_ry、Tog_Nandu_yb、Tog_Nandu_kn。其 Lable 文本内容分别为“容易”“一般”“困难”，颜色为白色。把 Tog_Nandu_yb、Tog_Nandu_kn 的 Is On 属性中的勾选取消，使“难度”项最初就是单选效果。调整各控件大小并顺序放置在“难度”文本右边。

（6）创建一个空对象，命名为 TogGroup，在其 Inspector 视图中添加 Toggle Group 组件，在 Hierarchy 视图中同时选中三个开关控件，把 TogGroup 拖放到其 Group 属性中，实现单选效果。

（7）复制音量文本控件，修改其名称为 Tex_yx，文本内容修改为“音效”。

（8）创建一个开关控件，命名为 Tog_yx，放置于音效后右边。

（9）创建一个按钮控件，命名为 Btn_queding

调整这些控件的大小与位置，其结构如图 4-73 所示，最终效果如图 4-74 所示。

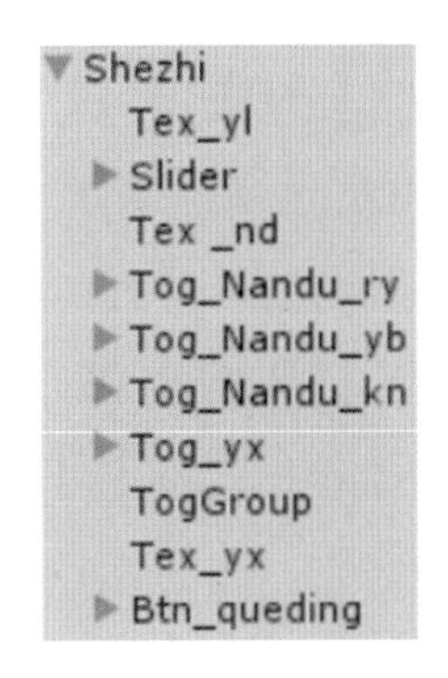

图 4-73 设置结构

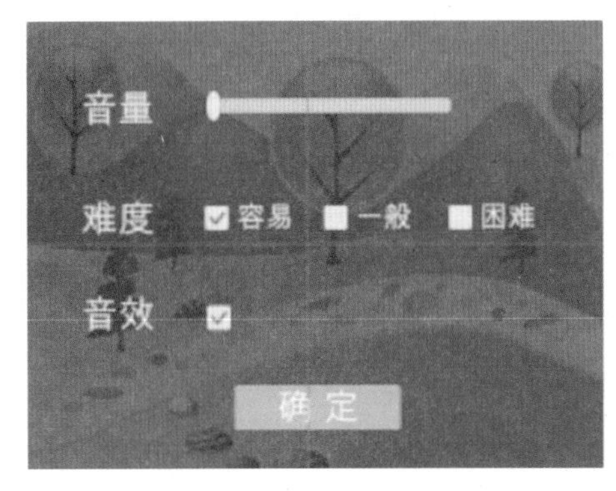

图 4-74 设置界面效果

5. 创建脚本

（1）在 Hierarchy 视图中创建一个空对象，命名为 Event_obj。

（2）在 Project 视图中创建 Scripts 文件夹，在此文件夹下创建一个名为 EventProcess 的 C# 脚本文件。

（3）双击 EventProcess 打开脚本编辑器进行编辑，代码如下：

```
using System.Collections;
using System.Collections.Generic;
using UnityEngine;
using UnityEngine.UI;                                    //UI 命名空间
using UnityEngine.EventSystems;                          // 事件系统命名空间
public class EventProcess : MonoBehaviour {
  public Text Txt_info;                                  // 显示信息文本变量
  public InputField Input_user, Input_pwd;               // 用户名和密码输入框变量
  public Image play, denglu, shezhi;                     // 三个界面变量
  // 单击登录按钮处理方法
  public void Denglu() {
    string strUser = Input_user.text;
    string strPW = Input_pwd.text;
    if (CheckInfo(strUser, strPW)) {
      denglu.gameObject.SetActive(false);                // 登录界面隐藏
      play.gameObject.SetActive(true);                   // 开始设置界面显示
    }
    else{
      Txt_info.text = " 用户名称或密码错误，请重新输入 !";
    }
  }
  // 用户名与密码检测方法
  private bool CheckInfo(string strUser, string strPW) {
    bool ReturnFlag = false;
    if (strUser != null && strPW != null){
      if (strUser.Trim().Equals("Admin") && strPW.Trim().Equals("123456"))
      {  // 两个输入框中的内容去掉前后空格，如果用户名称为 Admin、登录密码为 123456，
         则表示登录，将 ReturnFlag 标记为真 true
         ReturnFlag = true;
      }
    }
    return ReturnFlag;
  }
  // 用户名和密码修改时处理方法
  public void TexInfo(){
    Txt_info.text = "";                // 提示框信息为空
  }
```

```
    // 单击设置按钮处理方法
    public void Shezhi(){
      play.gameObject.SetActive(false);          // 开始设置界面隐藏
      shezhi.gameObject.SetActive(true);         // 设置界面显示
    }
    // 设置完成单击确定按钮处理方法
    public void Shezhi_queding(){
      shezhi.gameObject.SetActive(false);        // 设置界面隐藏
      play.gameObject.SetActive(true);           // 开始设置界面显示
    }
    // 单击开始按钮处理方法
    public void Play(){
      play.gameObject.SetActive(false);
    }
    // 单击退出按钮处理方法
    public void Quit(){
      Application.Quit();
      }
  }
```

（4）保存脚本，回到 Unity，把 EventProcess 拖放到 Hierarchy 视图中的 Event_obj 对象上。

6. *为各控件关联事件的处理函数方法*

（1）首先要把脚本中创建的公共变量与相应对象进行关联。在 Hierarchy 视图中选择 Event_obj 对象，把 Hierarchy 中与变量相关的对象直接拖放到相应变量中，如图 4-75 所示。

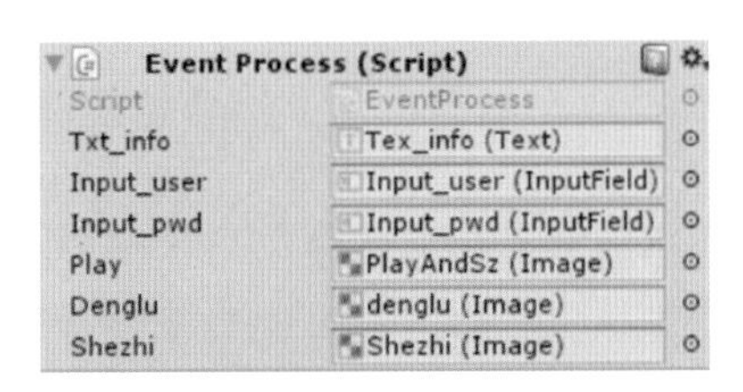

图 4-75　对象与公共变量关联

（2）为“登录”按钮添加单击事件处理方法。选择“登录”按钮，在 Inspector 视图中单击 On Click 属性下面的“+”，把 Event_obj 拖放到其委托对象中，在右边方法的下拉列表中选择 EventProcess 脚本文件中的 Denglu 方法，如图 4-76 所示。

（3）为用户名的输入框控件 Input_user 添加修改值处理函数，方法同“登录”按钮，处理函数选择 TextInfo，如图 4-77 所示。

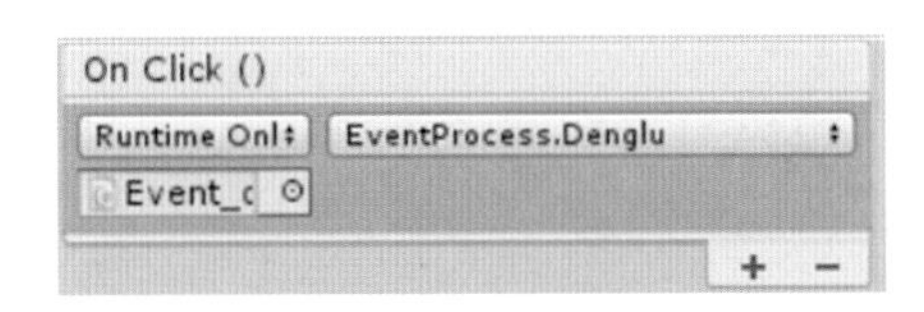

图 4-76　登录按钮单击事件处理方法

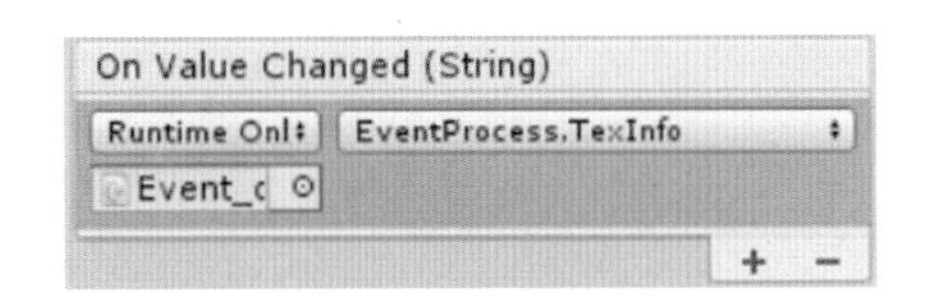

图 4-77　用户名修改处理方法

（4）用同样的方法为“开始”“设置”“退出”“确定”按钮添加单击事件处理方法，处理方法分别为 Play()、Shezhi()、Quit()、Shezhi_queding()。

7. 运行

显示登录界面，隐藏开始设置界面与设置界面，单击▶按钮运行。用户名与密码输入错误时，效果如图 4-78 所示。

图 4-78　用户名或密码错误提示

本章小结

本章主要介绍了 Unity 的图形界面系统。首先介绍的是精灵，后面很多素材要求是精灵，了解了什么是精灵，如何将图片设置为精灵，将图片切割为多个精灵；接下来是画布，所有图形用户界面里的控件都是放在画布上的；然后就是逐个介绍图形用户界面的各个控件，包括图像、面板、文本、按钮、区域、开关、滑动条与滚动条；最后制作了一个简单的游戏开始界面来对这些控件进行综合应用。

第 5 章

Shuriken 粒子系统

粒子是游戏设计极其重要的组成部分，例如飞行器的尾气、枪械的发射火焰、燃烧的烟雾及火星等。在 Unity 3.5 以后的版本中，Shuriken 粒子系统采用模块化管理。个性化的粒子模块配合曲线编辑器，使用户在游戏中更容易创作出各种缤纷复杂的粒子效果。

5.1 粒子系统的创建

启动 Unity 后，创建一个粒子系统有以下两种方式。

（1）依次选择菜单栏中的 GameObject → Particle System 命令，即可在场景中新建一个名为 Particle System 的粒子系统对象，如图 5-1 和图 5-2 所示。

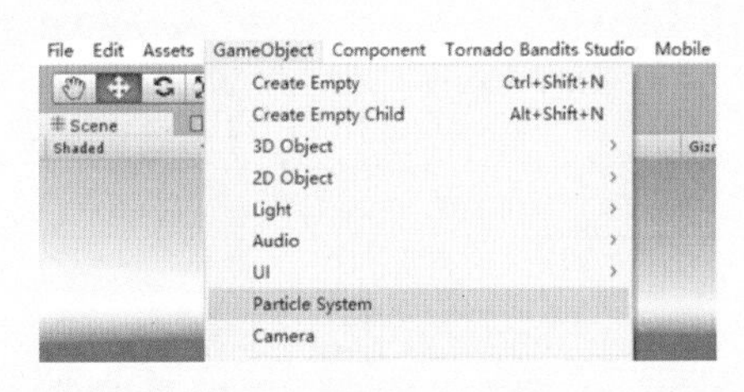

图 5-1　粒子系统创建 1

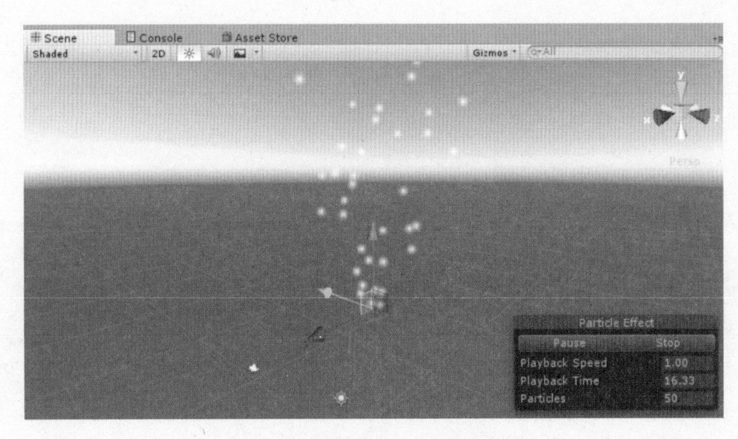

图 5-2　新建的粒子系统对象

（2）选择菜单栏中的 GameObejct → Create Empty 命令，创建一个空物体，然后选择菜单栏中的 Component → Effects → Particle System 命令，为空物体添加粒子系统组件，如图 5-3 所示。

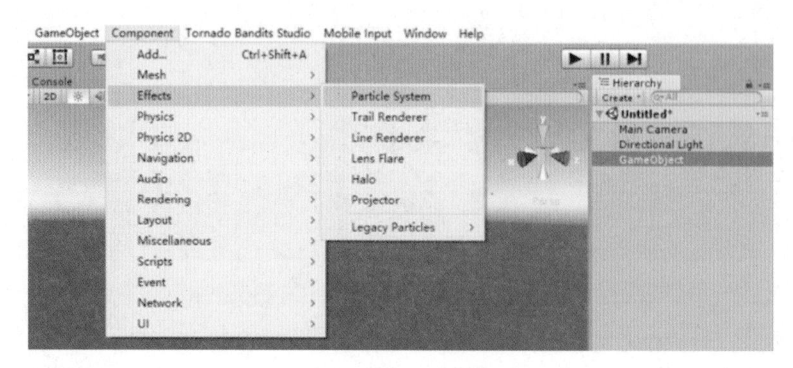

图 5-3　粒子系统创建 2

5.2　粒子系统界面

粒子系统的界面主要由 Inspector 视图中的 Particle System 组件和 Scene 视图中的 Particle Effect 面板组成，如图 5-4 和图 5-5 所示。

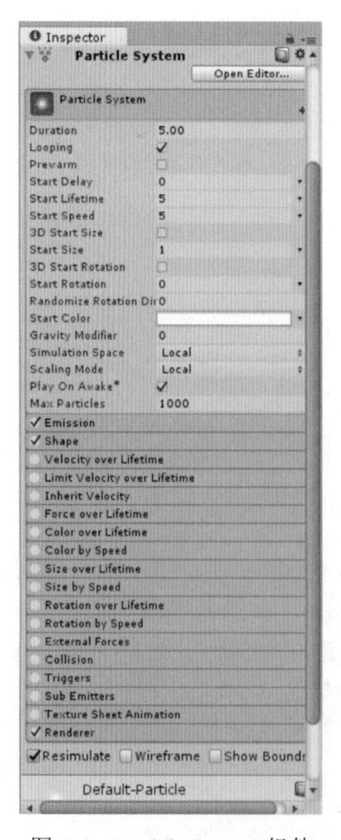

图 5-4　Particle System 组件

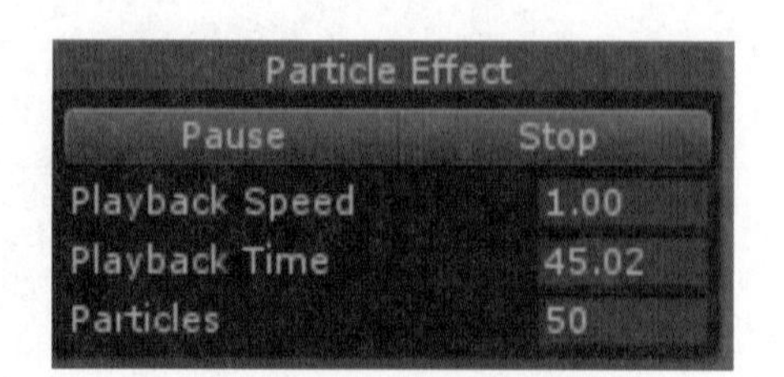

图 5-5　Particle Effect 面板

在粒子的界面中，Unity 使用模块化的方式对属性进行组织，通过勾选模块使其生效，单击模块名称可以展开模块中的属性选项。单击 Particle System 组件第一个模块右上方的 + 按钮，在弹出的菜单中选择“Show All Modules”选项，可以控制粒子系统没有生效模块的显示和隐藏，如图 5-6 所示。

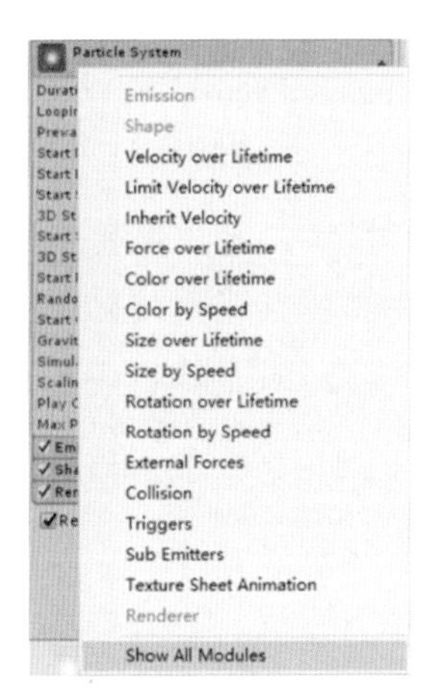

图 5-6　控制没有生效模块的显示与隐藏

单击 Particle System 组件上的 Open Editor 按钮弹出粒子编辑器窗口，如图 5-7 所示。该窗口集成了 Particle System 属性面板以及粒子曲线编辑器，便于对复杂的粒子效果进行管理和调整。当打开粒子编辑器时，Particle System 组件上的内容会全部转移到粒子编辑器上，关闭编辑器后会恢复原样。

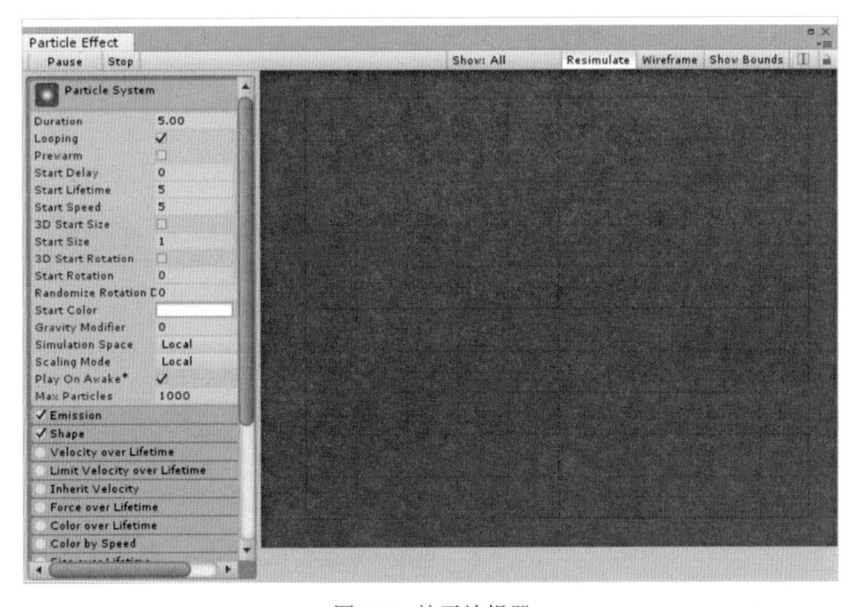

图 5-7　粒子编辑器

在图 5-5 粒子效果 Particle Effect 面板上，单击 Pause 按钮可使当前的粒子暂停播放，再次单击该按钮可继续播放；单击 Stop 按钮可使当前粒子停止播放；Playback Speed 标签为粒子的回放速度，拖动该标签或者在其右边输入数值可改变速度值；Playback Time 为粒子回放的时间，拖动该标签或者在其右边输入数值可改变该时间值。

5.3 粒子系统参数

本节将对粒子系统的参数进行详细讲解，以便读者在实际制作复杂粒子效果时参阅。

1. Initial（初始化）模块

粒子系统的初始化模块为固有模块，无法将其删除或禁用。该模块定义了粒子初始化时的持续时间、循环方式、发射速度、大小等一系列基本参数，如图 5-8 所示。

Particle System	
Duration	5.00
Looping	✓
Prewarm	☐
Start Delay	0
Start Lifetime	5
Start Speed	5
3D Start Size	☐
Start Size	1
3D Start Rotation	☐
Start Rotation	0
Randomize Rotation Dir	0
Start Color	
Gravity Modifier	0
Simulation Space	Local
Scaling Mode	Local
Play On Awake*	✓
Max Particles	1000

图 5-8　初始化模块列表的基本参数

其中的一些具体参数名称及其含义见表 5-1。

表 5-1　初始化模块参数名称及其含义

参数	含义
Duration（粒子持续时间）	粒子系统发射粒子的持续时间，如果开启了粒子循环，则持续时间为粒子一整次的循环时间
Looping（粒子循环）	粒子系统是否循环播放
Prewarm（粒子预热）	粒子系统在游戏运行初始时就已经发射粒子，只有开启粒子系统循环播放的情况下才能开启此项
Start Delay（粒子初始延迟）	游戏运行后延迟多少秒后才开始发射粒子。在开启粒子预热时无法使用此项
Start Lifetime（粒子生命周期）	粒子的存活时间（单位：秒）
Start Speed（粒子初始速度）	粒子发射的速度
Strat Size（粒子初始大小）	粒子发射时的初始大小
Start Rotation（粒子初始旋转）	粒子发射时的旋转角度

续表

参数	含义
Start Color（粒子初始颜色）	粒子发射时的初始颜色
Gravity Modifier（重力倍增系数）	粒子发射时所受重力影响的状态，数值越大重力对粒子的影响越大
Inherit Velocity（粒子速度继承）	对于运动中的粒子，将其移动速率应用到新生成的粒子速率上
Simulation Space（模拟坐标系）	粒子系统的坐标系是世界坐标系还是本地坐标系
Play On Awake（唤醒时播放）	开启此项，游戏运行时自动播放粒子
Max Particles（最大粒子数）	粒子系统发射粒子的最大数量，当达到最大粒子数量时发射器将暂停发射粒子

某些参数右侧有倒三角按钮，单击此按钮会弹出选项列表，这里以 Start Lifetime 参数为例进行详细介绍。单击 Start Lifetime 参数右侧的倒三角按钮，弹出如图 5-9 所示的参数选项列表，各参数项含义如下：

（1）Constant：设定该参数为一个具体的常量值。

（2）Curve：利用曲线编辑器设定数值。

（3）Random Between Two Constants：在两个设定的常数之间随机选择数值。

（4）Random Between Two Curves：在曲线编辑器两条曲线之间的范围内随机选择数值。

具体参数设置如图 5-10 所示。

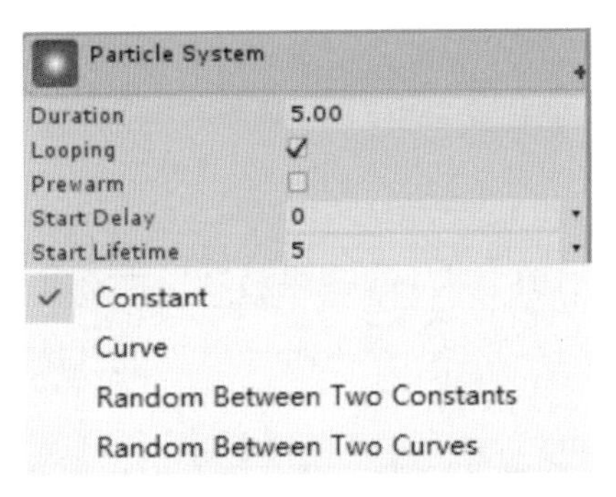

图 5-9　Start Lifetime 参数选项列表

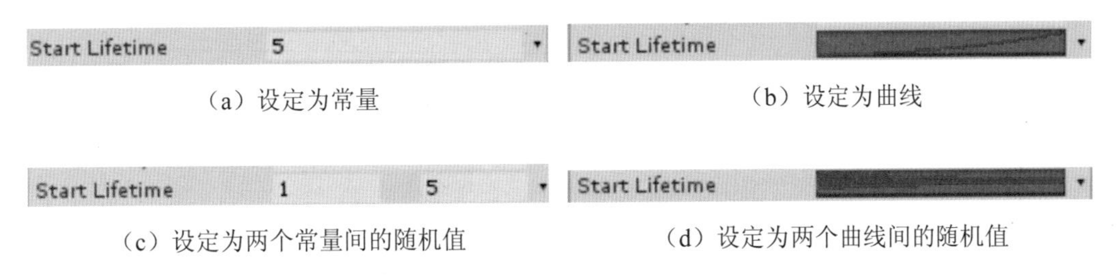

（a）设定为常量　（b）设定为曲线

（c）设定为两个常量间的随机值　（d）设定为两个曲线间的随机值

图 5-10　Start Lifetime 参数设置

2. Emission（发射）模块

发射模块控制粒子发射的速率，可实现在某个特定的时间生成大量粒子的效果。比如在模拟爆炸、烟雾等效果时极其有用，发射模块的参数列

表如图 5-11 所示，其中各参数含义如下：

（1）Rate：发射速率，每秒或每个距离单位所发射的粒子个数。单击 Rate 右侧上面的倒三角按钮可以选择发射数量由一个常量、曲线、常量范围以及曲线范围控制，如图 5-12 所示；单击 Rate 右侧下面的倒三角按钮，可以选择粒子发射速率是按时间还是距离变化，如图 5-13 所示。

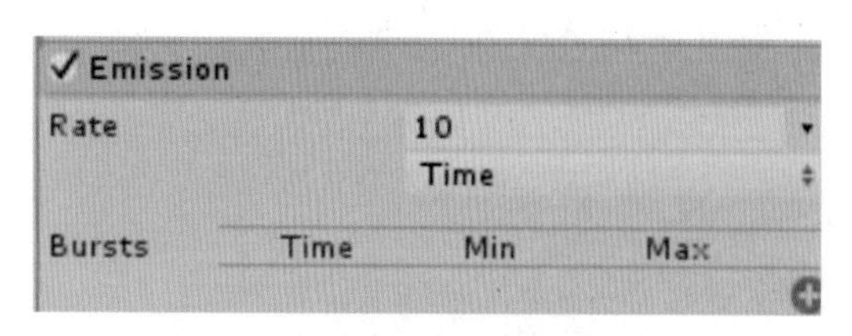

图 5-11　Emission 参数列表

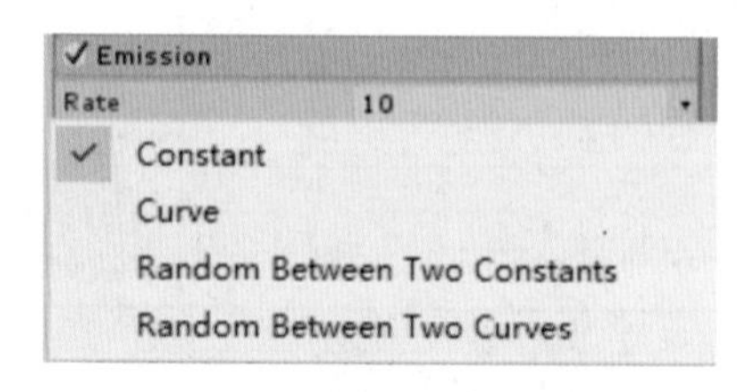

图 5-12　控制发射数量

（2）Bursts：粒子爆发，在粒子持续时间内的指定时刻额外增加大量的粒子。此选项只在粒子速率变化方式为按时间变化时才会出现。单击按钮调节爆发时的粒子数量，具体设置如图 5-14 所示。

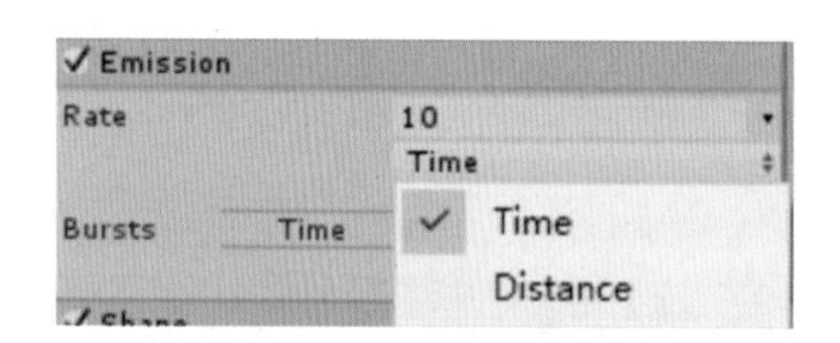

图 5-13　控制发射速率

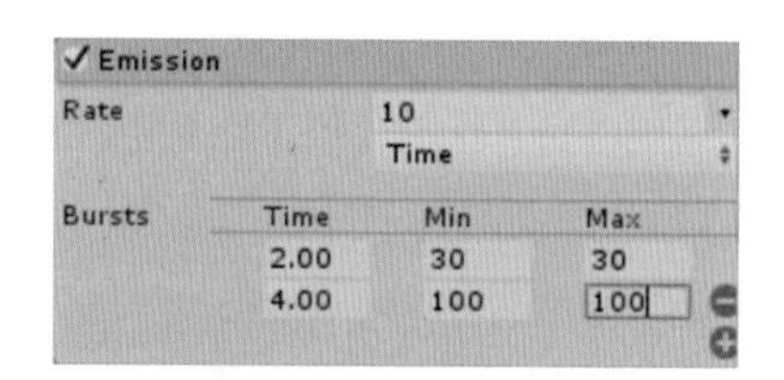

图 5-14　粒子爆发参数

3. Shape（形状）模块

形状模块定义了粒子发射的形状，可提供沿着形状表面法线或随机方向的初始力，并控制粒子的发射位置及方向，形状模块的参数列表如图 5-15 所示，其参数意义如下：

Shape：设置粒子发射器的形状，不同形状的发射器发射粒子初始速度的方向不同，每种发射器下面对应的参数也有相应的变化。单击 Shape 右侧的倒三角按钮可以弹出发射器形状的选项列表，如图 5-16 所示，其中的参数含义如下：

图 5-15　形状模块的参数列表

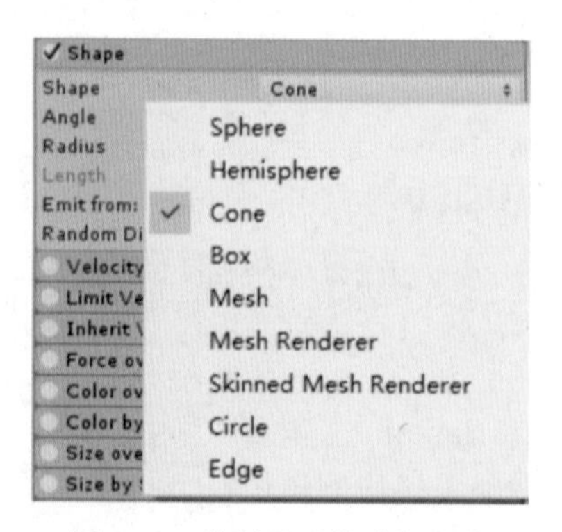

图 5-16　发射器形状选择列表

● Sphere：球体发射器，效果及参数列表如图 5-17 和图 5-18 所示。

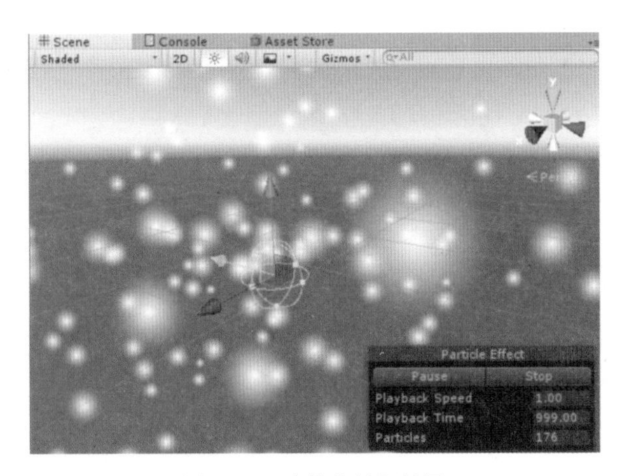

图 5-17　球体发射器效果

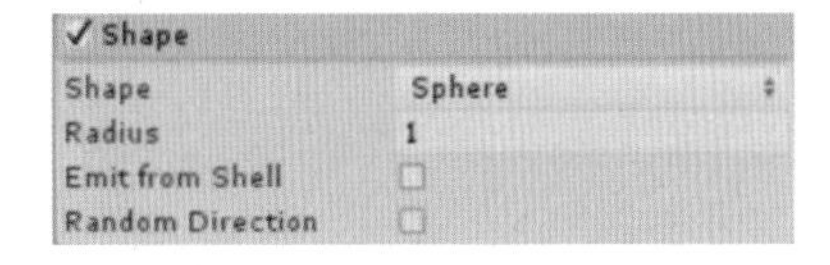

图 5-18　球体发射器参数列表

● Hemisphere：半球发射器，效果及参数列表如图 5-19 和图 5-20 所示。

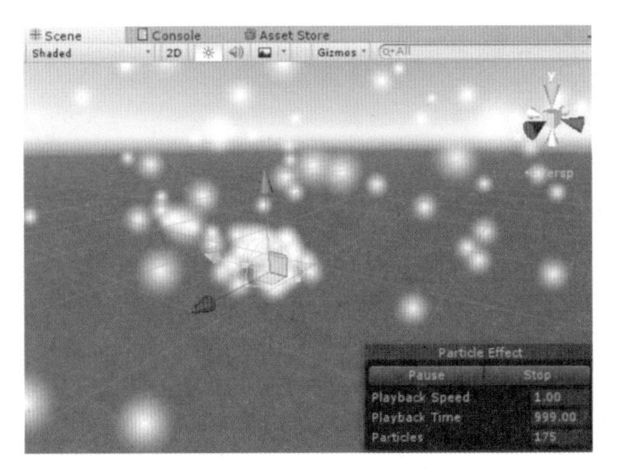

图 5-19　半球发射器效果

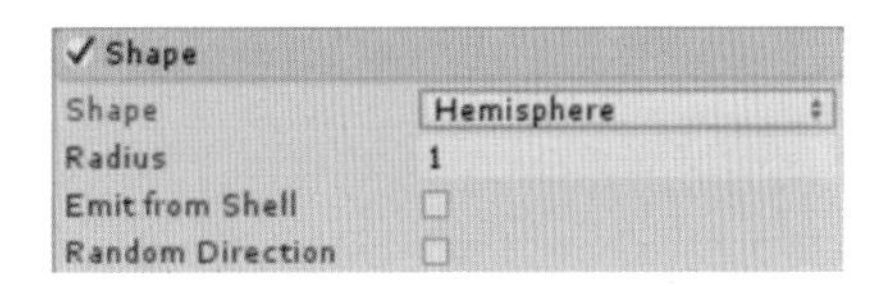

图 5-20　半球发射器参数列表

● Cone：锥体发射器，效果及参数列表如图 5-21 和图 5-22 所示。

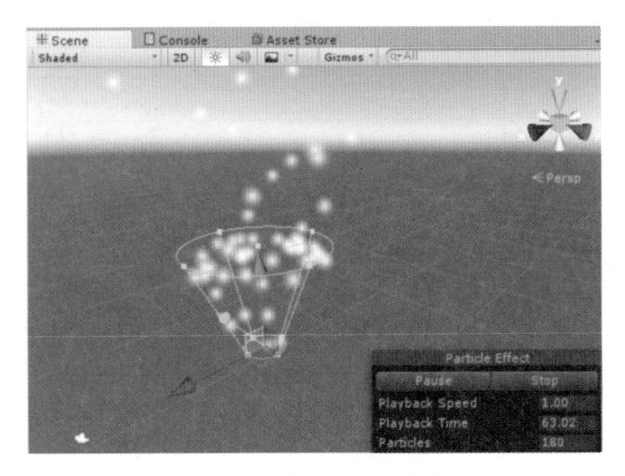

图 5-21　锥体发射器效果

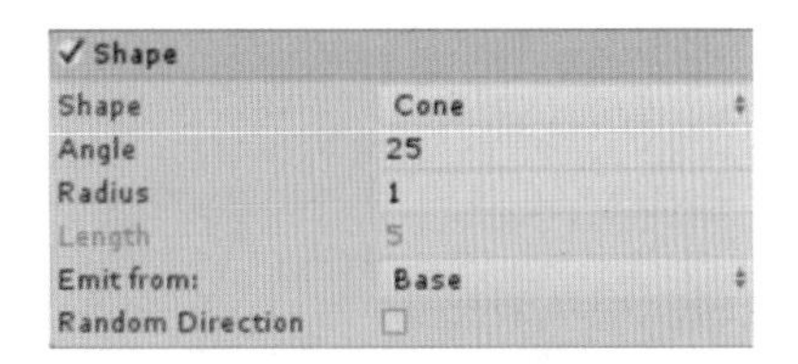

图 5-22　锥体发射器参数列表

- Box：立方体发射器，效果及参数列表如图 5-23 和图 5-24 所示。

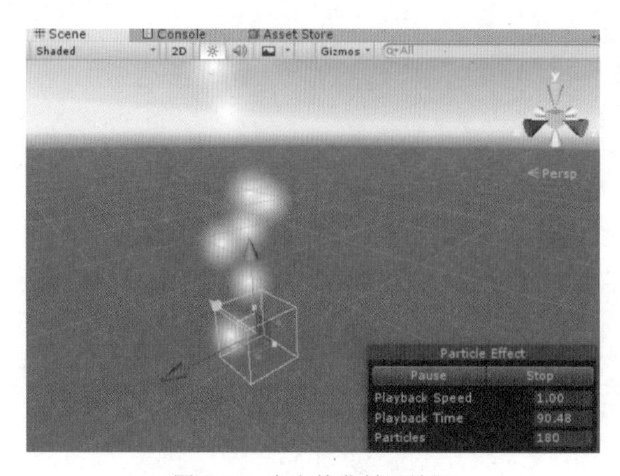

图 5-23　立方体发射器效果

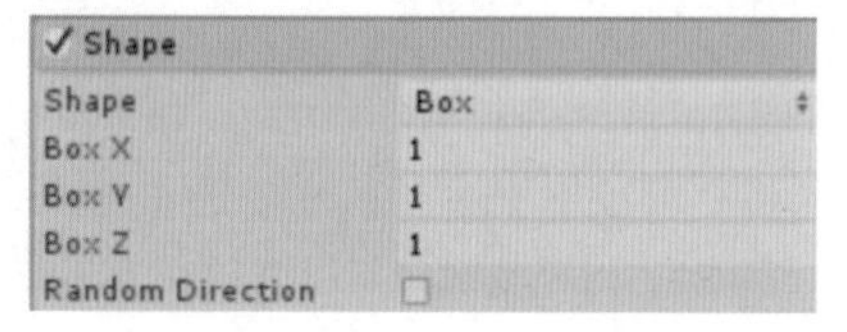

Shape	
Shape	Box
Box X	1
Box Y	1
Box Z	1
Random Direction	☐

图 5-24　立方体发射器参数列表

- Mesh：网格发射器，效果及参数列表如图 5-25 和图 5-26 所示。

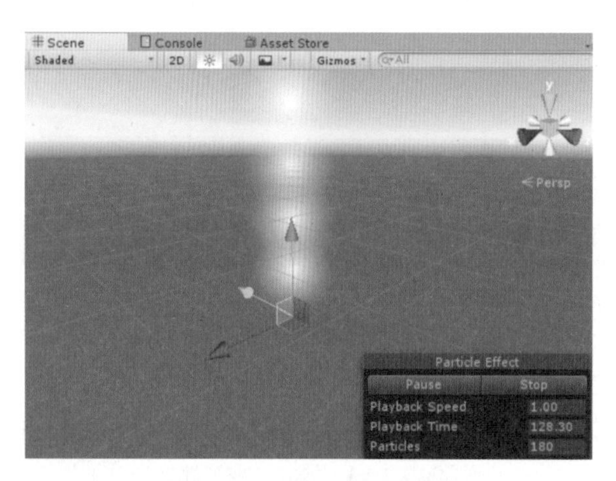

图 5-25　立方体发射器效果

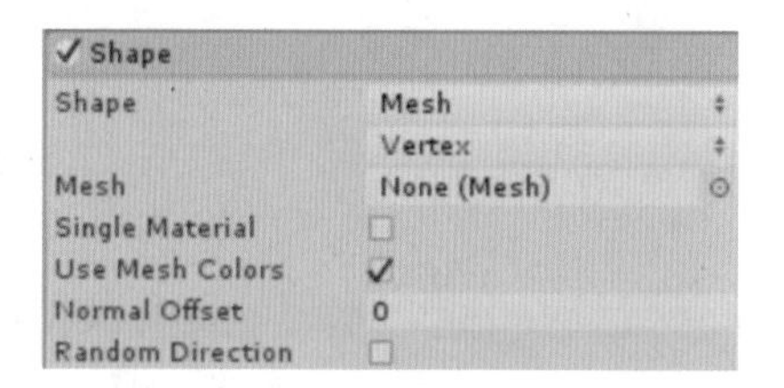

Shape	
Shape	Mesh
	Vertex
Mesh	None (Mesh)
Single Material	☐
Use Mesh Colors	✓
Normal Offset	0
Random Direction	☐

图 5-26　立方体发射器参数列表

- Circle：环形发射器，效果及参数列表如图 5-27 和图 5-28 所示。

图 5-27　环形发射器效果

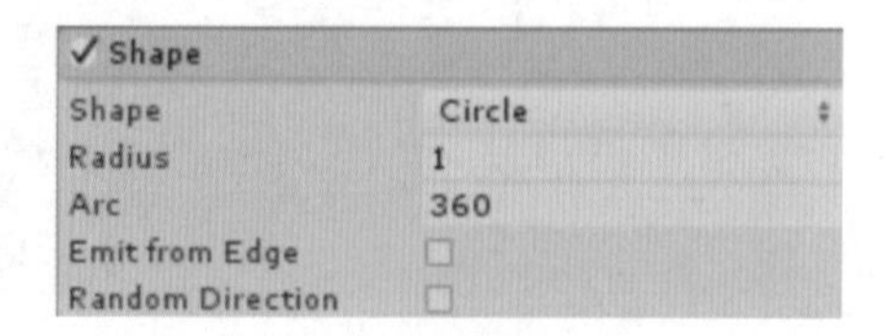

Shape	
Shape	Circle
Radius	1
Arc	360
Emit from Edge	☐
Random Direction	☐

图 5-28　环形发射器参数列表

- Edge：边缘发射器，效果及参数列表如图 5-29 和图 5-30 所示。

图 5-29　边缘发射器效果

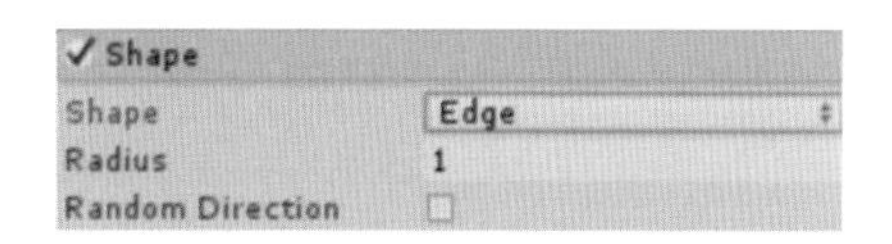

✓ Shape	
Shape	Edge
Radius	1
Random Direction	☐

图 5-30　边缘发射器参数列表

4. Velocity over Lifetime（生命周期速度）模块

生命周期速度模块控制着生命周期内每一个粒子的速度，模块参数如图 5-31 所示。

5. Limit Velocity over Lifetime（生命周期速度限制）模块

生命周期速度限制模块控制着粒子在生命周期内的速度限制及速度衰减，可以模拟类似拖动的效果，模块参数如图 5-32 所示。其中，Separate Axes 用来设置是否限制轴的速度。

图 5-31　生命周期速度模块参数

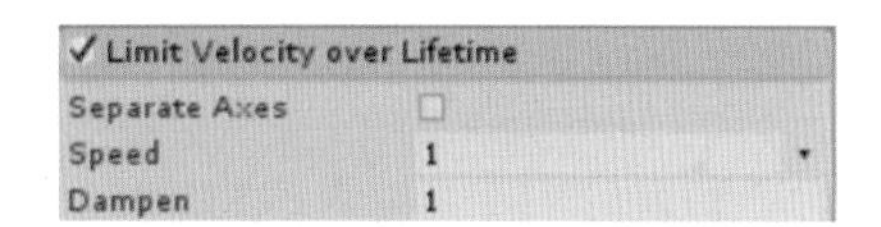

✓ Limit Velocity over Lifetime	
Separate Axes	☐
Speed	1
Dampen	1

图 5-32　生命周期速度限制模块参数

6. Force over Lifetime（生命周期作用力）模块

生命周期作用力模块控制每一个粒子在生命周期内受到力的情况，模块参数如图 5-33 所示。其中，Randomize 只有当 Start Lifetime 为 Random Between Two Constants 或 Random Between Two Curves 时才可启用。

7. Color over Lifetime（生命周期颜色）模块

生命周期颜色模块控制每一个粒子在生命周期内颜色的变化，模块参数如图 5-34 所示。

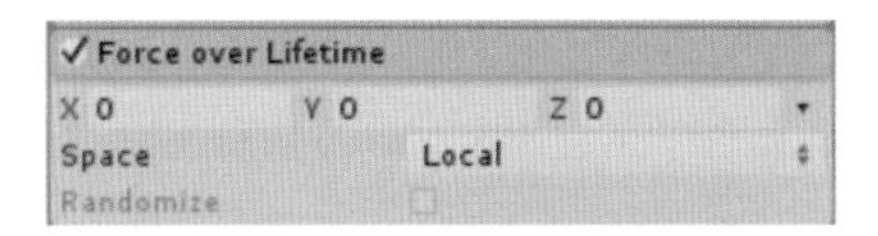

✓ Force over Lifetime		
X 0	Y 0	Z 0
Space	Local	
Randomize	☐	

图 5-33　生命周期作用力模块参数

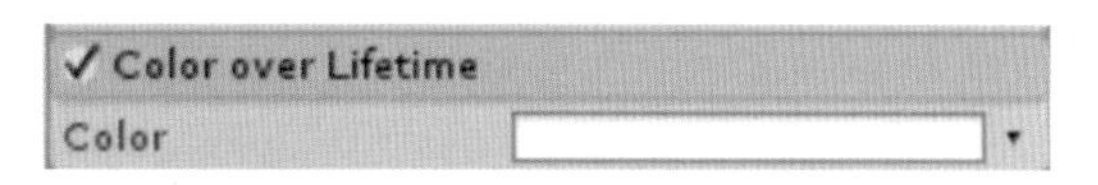

✓ Color over Lifetime	
Color	

图 5-34　生命周期颜色模块参数

提示：此模块中的粒子颜色与初始化模块中的粒子颜色的意义不同，初始化模块中的粒子颜色参数指的是发射时粒子的初始颜色，而此模块的粒子颜色是针对单一粒子而言，针对每个粒子在其生命周期内随时间而渐变的颜色。

8. Color by Speed（颜色速度控制）模块

颜色速度控制模块根据设置速度的范围和粒子的速度来改变粒子的颜色，模块参数如图 5-35 所示。

9. Size over Lifetime（生命周期粒子大小）模块

生命周期粒子大小模块控制每个粒子在生命周期内大小的变化，模块参数如图 5-36 所示。

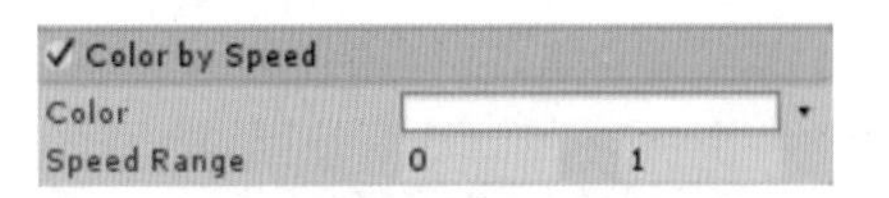

图 5-35　颜色速度控制模块参数

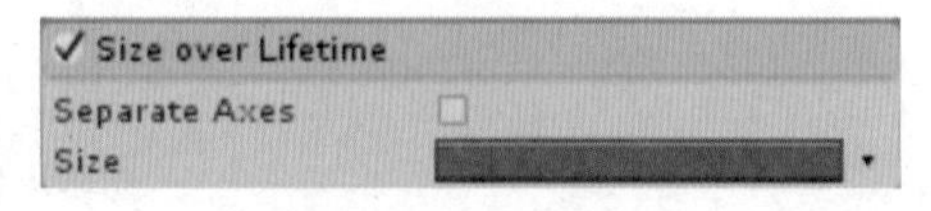

图 5-36　生命周期粒子大小模块参数

10. Size by Speed（粒子大小的速度控制）模块

粒子大小的速度控制模块根据速度的变化改变粒子的大小，模块参数如图 5-37 所示。

11. Rotation over Lifetime（生命周期旋转速度控制）模块

生命周期旋转速度控制模块控制每一个粒子在生命周期内的旋转速度变化，模块参数如图 5-38 所示。

图 5-37　粒子大小的速度控制模块参数

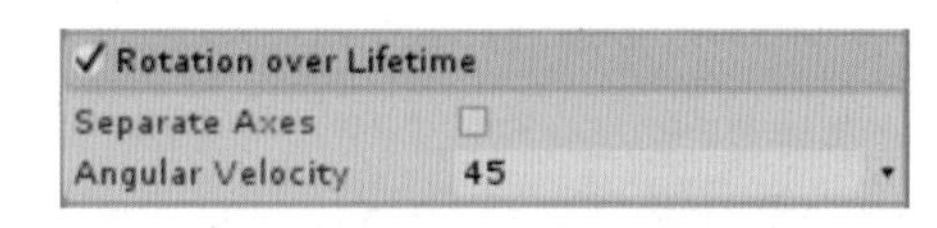

图 5-38　旋转速度控制模块参数

12. Rotation by Speed（旋转速度控制）模块

旋转速度控制模块可让每个粒子的旋转速度依照其自身的速度变化而变化，模块参数如图 5-39 所示。

13. External Forces（外部作用力）模块

外部作用力模块可以控制风域的倍增系数，模块参数如图 5-40 所示。

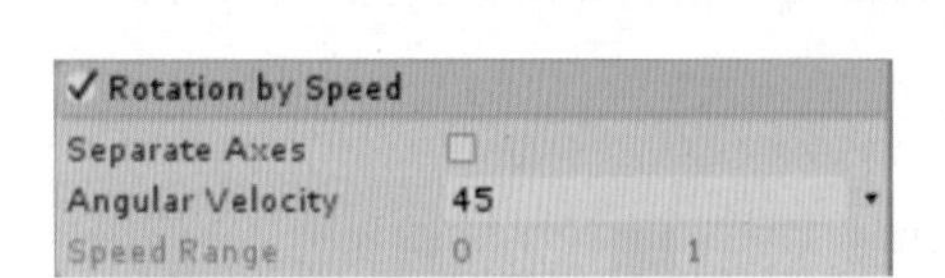

图 5-39　旋转速度控制模块参数

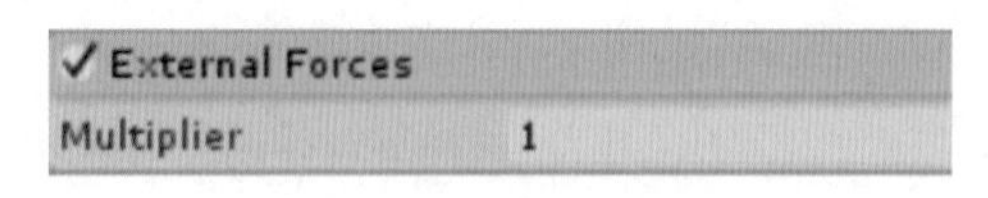

图 5-40　外部作用力模块参数

14. Collision（碰撞）模块

碰撞模块可为粒子系统建立碰撞效果，目前只支持平面类型碰撞，模块参数如图 5-41 所示。

15. Triggers（触发）模块

新版粒子系统增加了触发模块，该模块表示当粒子系统触发一个回调时，场景中的一个或多个碰撞交流的能力。当粒子进入或退出 Colliders，或粒子在 Colliders 内部或外部时，回调可以触发。使用该模块，首先添加希望创建触发器的对撞机，然后选择要使用的事件，模块参数如图 5-42 所示。

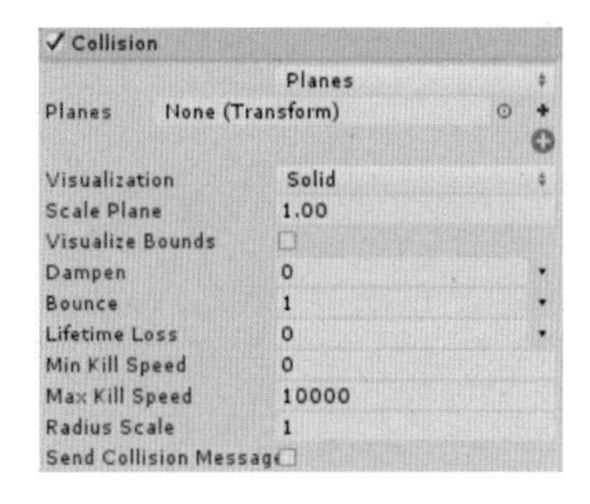

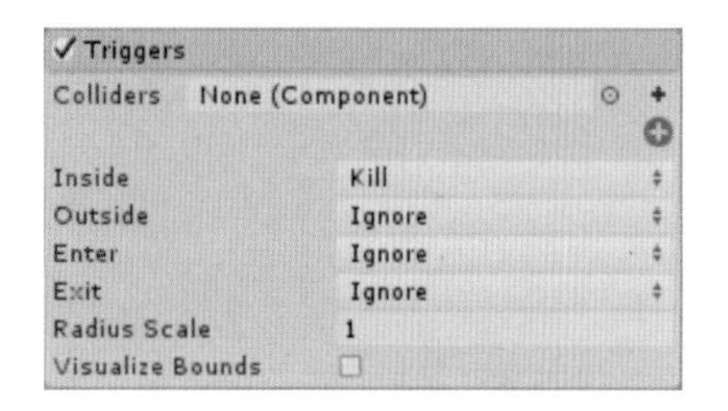

图 5-41　碰撞模块参数　　图 5-42　触发模块参数

16. Sub Emitters（子发射器）模块

子发射器模块可使粒子在出生、碰撞、消亡这三个时刻生成其他的粒子，模块参数如图 5-43 所示。

17. Texture Sheet Animation（序列帧动画纹理）模块

序列帧动画纹理模块可使粒子在其生命周期内的 UV 坐标产生变化，生成粒子的 UV 动画，模块参数如图 5-44 所示。

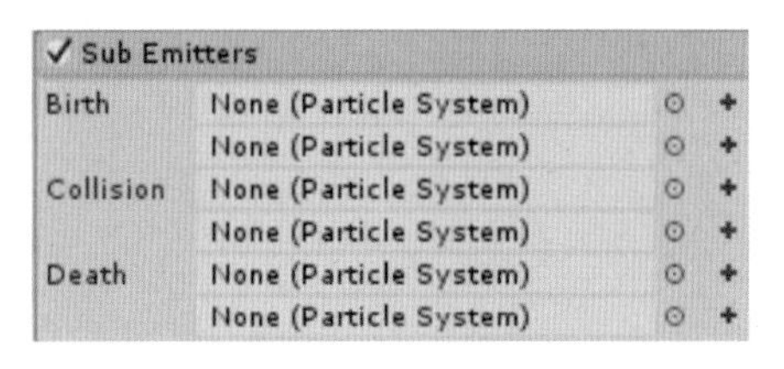

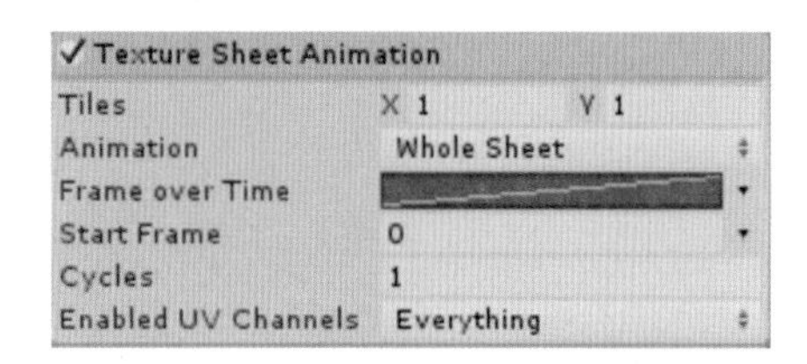

图 5-43　子发射器模块参数　　图 5-44　序列帧动画纹理模块参数

18. Renderer（粒子渲染器）模块

粒子渲染器模块显示了与粒子系统渲染相关的属性，只有勾选了此选项，粒子系统才能在场景中被渲染出来，模块参数如图 5-45 所示。

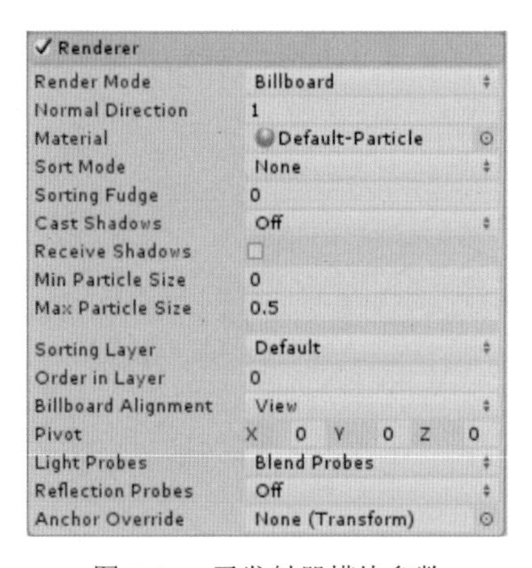

图 5-45　子发射器模块参数

提示：动画所使用的纹理需要在 Render 下的 Material 属性中指定。

5.4 案例训练——制作简单爆炸效果

此案例模拟简单的爆炸效果。爆炸的粒子特效在Unity游戏中使用率极高，它可以模拟爆炸、着火等。

制作此实例首先需要准备一些资源素材，用作粒子系统的烟雾、火星等的材质贴图，并做成材质。图片的质量将直接影响着爆炸实例的效果，如图5-46所示。完成后的简单爆炸效果如图5-47所示。

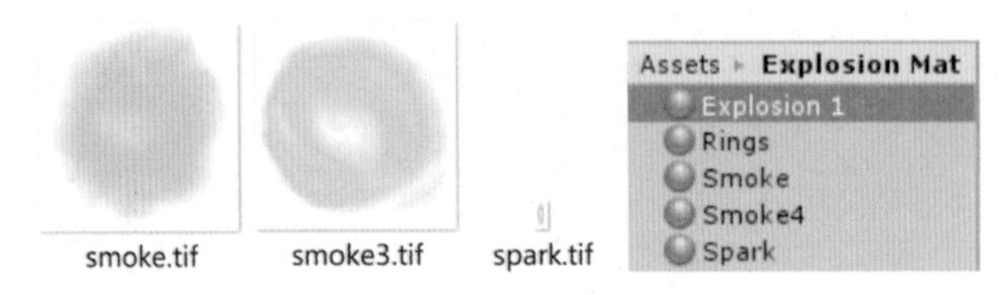

图5-46　烟雾素材做成材质

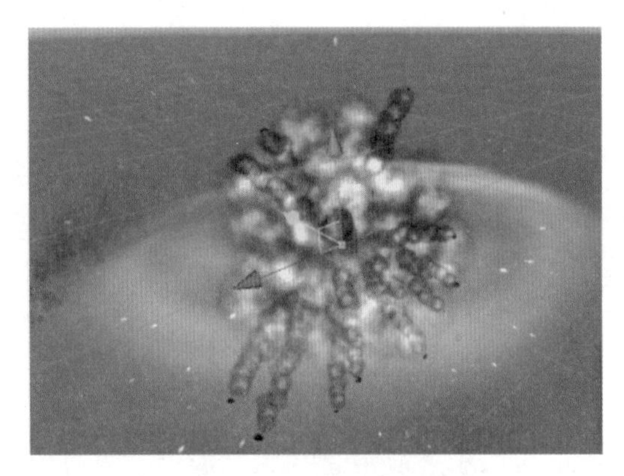

图5-47　简单爆炸效果

1. 制作爆炸的火花粒子对象

（1）启动Unity应用程序，新建一个项目工程文件，命名为Particle System。将制作好的素材包导入到Assets中，如图5-48所示。

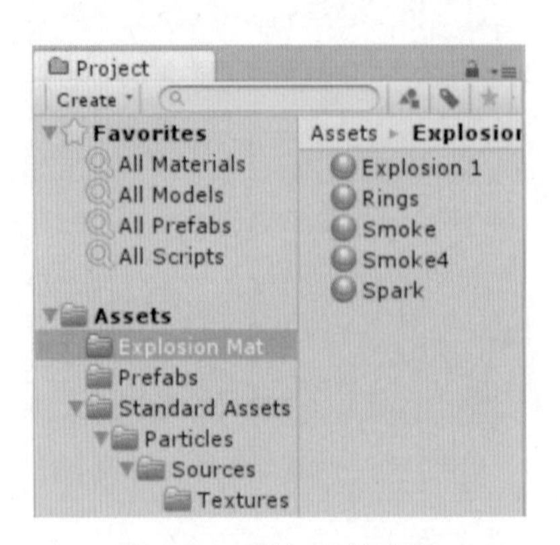

图5-48　导入素材资源

（2）依次执行菜单栏的 GameObject → Particle System 命令，在场景中创建一个粒子系统对象，然后将其重命名为 spark，制作一个“爆炸的火花”的粒子，如图 5-49 所示。

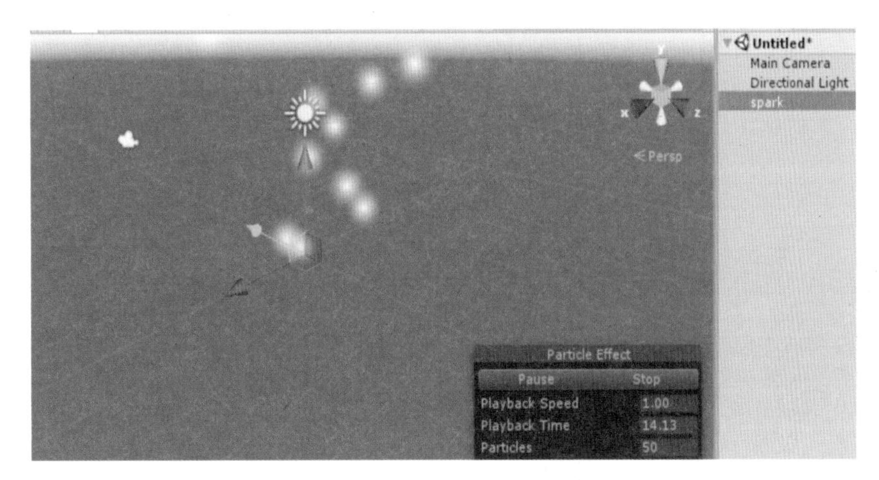

图 5-49　创建 spark 粒子对象

（3）接下来将对 Particle System 组件属性面板的多个模板进行设置，包括属性面板下方的 Particle System Curves 粒子曲线。首先设置 spark 粒子发射器的形状，设置参数如图 5-50 所示。

（4）在粒子属性面板中的初始化模块中进行一些基本的参数设置。将粒子持续时间（Duration）设为 2；为了使爆炸的火花飞得不是那么高，将 Start Lifetime 设为 2；为了达到爆炸的速度，需要调整 Start Speed 的值大一些，单击 Start Speed 右侧的下三角按钮，在弹出的选项列表中选择 Random Between Two Constants 项，将数值设置为 50 和 200；单击 Start Rotation 右侧的下三角按钮，在弹出的选项列表中选择 Random Between Two Constants 项，将数值设置为 -180 和 180；将 Max Particles 中的最大粒子数量设为 100。完成后的初始化模块参数设置如图 5-51 所示。

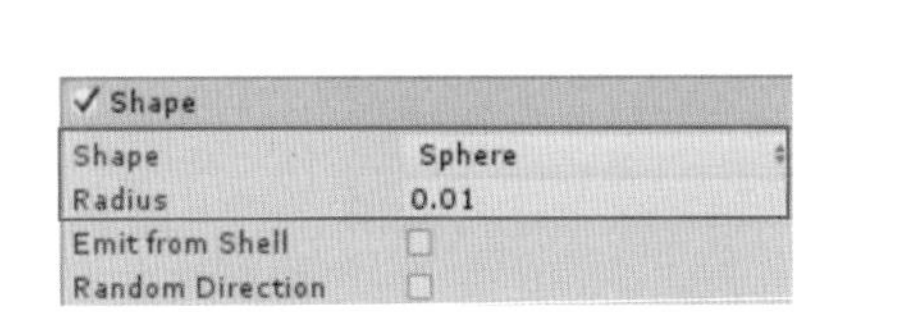

图 5-50　设置粒子发射器的形状

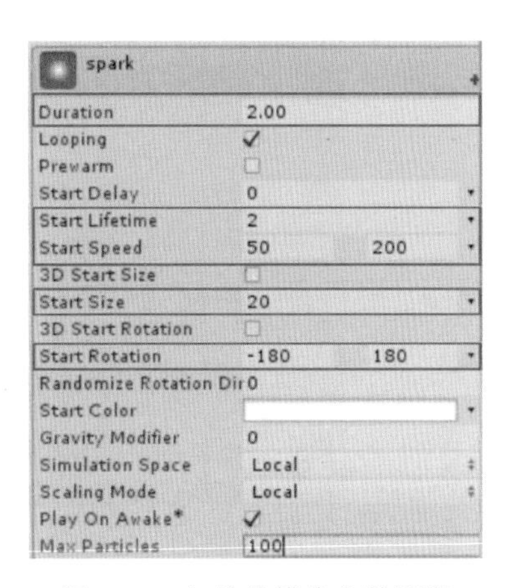

图 5-51　初始化模块参数设置

（5）在粒子属性面板中勾选 Limit Velocity over Lifetime 并展开该模块，单击 speed 右侧的下三角按钮，在弹出的菜单中选择 Curves 选项，然后在下侧的编辑器中调整如图

5-52 所示的曲线来控制粒子在生命周期内的速度限制及速度变化。右击红色曲线上，选择 Add Key 命令即可添加节点，制作出爆炸的火花快速发射并停顿的效果。

（6）在粒子属性面板中，选中 Emission 选项并将 Rate 改为 2000，使 spark（火花）发射的速率变快，如图 5-53 所示，这样更加符合实际效果。

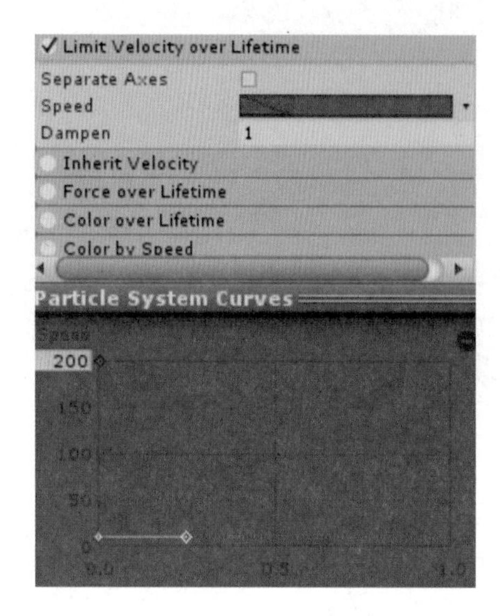

图 5-52　更改粒子的速度限制控制

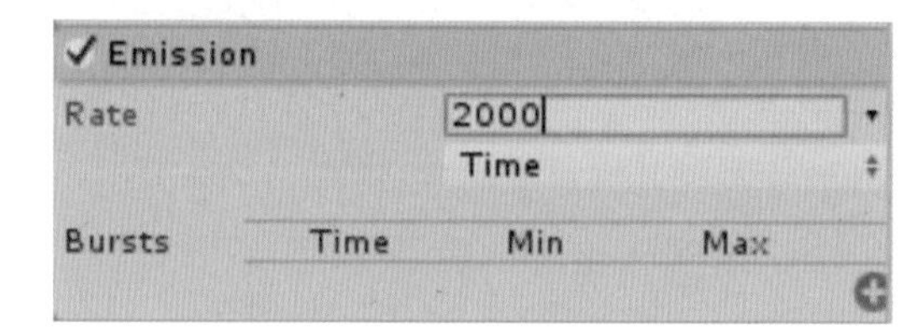

图 5-53　更改 spark 粒子速率

（7）在粒子属性面板中，勾选 Size over Lifetime 并展开该模块，单击 Size 右侧的框按钮，在下侧的编辑器中调整如图 5-54 所示的曲线来控制粒子在生命周期内的大小变化，在蓝色的曲线上右击，选择 Add Key 命令添加节点。

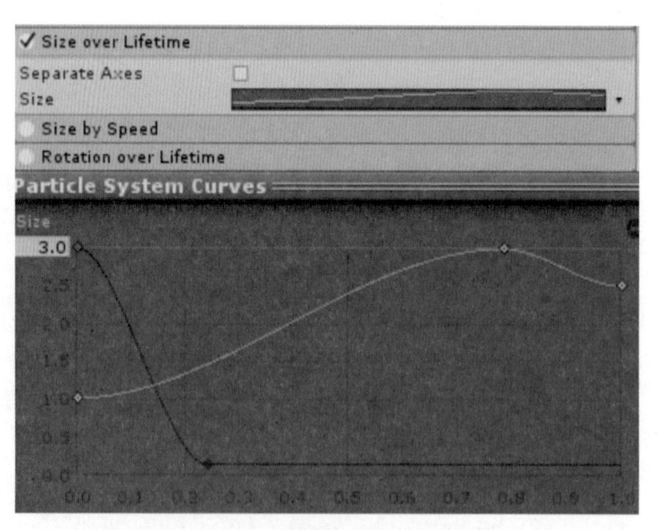

图 5-54　设置粒子的大小变化

（8）在粒子的属性面板中，勾选 Color over Lifetime 并展开该模块，单击 Color 右侧的框按钮，在弹出的 Gradient Editor 对话框中，设置如图 5-55 所示的颜色控制粒子在生命周期内的颜色变化。

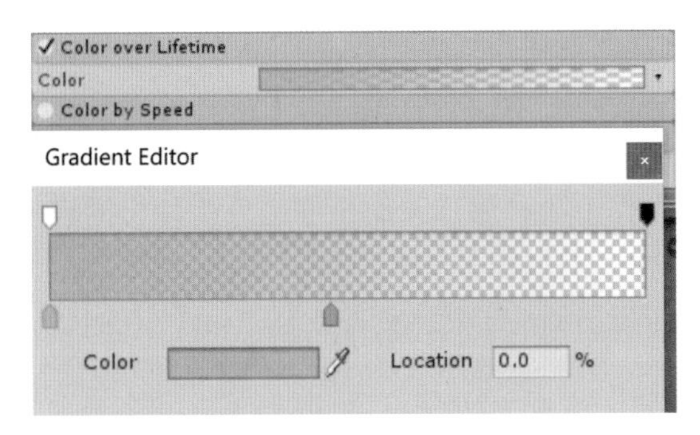

图 5-55　设置粒子的颜色变化

（9）打开 spark 粒子属性面板中的 Renderer（渲染器）模块，将 Material（材质）更换为 Explosion 1，其他参数不变，如图 5-56 所示。

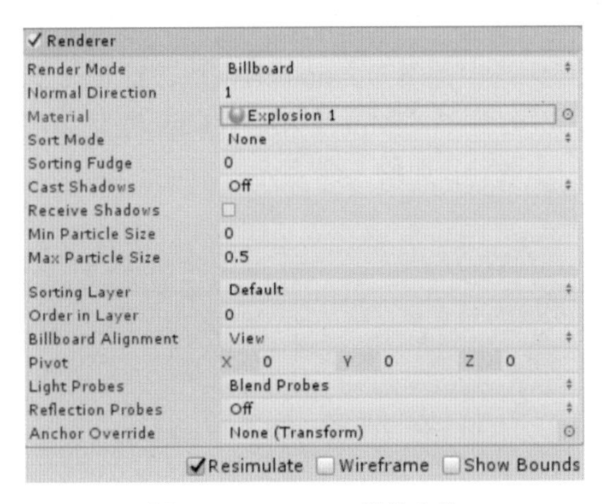

图 5-56　Renderer 模块参数

（10）至此，便完成了爆炸的火花效果制作，如图 5-57 所示。

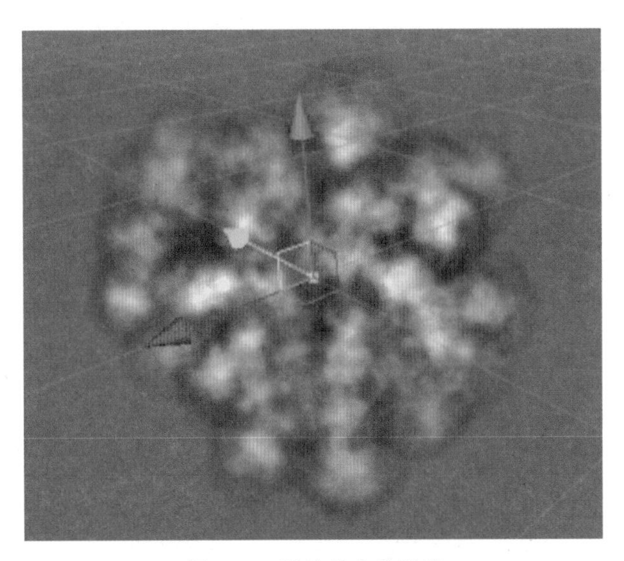

图 5-57　爆炸的火花效果

2. 制作爆炸弹射出的黑色碎片粒子对象

（1）选中前面创建的 spark 粒子对象，依次执行菜单栏的 GameObject → Particle System 命令，在场景中的 spark 对象下面创建一个粒子对象，将其重命名为 pieces，制作一个“爆炸弹射出的黑色碎片”的粒子，参数设置如图 5-58 所示。

（2）调整 pieces 粒子发射器的形状，如图 5-59 所示。

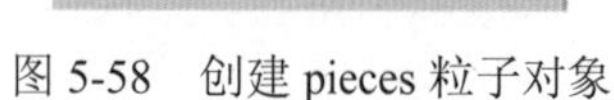
图 5-58 创建 pieces 粒子对象

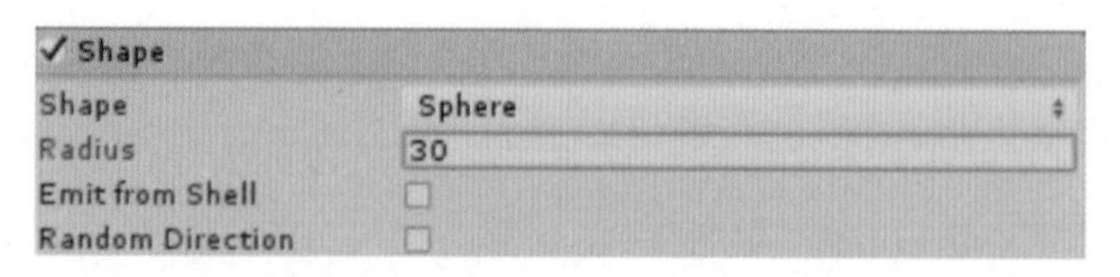

图 5-59 调整 pieces 粒子发射器的形状

（3）在粒子属性面板中选中并展开 Emission 模块，将 Rate 选项设为 0，单击该模块右下角的 + 按钮，设置 Bursts 选项的 Min 值为 15，Max 值为 30，使其粒子在爆发点生成的粒子数量有一些变化，参数设置如图 5-60 所示。

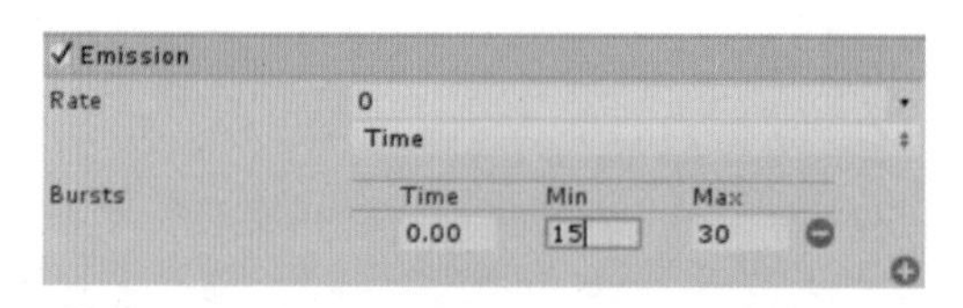

图 5-60 调整 pieces 粒子的速率

（4）在粒子属性面板的初始化模块中进行一些基本的参数设置。将 Duration 粒子持续时间数值设为 2；将 Start Delay 设为 0.1；将 Start Lifetime 设为 2；将 Start Speed 设为 160；单击 Start Size 右侧的下三角按钮，在弹出的选项列表中选择 Random Between Two Constants，将数值设置为 0.5 和 3；单击 Start Rotation 右侧的下三角按钮，在弹出的选项列表中选择 Random Between Two Constants，将数值设置为 -180 和 180；设置 Start Color 为黑色；设置 Gravity Modifier 为 20；设置 Max Particles 为 20。完成后的参数设置如图 5-61 所示。

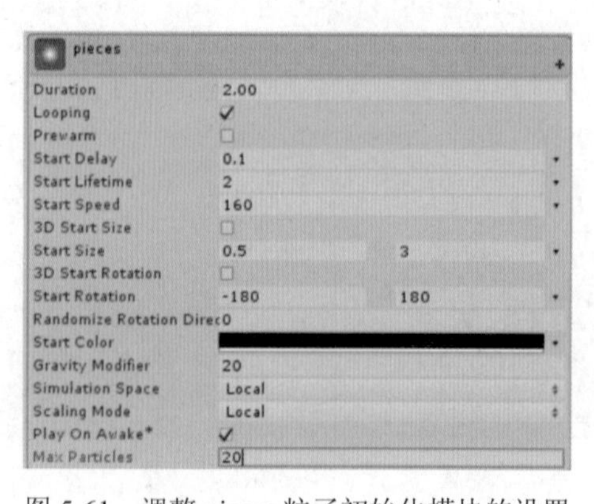

图 5-61 调整 pieces 粒子初始化模块的设置

（5）在 Rotation over Lifetime 模块中将其勾选并展开，单击右侧的下三角按钮，在弹出的选项列表中选择 Random Between Two Constants，将数值设为 -720 和 720，如图 5-62 所示。

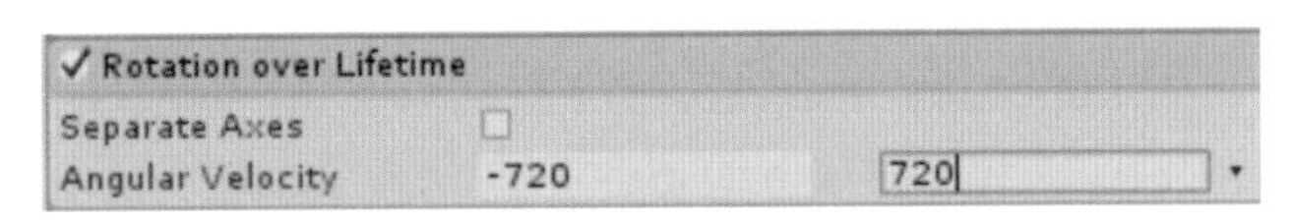

图 5-62　设置粒子生命周期内的旋转变化

（6）勾选并展开 Renderer（渲染器）模块，将 Render Mode 设置为 Mesh，单击 Mesh 选项右侧的小圆圈按钮，在弹出的面板中选择 Capsule（胶囊网格），并将 Material（材质）更换为 Smoke，如图 5-63 所示。

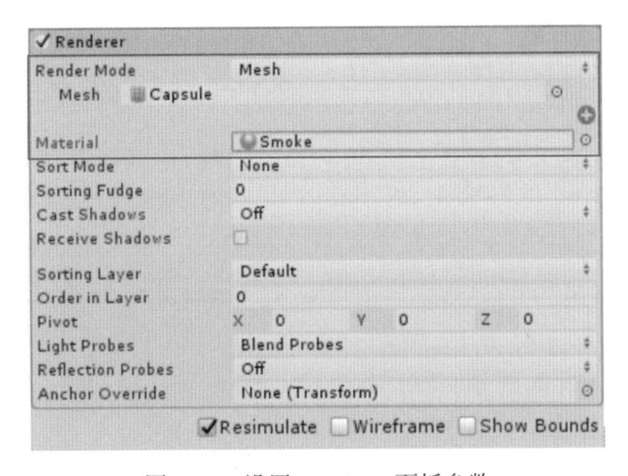

图 5-63　设置 Renderer 面板参数

（7）至此，完成第二部分的弹射出的黑色碎片效果，如图 5-64 所示。

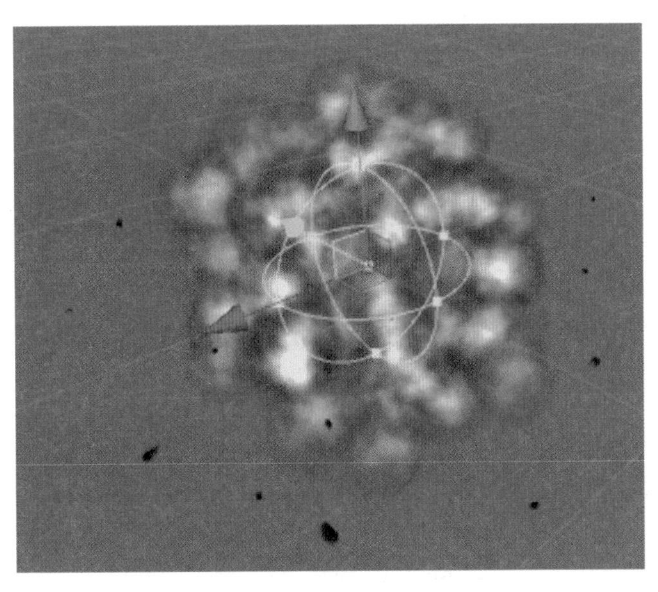

图 5-64　爆炸弹出的黑色碎片效果

3. 制作黑色烟雾粒子对象

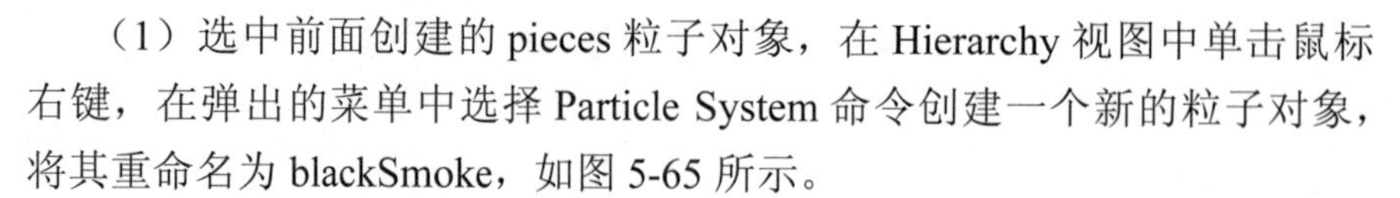

（1）选中前面创建的 pieces 粒子对象，在 Hierarchy 视图中单击鼠标右键，在弹出的菜单中选择 Particle System 命令创建一个新的粒子对象，将其重命名为 blackSmoke，如图 5-65 所示。

（2）回到上一层发射器 pieces 粒子对象，勾选并展开 Sub Emitters（子发射器）模块，设置 Birth 选项为刚刚创建的粒子对象 blackSmoke，使得黑色烟雾随着黑色碎片的发射而一起发射，如图 5-66 所示。

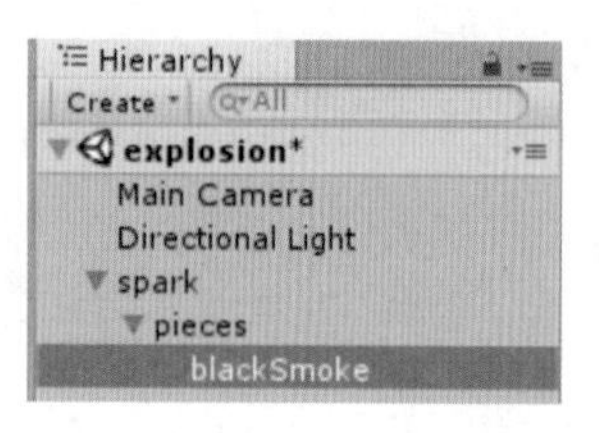

图 5-65　创建黑色烟雾粒子对象

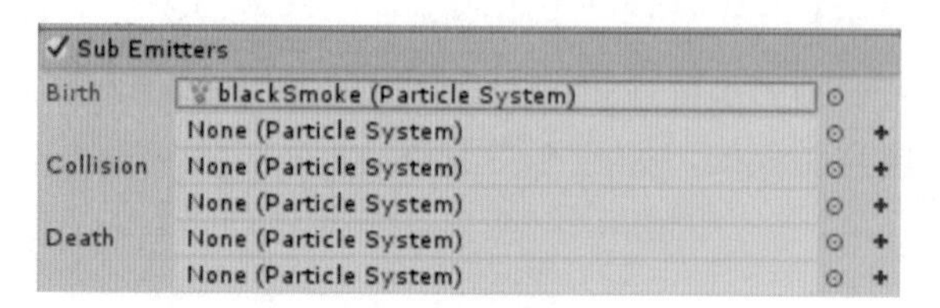

图 5-66　设置 pieces 发射器的子发射器

（3）选中 blackSmoke 粒子对象，对其进行模块参数设置。选择并展开 Emission 模块，将其 Rate 值设置为 60。

（4）修改初始化模块中的一些参数设置。将 Duration 值设为 2；将 Start Lifetime 值设为 2；单击 Start Speed 右侧的下三角按钮，在弹出的选项列表中选择 Random Between Two Constants 项，将数值设为 10 和 20；单击 Start Rotation 右侧的下三角按钮，在弹出的选项列表中选择 Random Between Two Constants 项，将数值设为 -180 和 180；单击 Start Size 右侧的下三角按钮，在弹出的选项列表中选择 Curve 项，在下侧的曲线编辑器中调整如图 5-67 所示的曲线。

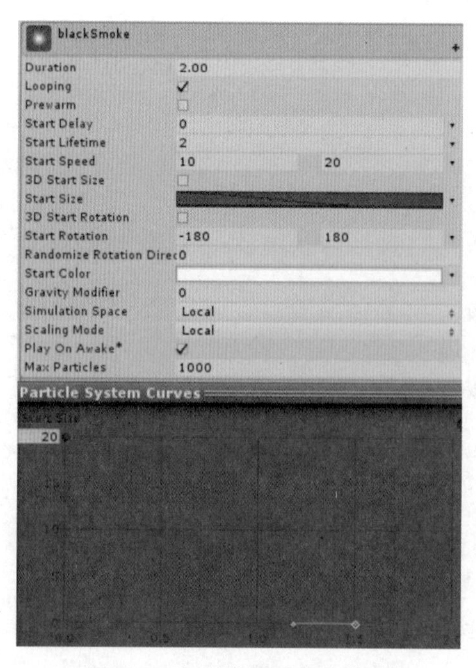

图 5-67　初始化模块参数设置

（5）在粒子属性面板中，勾选并展开 Color over Lifetime 模块，单击 Color 右侧的框按钮，在弹出的 Gradient Editor 对话框中设置灰黑的透明颜色渐变，如图 5-68 所示。

✓ Color over Lifetime
Color
Color by Speed
Size over Lifetime
Gradient Editor
Color
Location
0.0
%

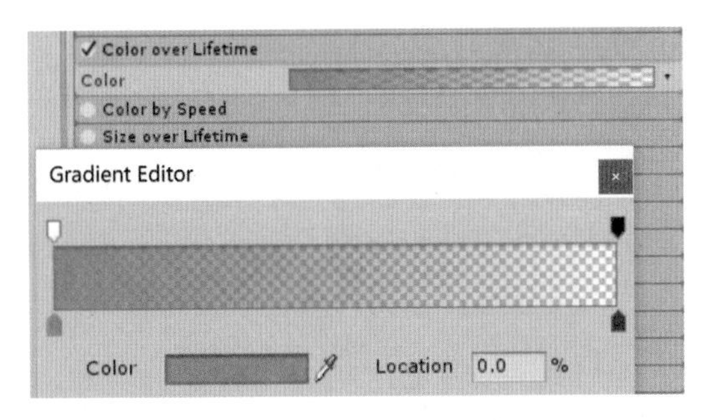

图 5-68　颜色变化模块参数设置

（6）在粒子属性面板中，勾选并展开 Size over Lifetime 模块，单击 Size 右侧的框按钮，在下侧的曲线编辑器中设置如图 5-69 所示的曲线来控制黑色烟雾的大小变化。

✓ Size over Lifetime
Separate Axes
Size
Size by Speed
Particle System Curves
Size
1.5

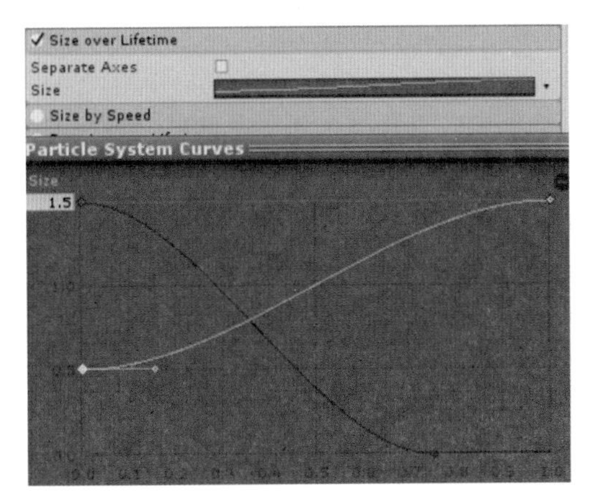

图 5-69　大小变化曲线设置

（7）勾选并展开 Renderder（渲染器）模块，在 Material（材质）选项的右侧单击小圆圈按钮，在弹出的面板中选择 Smoke 项，将 Sorting Fudge（排序矫正）的数值调整为 5000，如图 5-70 所示。

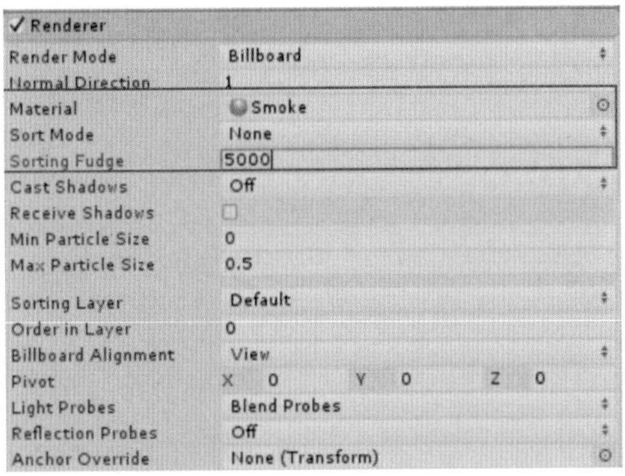

✓ Renderer
Render Mode
Billboard
Normal Direction
1
Material
Smoke
Sort Mode
None
Sorting Fudge
5000
Cast Shadows
Off
Receive Shadows
Min Particle Size
0
Max Particle Size
0.5
Sorting Layer
Default
Order in Layer
0
Billboard Alignment
View
Pivot
X 0 Y 0 Z 0
Light Probes
Blend Probes
Reflection Probes
Off
Anchor Override
None (Transform)

图 5-70　Render 模块参数

（8）至此，第三部分制作完成，效果如图 5-71 所示。

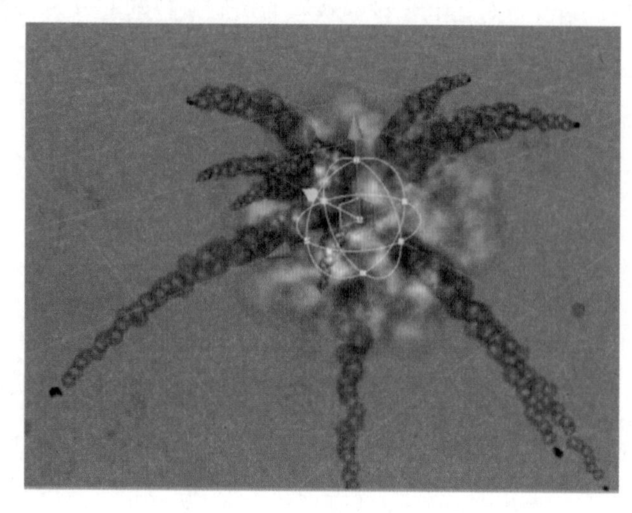

图 5-71　爆炸的基本效果

4. 制作爆炸弹射的小火花

（1）选中前面创建的 spark 粒子对象，在 Hierarchy 视图中单击鼠标右键，在弹出的菜单中选择 Particle System 命令创建一个新的粒子对象，将其重命名为 smallSpark，如图 5-72 所示。

（2）选中新创建的粒子对象 Smallspark，在粒子属性面板中选中 Emission 选项，将 Rate 设置为 0。单击该模块右下角的 + 按钮，设置 Bursts 选项的 Min 值为 80，Max 值为 120，如图 5-73 所示。

图 5-72　创建 smallSpark 粒子对象

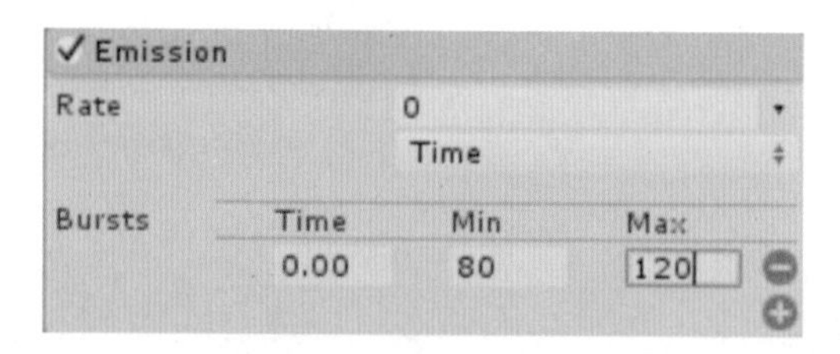

图 5-73　更改粒子速率

（3）调整 smallSpark 粒子发射器的形状，参数设置如图 5-74 所示。

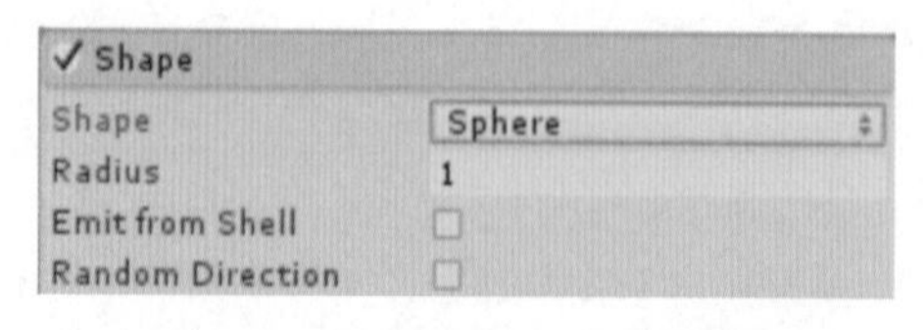

图 5-74　调节粒子发射器的形状

（4）修改初始化模块中的一些参数设置。将 Duration 值设为 2；单击 Start Lifetime 右侧的下三角按钮，在弹出的选项列表中选择 Random Between Two Constants 项，将数值设为 0.2 和 0.7；单击 Start Speed 右侧的下三角按钮，在弹出的选项列表中选择 Random

Between Two Constants 项，将数值设为 200 和 250；单击 Start Size 右侧的下三角按钮，在弹出的选项列表中选择 Random Between Two Constants 项，将数值设为 0.5 和 2；单击 Start Color 右侧的下三角按钮，在弹出的选项列表中选择 Random Between Two Colors 项，单击右侧的颜色框，将上面颜色框设置为白色，将下面颜色框设置为红色，如图 5-75 所示。

（5）打开粒子属性面板的 Renderer（渲染器）模块，将 Render Mode 项设置为 Stretched Billboard，设置 Length Scale 值为 4，并将 Material（材质）更换为 Spark，如图 5-76 所示。

Duration	2.00	
Looping	✓	
Prewarm		
Start Delay	0	
Start Lifetime	0.2	0.7
Start Speed	200	250
3D Start Size		
Start Size	0.5	2
3D Start Rotation		
Start Rotation	0	
Randomize Rotation Dir	0	
Start Color		
Gravity Modifier	0	
Simulation Space	Local	
Scaling Mode	Local	
Play On Awake*	✓	
Max Particles	1000	

图 5-75　初始化模块的参数设置

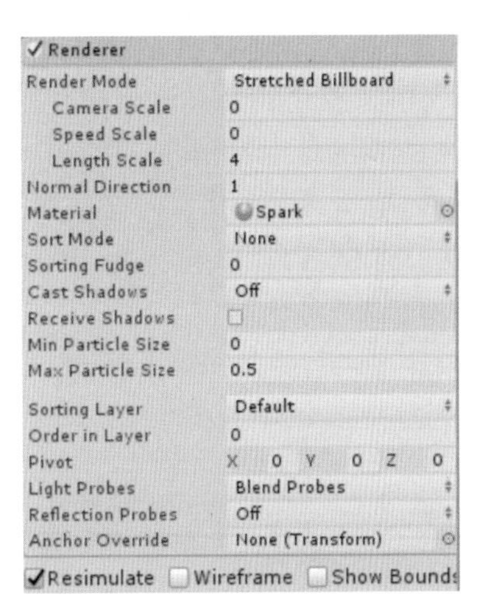

图 5-76　Renderer 模块的参数设置

（6）至此，爆炸产生的小火花效果制作完成，如图 5-77 所示。

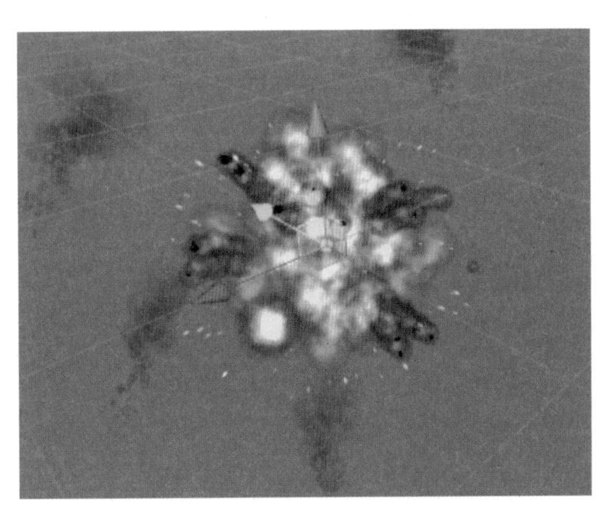

图 5-77　爆炸引发的小火花效果

5. 制作白色光晕效果粒子对象

（1）选中顶层粒子对象 spark，在 Hierarchy 视图中单击鼠标右键，在弹出的菜单中选择 Particle System 命令创建一个新的粒子对象，将其重命名为 whiteLight，如图 5-78 所示。

（2）选中刚创建的 whiteLight 粒子对象，在粒子属性面板中选择并展开 Shape 模块，更改粒子发射器的形状，参数设置如图 5-79 所示。

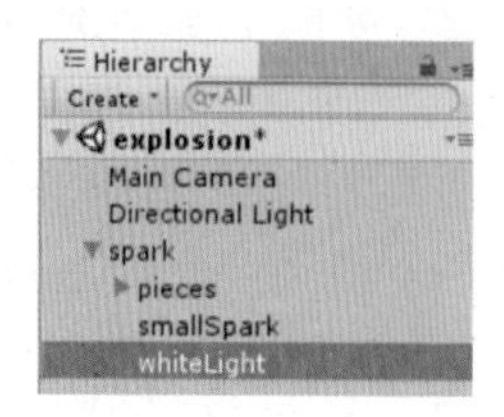

图 5-78　创建 whiteLight 粒子对象

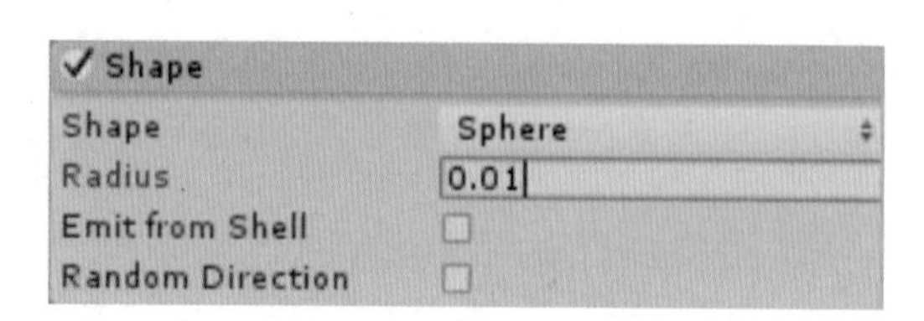

图 5-79　更改粒子发射器形状

（3）选中并展开 Emission 模块并将 Rate 改为 0，单击该模块右下角的 + 按钮，设置 Bursts 选项的 Min 值为 1，Max 值为 1，如图 5-80 所示。

（4）在初始化模块中进行一些基本的参数设置。将 Duration 设置为 2；将 Start Lifetime 设置为 0.8；将 Start Speed 设置为 10；将 Start Size 设置为 30；将 Max Particles 设置为 1，如图 5-81 所示。

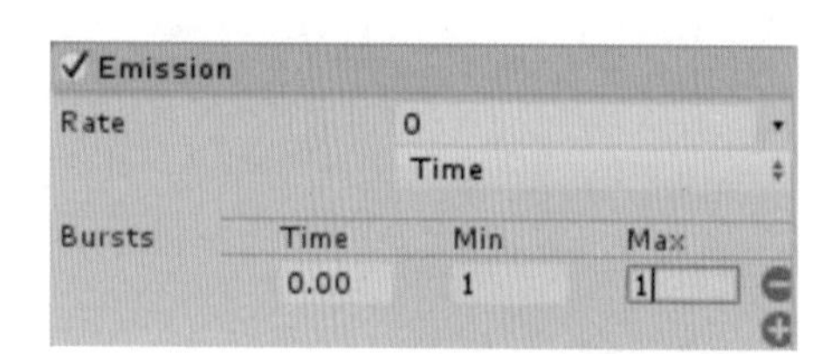

图 5-80　更改粒子速率

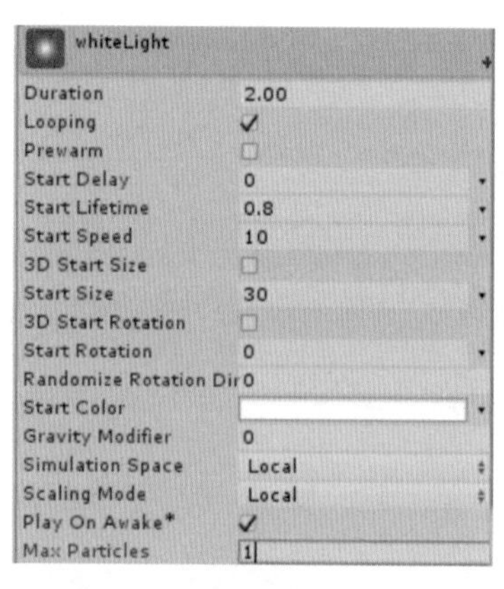

图 5-81　初始化模块参数设置

（5）在粒子属性面板中，勾选并展开 Size over Lifetime 模块，单击 Size 右侧的框按钮，在下侧的编辑器中调整如图 5-82 所示的曲线控制粒子在生命周期中的大小变化。

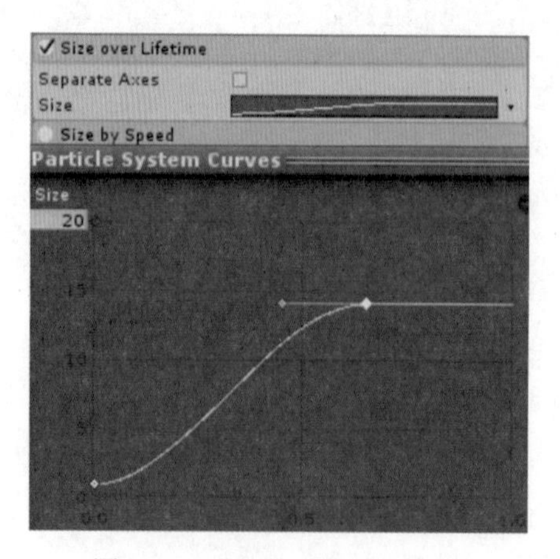

图 5-82　设置粒子的大小变化

（6）勾选并展开 Color over Lifetime 模块，单击 Color 右侧的框按钮，在弹出的 Gradient Editor 对话框中设置白色到白色的透明渐变色，如图 5-83 所示。

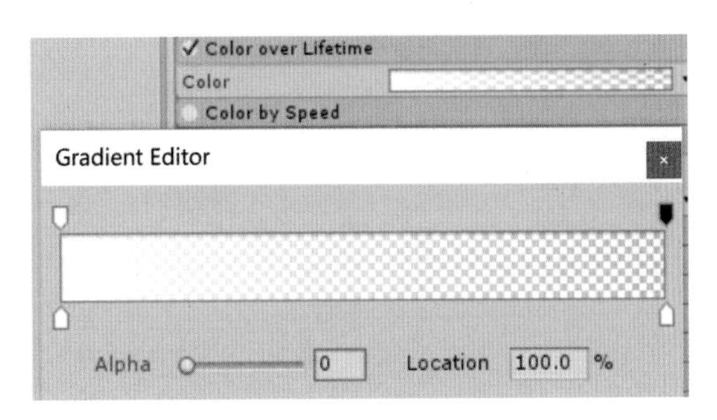

图 5-83　设置粒子的颜色变化

（7）选择并展开 Renderer 模块，将 Render Mode 项改为 Horizontal Billboard，将 Material（材质）更换为 Rings，设置 Max Particle Size 为 200，如图 5-84 所示。

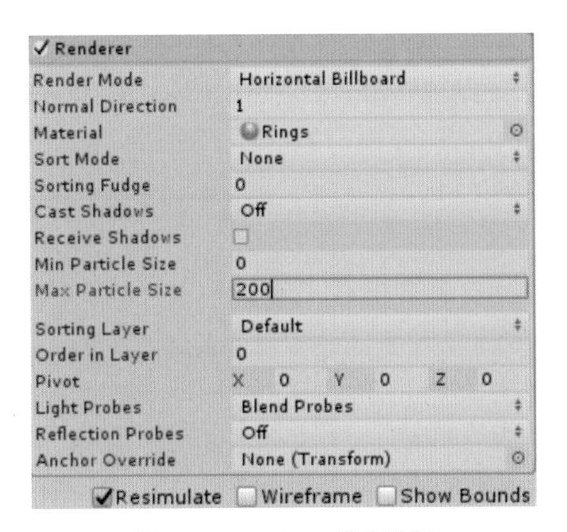

图 5-84　Renderer 模块设置

（8）至此，简单爆炸效果的制作全部完成，效果如图 5-47 所示。读者可以根据实际情况微调一些参数，得到不一样的效果。

本章小结

本章详细介绍了 Shuriken 粒子系统的选项设置和使用方法，并通过制作爆炸效果的实例来熟悉巩固所学的知识。Shuriken 粒子系统可以添加父子层级关系，多种粒子系统的叠加可以创造出丰富多彩的效果，比如沙尘、落叶、雨雪等粒子效果。粒子曲线编辑器可以完美贴合开发者的需求，读者可以多尝试制作各种游戏特效，加深对粒子系统的了解。

第6章 物理引擎

Unity为用户提供了可靠的物理引擎系统，一个游戏对象运行在场景中时，进行加速或碰撞，需要为玩家展示最为真实的物理效果。Unity内置了NVIDIA的PhysX物理引擎，PhysX是目前使用最为广泛的物理引擎，被很多游戏所采用。开发者可以通过物理引擎高效、逼真地模拟刚体碰撞、车辆驾驶、布料、重力等物理效果，使游戏画面更加真实而生动。

Unity中内置两种独立的物理引擎，一个3D物理引擎和一个2D物理引擎，两种物理引擎之间的使用方法基本相同，但是需要不同的组件实现。

6.1 刚体

刚体（Rigidbody）组件可使游戏对象在物理系统的控制下运动，刚体可接受外力与扭矩力来保证游戏对象像在真实世界中那样进行运动。任何游戏对象只有添加了刚体组件才能受到重力的影响，通过脚本为游戏对象添加的作用力，以及通过NVIDIA物理引擎与其他的游戏对象发生互动的运算，都需要游戏对象添加刚体组件。制作2D游戏时，应为Sprite添加Rigidbody 2D组件。

6.1.1 添加刚体

1. 为对象添加刚体

下面介绍在Unity中为游戏对象添加刚体（Rigidbody）组件的方法。

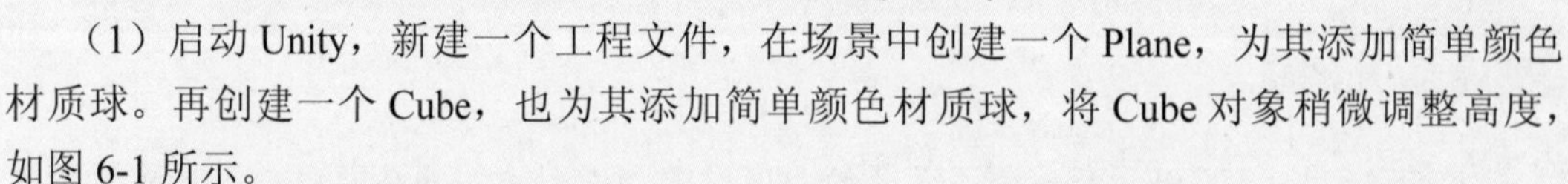

（1）启动Unity，新建一个工程文件，在场景中创建一个Plane，为其添加简单颜色材质球。再创建一个Cube，也为其添加简单颜色材质球，将Cube对象稍微调整高度，如图6-1所示。

（2）选中Cube对象，依次选择菜单栏中的Component → Physics → Rigidbody命令，即可在该游戏对象上添加刚体组件，如图6-2所示。

（3）添加刚体组件后，暂时先不做任何属性的修改，直接运行游戏场景，可发现Cube对象可以从空中掉落在场景Plane平面上，因为它受到了重力的影响，如图6-3所示。

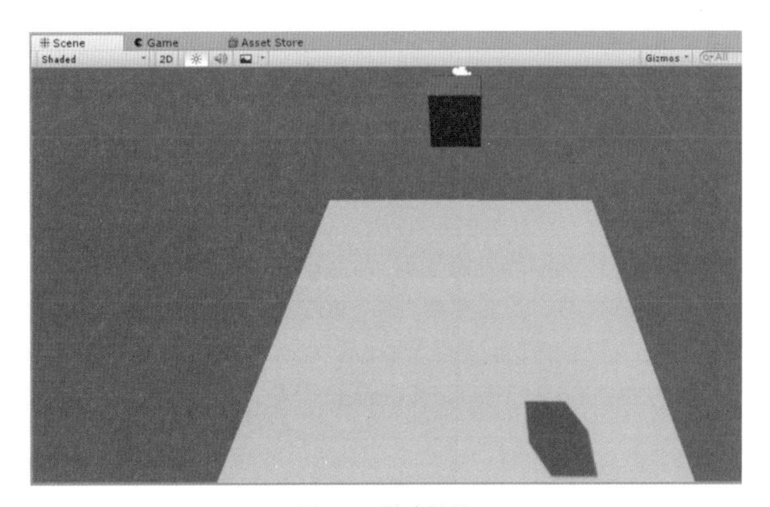

图 6-1　搭建场景

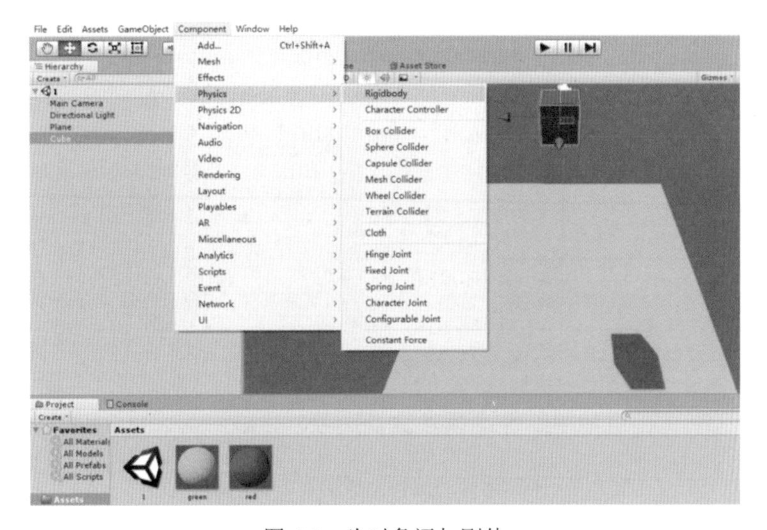

图 6-2　为对象添加刚体

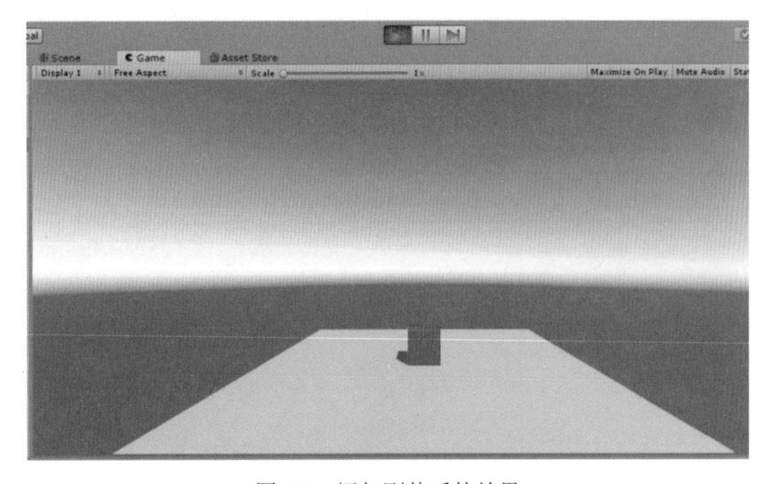

图 6-3　添加刚体后的效果

2. 刚体组件使用注意事项

（1）Parenting：父子级关系。当为一个游戏对象赋予物理属性，使其受物理系统控制时，刚体的运动会随着游戏对象所属的父对象的运动而运动。值得注意的是，虽然游戏对象刚体的运动是跟随父级对象的运动，但其依然会受重力作用的影响而下降。

（2）Animation：动画。当将刚体标记为动力学模式的时候，具有刚体组件的游戏对象就不会受到物理效果的影响，此时便需要对此游戏对象的 Transform 组件属性进行直接操作。可见，动力学刚体会影响其他游戏对象，但其自身并不受到物理系统的影响。

（3）Script：脚本。若利用脚本的方式来为游戏对象添加作用力或扭矩力，则需要在游戏对象的刚体上添加 AddForce() 和 AddTorque() 函数。

6.1.2 刚体属性

Unity 中的游戏对象添加刚体组件后，在其 Inspector 属性面板中会显示 Rigidbody（刚体）相应的属性与参数设置选项，如图 6-4 所示。

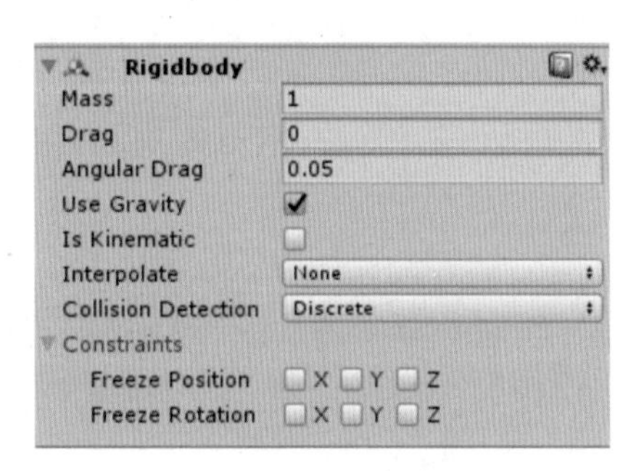

图 6-4 刚体组件的属性面板

Rigidbody（刚体）组件的属性面板参数及选项功能设置见表 6-1。

表 6-1 刚体组件的属性面板参数及选项功能设置

选项英文名	选项中文名	功能
Mass	质量	用于设置游戏对象的质量大小
Drag	阻力	用来设置游戏对象在运动时受到空气阻力的大小。阻力值越大游戏对象运动越慢
Angular Drag	角阻力	用于设置游戏对象受到扭矩力时受到空气阻力的大小。阻力值越大游戏对象运动越慢
Use Gravity	是否使用重力	勾选表示游戏对象会受到重力的影响
Is Kinematic	是否开启动力学	开启动力学后，游戏对象将只能通过 Transform 属性对其控制，不再受物理系统的影响
Interpolate	插值	此选项用于控制刚体运动的抖动情况，共有三个子选项： 1．none：无插值 2．Interpolate：内插值，表示将基于上一帧的 Transform 来平滑此次的 Transform 3．Extrapolate：外插值，表示将基于下一帧的 Transform 来平滑此次的 Transform

续表

选项英文名	选项中文名	功能
Collision Detection	碰撞检测	此选项用于避免较高运动速度的游戏对象无法与其他游戏对象对象发生碰撞，共包括三个子选项： 1. Discrete：离散碰撞检测。此选项为被选中的游戏对象与场景中的其他所有的碰撞体进行碰撞检测 2. Continuous：连续碰撞检测。用于检测被选中的游戏对象与动态碰撞体的碰撞 3. Continuous Dynamic：连续动态碰撞检测。用于连续碰撞模式或动态碰撞模式对象的检测
Constraints	约束	此选项用于约束刚体的运动，包括： 1. Freeze Postion：冻结位置 2. Freeze Rotation：冻结旋转

为了获取或者更改物体的运动状态，Unity 还预留了多个变量接口，这些接口使得运动处理变得相当简单。在 Rigidbody 属性面板中的属性参数基本都可以通过脚本对其进行控制。接下来简单地介绍一下这些属性变量。

1．是否使用重力（useGravity）

useGravity 属性变量表示当前的物体是否受到重力的约束。在开发过程中，灵活地更改此变量可以达到一些特殊的场景要求，比如在外太空环境下的失重状态。可以编写代码实现物体的失重状态，具体代码如下：

```
void Start () {    // 脚本被激活
if (rigidbody.attachedRigidbody) {                              // 此物体包含有刚体组件
    rigidbody.attachedRigidbody.useGravity = false;             // 设置物体不受重力约束
}}
```

2. 冻结旋转（freezeRotation）

freezeRotation 属性变量表示当前物体的旋转是否受到物理定律的约束。通过此变量，可以更改 X、Y、Z 三个方向中的某个方向的旋转约束，以达到开发者要达到的旋转效果，具体语法代码如下：

```
rigidbody.freezeRotation =true;
```

3. 刚体位置（position）

position 属性变量表示了刚体的位置，改变此变量时，引擎会在物理阶段结束后，将物体放置到指定的位置。下面的脚本实现了将物体放置在原点的功能，具体代码如下：

```
void Start () {
  rigidbody = GetComponent<Rigidbody>(); // 获取刚体组件
  rigidbody.position = Vector3.zero;
}
```

提示：这种做法不适用于旋转物体，对于旋转物体可以用 MovePosition 代替。

4. 刚体的旋转（rotation）

rotation 属性变量表示了物体的旋转状态，改变此变量时，引擎会在物理阶段结束后将物体旋转到指定的状态。下面的脚本实现了设置物体无旋转。

```
void Start(){  //脚本被激活
  rigidbody.rotation =Quaternion.identity;          //将物体的旋转状态设置为原始态（无旋转）
}
```

提示：这种做法不适用于旋转物体，对于旋转物体可以使用 MoveRotation 方法代替。

6.1.3 刚体常用方法

在讲解了刚体的属性及变量后，下面来讲解一下 Unity 提供的刚体的相关方法。

1. 给刚体施加力（AddForce）

AddForce 方法被调用时，将会施加给刚体一个瞬时力，物体在力的作用下产生一个初速度，接着物体在初速度的作用下开始运动。下面的代码实现了按住数字 1 键对物体施加竖直向上的力。

```
void FixedUpdate () {
   if (Input.GetKey(KeyCode.Alpha1)) {
      rigidbody.AddForce(new Vector3(0f, 10f, 0f)); // 沿 Y 轴正方向施加力
   }
}
```

提示：AddForce 方法尽量不要用在 Update 方法中，因为这样的方法在 Update 中会被不停地调用（与被调用一次不同），这是模拟了一种加速度的效果。

2. 给刚体施加扭矩力（AddTorque）

AddTorque 方法被调用时，将会施加给刚体一个扭矩力，使得物体沿着指定的某个轴上的力旋转。下面的代码实现了按住数字 1 键使得物体沿着 Y 轴旋转。

```
void FixedUpdate () {
   if (Input.GetKey(KeyCode.Alpha1)) {
      rigidbody.AddTorque(new Vector3(0f, 10f, 0f)); // 沿 Y 轴旋转
   }
```

3. 在指定位置给刚体施加力（AddForceAtPosition）

AddForceAtPosition 方法可以在指定的位置给刚体对象施加力，使得物体在产生位置变化的同时也能发生角度的旋转。下面的代码实现了按住数字 1 键，使得物体在受力上升的过程中也发生了旋转运动。

```
void FixedUpdate () {
   if (Input.GetKey(KeyCode.Alpha1)) {
      rigidbody.AddForceAtPosition(new Vector3(0f, 10f, 0f),newVector3(0.5f, 0.5f, 0.5f));
```

```
    // 在物体指定位置施加 Y 轴向上的力
  }
```

4. 给刚体施加爆炸力（AddExplosionForce）

AddExplosionForce 方法被调用时，将会给刚体施加一个爆炸力，使得物体产生爆炸，同时也会对周围的游戏对象产生影响。下面的代码实现了按住数字 1 键，使得物体在世界坐标原点产生爆炸力。

```
void FixedUpdate () {
  if (Input.GetKey(KeyCode.Alpha1)) {
    rigidbody.AddExplosionForce(1500f,Vector3.zero,4f);// 在坐标原点位置施加指定单位大小的爆炸力
  }
```

5. 移动刚体位置（MovePosition）

MovePosition 方法被调用时，会使刚体按照参数移动到某个位置，具体用法代码如下：

```
private Vector3 speed=new Vector3(0f,0f,3f);
void FixedUpdate () {
  rigidbody.MovePosition(rigidbody.position + speed * Time.deltaTime);  // 按照 speed 速度平移刚体
}
```

6. 旋转刚体（MoveRotation）

MoveRotation 方法被调用时，会使刚体按照参数旋转到某个方位，具体用法代码如下：

```
public Vector3 eulerAngle = new Vector3(0f, 100f, 0f);
private Quaternion deltaRotation;
void FixedUpdate () {
  deltaRotation = Quaternion.Euler(eulerAngle * Time.deltaTime);
  rigidbody.MoveRotation(rigidbody.rotation * deltaRotation);  // 以 eulerAngle 为角速度旋转
}
```

6.2 碰撞器

在游戏制作的过程中，游戏对象要根据游戏的需要进行物理属性的交互。Unity 的物理组件为游戏开发者提供了碰撞器组件。碰撞器是物理组件的一类，它与刚体一起促使碰撞的发生。

6.2.1 碰撞器的类型

Unity 为游戏开发者提供了多种类型的碰撞器，如图 6-5 所示。

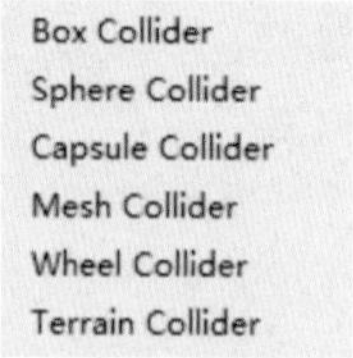

Box Collider
Sphere Collider
Capsule Collider
Mesh Collider
Wheel Collider
Terrain Collider

图 6-5　碰撞器类型

1. Box Collider：盒碰撞器

盒碰撞器是一个基本的方形碰撞器原型，可以被调整成不同大小的长方体，能够很好地用于门、墙、平台等，也能够用于角色的躯干或车辆等交通工具的外壳。一般来说，盒碰撞器都是用于较规则的物体上，恰好将所作用的对象的主要部分包裹住。因此，适当地使用该碰撞器可以减少物理计算、提高性能。

2. Sphere Collider：球形碰撞器

球形碰撞器是一个基本的球形碰撞器原型，在三维中可以均等地调节大小，但不能只改变某一维。适合于落石、乒乓球、弹球等。

3. Capsule Collider：胶囊碰撞器

胶囊碰撞器由一个圆柱体连接两个半球体组成，是一个胶囊状碰撞器原型。胶囊碰撞器的半径和高度都可以单独调节，可用于角色控制器，或者和其他碰撞器结合用于不规则的形状。

4. Mesh Collider：网格碰撞器

网格碰撞器利用一个网格资源并在其上构建碰撞器。对于复杂网状模型上的碰撞检测，它要比应用原型碰撞器精确得多。其通过附加在游戏对象上的网格构建碰撞效果，并严格按照所附加对象的 Transform 属性来设定其位置和大小比例。

5. Wheel Collider：车轮碰撞器

车轮碰撞器是一个特殊的地面车辆碰撞器。其具有内置的碰撞检测、车轮物理引擎和一个基于滑动的轮胎摩擦模型。它是专门为有轮子的车辆设计的，当然，也可以用于其他对象。车轮的碰撞检测是通过自身中心向外投射一条 Y 轴方向的射线来实现的。

6. Terrain Collider：地形碰撞器

地形碰撞器主要作用于地形与其上的物体之间的碰撞。给地形加上地形碰撞器可以防止添加了刚体属性的对象无限地往下落。

提示：实际开发中常常将多种碰撞器组合来使用，这样可以保证碰撞的真实性。

6.2.2　碰撞器的使用

在 Unity 物理组件的使用过程中，碰撞器需要与刚体一起添加到游戏对象上才能触发碰撞。因此，在游戏制作的过程中，没有添加刚体组件的碰撞器也会相互穿过。

碰撞器的基本使用方法如下：

（1）选中相应的游戏对象，打开菜单栏的 Component → Physics 选项，可为游戏对象添加不同类型的碰撞器。

（2）需要注意的是，游戏对象物理效果的产生是碰撞器和刚体共同作用的结果。刚体一定要绑定在被碰撞到的对象上才能产生碰撞效果，而碰撞器则不需要一定绑定刚体。

6.2.3 碰撞事件

在游戏开发过程中，碰撞事件的发生需要以下条件：

（1）发生碰撞的两个物体都必须带有 Collider 组件。

（2）发生碰撞的两个物体至少有一个带有刚体。

（3）发生碰撞的两个物体必须有相对运动。

碰撞器是由一个名为 Collider 的类控制的，该类继承自 Component 类，所以它也是一种组件。在该类中提供了三个函数，分别是 OnCollisionEnter、OnCollisionExit 和 OnCollisionStay。在 Unity 中，函数名的第一个单词为 On 的函数是一种基于事件触发的函数，在必要的时候需要开发者重写该函数，而函数的调用由某一个事件的触发而被调用，用户不需要手动去调用它。三个函数的说明见表 6-2。

表 6-2 碰撞事件函数说明

函数名	参数类型	功能说明
OnCollisionEnter	Collision（发生碰撞事件时系统传入被碰撞对象的碰撞信息）	该碰撞器刚开始碰撞另外的碰撞器时被调用
OnCollisionExit		该碰撞器停止与另外的碰撞器碰撞时被调用
OnCollisionStay		该碰撞器与另外的碰撞器保持接触时，在每一帧被调用

下面通过一个简单的案例来说明三个碰撞事件函数的使用方法。

【例 6-1】碰撞事件运用。

（1）首先创新工程文件 Chap06，新建场景及对象。创建一个 Plane，右键 Inspector 视图的 Transform 组件，选择 Reset 命令，将对象 Transform 属性重置，然后将 Scale 属性里面的 X 轴和 Z 轴的值改为 5，并赋予绿色材质球；

（2）创建一个 Cube1，同样重置其 Transform 属性值，将 Position 中的 Y 轴的值设为 0.5，使其刚好和地面接触，并赋予红色材质球；同样的方法创建一个 Cube2，赋予蓝色材质球。完成后的场景如图 6-6 所示。

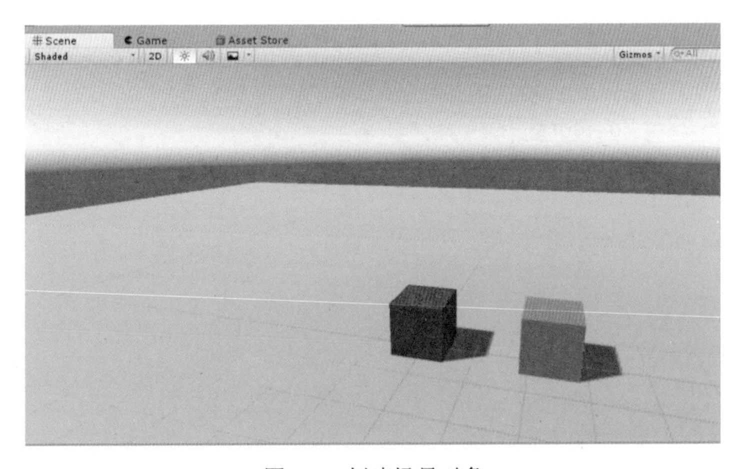

图 6-6 创建场景对象

（3）在红色 Cube1 对象上添加刚体组件，并添加 C# 脚本对象 Test2。双击 Test2 在脚本编辑器中打开该脚本对象，在脚本编辑器中编写以下的代码。

```
void OnCollisionEnter(Collision other){
    print (" 碰撞开始 ");
}
```

（4）保存代码。回到 Unity 场景中，运行场景，在 Console 面板中将输出“碰撞开始”信息，如图 6-7 所示。这是因为 Cube1 上面有刚体组件，运行时已经和地面接触，发生了碰撞检测，触发了碰撞事件。

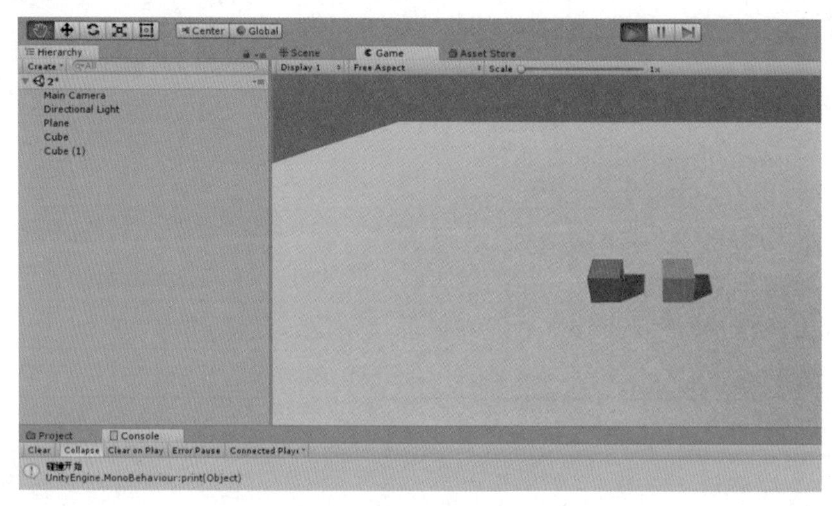

图 6-7　第一次碰撞检测

（5）此时再单击 Scene 回到场景视图中，选中红色 Cube1，移动使其与蓝色 Cube2 发生接触碰撞，这时在 Console 面板中会继续输出“碰撞开始”信息，如图 6-8 所示。

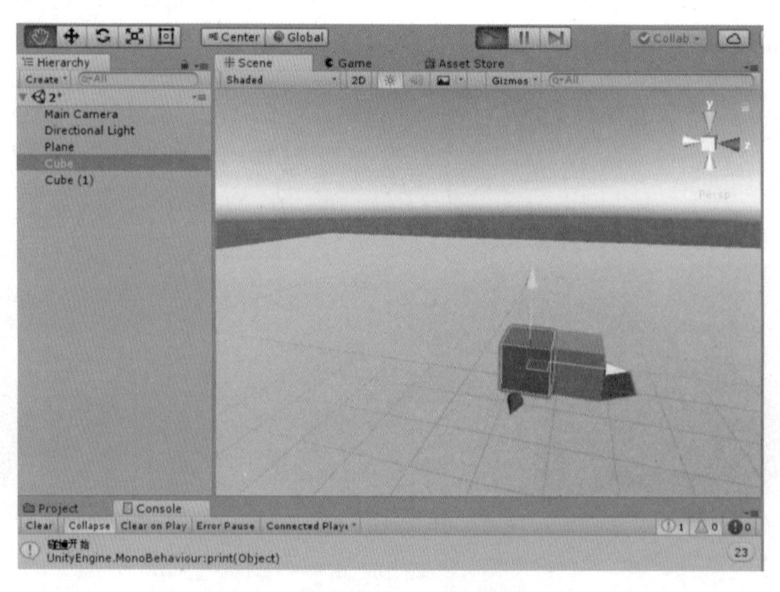

图 6-8　两个 Cube 对象碰撞检测

（6）打开脚本编辑器，继续输入代码如下：

```
void OnCollisionExit(Collision collision){
  print(" 碰撞结束 ");
}
```

（7）保存代码。返回 Unity 场景中，继续运行场景。单击 Scene 返回场景视图，选中红色 Cube1，使其脱离地面或与蓝色 Cube2 分开时，都会触发上述函数，输出“碰撞结束”信息，如图 6-9 所示。

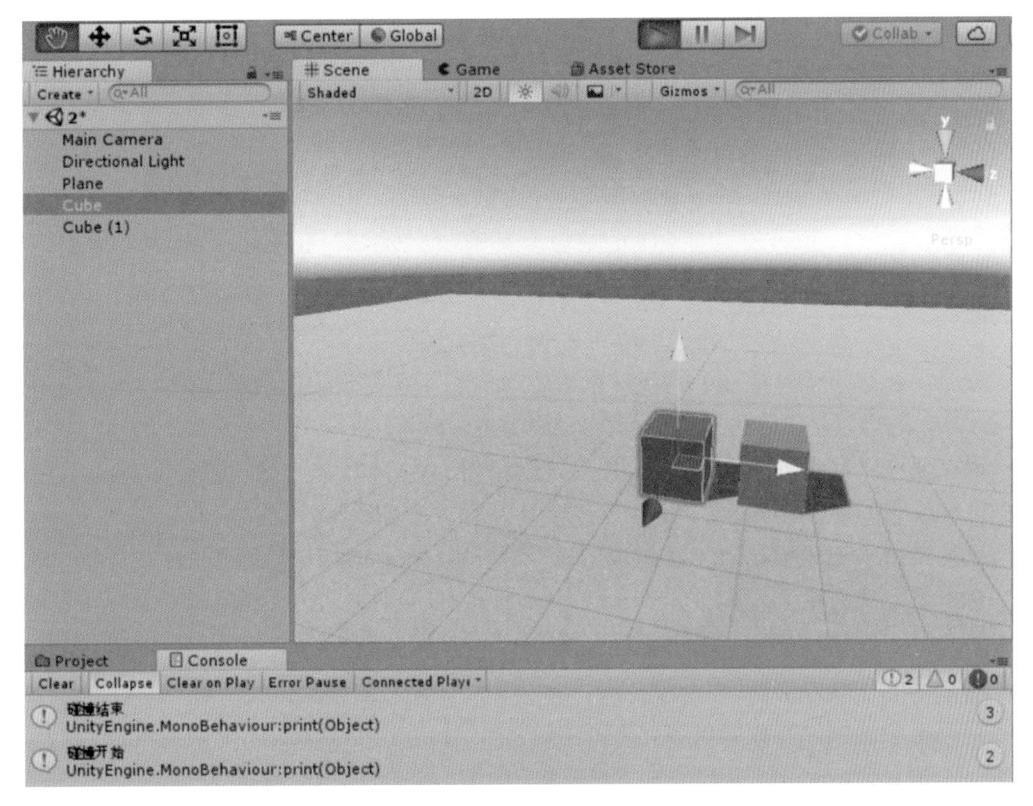

图 6-9　检测碰撞结束

（8）在脚本编辑器中，继续添加代码，用以检测碰撞到的对象是不是蓝色 Cube2，如果是，就输出“碰撞进行中…”，不检测与地面的碰撞接触，代码如下：

```
void OnCollisionStay(Collision collision) {
  if (string.Equals("Cube2", collision.gameObject.name)) {
    print(" 碰撞进行中 ...");
  }
}
```

（9）保存代码，返回 Unity 场景中，运行场景。单击 Scene 返回场景视图，选中红色 Cube1，在地面来回移动 Cubel 时不会触发碰撞持续事件，移动 Cubel 与蓝色 Cube2 接触并持续摩擦时，Console 面板会不断输出“碰撞进行中…”，如图 6-10 所示。

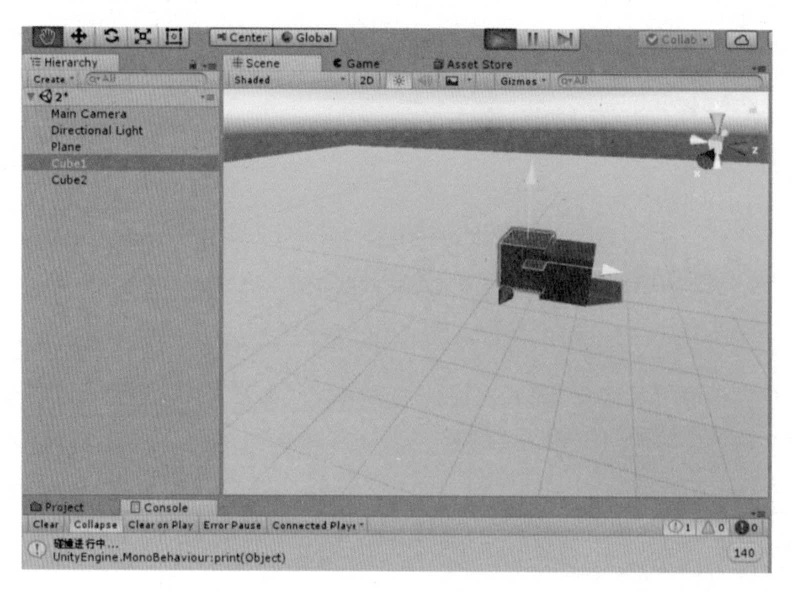

图 6-10　检测与指定对象的持续碰撞

6.2.4　触发器

前面了解到的碰撞器用于游戏对象的碰撞检测，它主要的作用是阻挡游戏对象，还提供基于碰撞事件的函数，根据碰撞的状态来调用这些函数。如果现在要取消碰撞器的作用，保留基于碰撞事件函数的功能，最简单的方法便是把碰撞器设置成触发器（Trigger）。

触发器技术和碰撞器技术在游戏的开发中占据着很大的比重。比如游戏场景中设置了一个地雷，并不是游戏角色走到地雷正上方地雷才爆炸，而是当在地雷周围一定半径内就要检测到有角色靠近，这时就要用到触发器。只要有人物或角色靠近地雷区域，就触发地雷爆炸。触发器就是一个区域，该区域的形状类型与碰撞器区域的形状类型是相同的。把某个区域设置成触发器区域很简单，只要为该区域添加一个碰撞器，并把碰撞器面板中的 Is Trigger 属性勾选上，如图 6-11 所示。

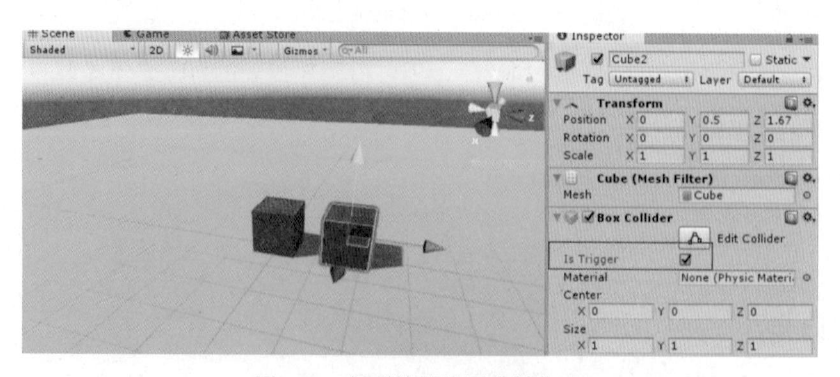

图 6-11　把碰撞器设置成触发器

使用触发器关键在于掌握触发器的三个基本的触发事件的函数，分别是 OnTriggerEnter、OnTriggerExit、OnTriggerStay，这三个函数的具体说明见表 6-3。

表 6-3　触发事件函数说明

函数名	参数类型	功能说明
OnTriggerEnter	Collider（与该触发器相互作用的碰撞器对象引用）	某个碰撞器刚进入该触发器区域时调用
OnTriggerExit		某个碰撞器离开该触发器区域时调用
OnTriggerStay		某个碰撞器停留在该触发器区域中时调用

【例 6-2】使用例 6-1 的场景对象，利用触发事件函数实现功能。

（1）在 Unity 场景视图中，选中蓝色 Cube2 对象，将其 Scale 选项的 X 轴和 Z 轴稍微调大一些，便于观察触发情形，如图 6-12 所示。

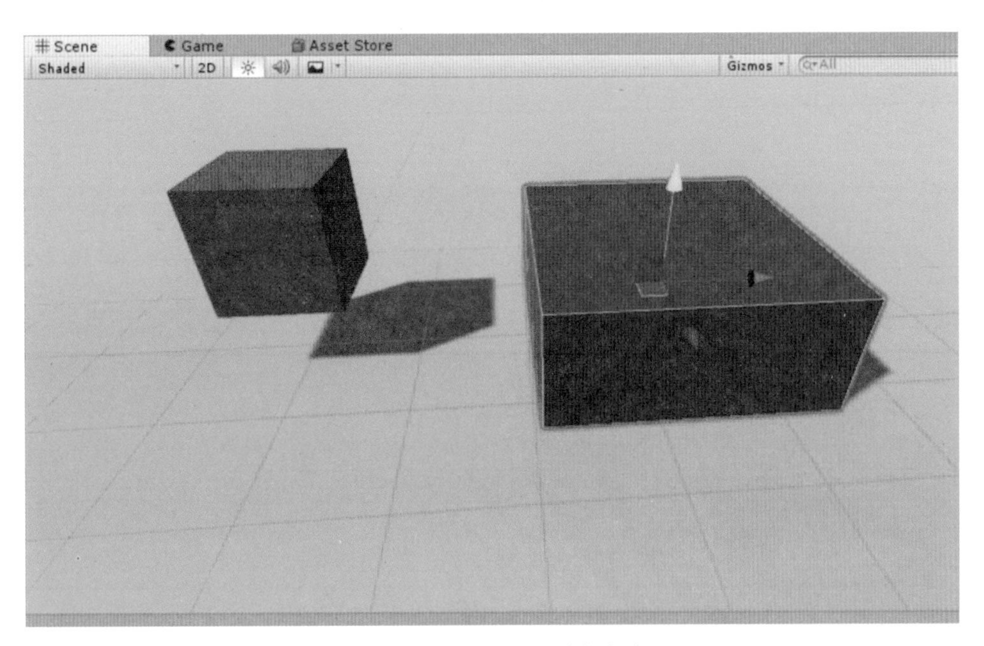

图 6-12　调整触发区域的大小

（2）将蓝色 Cube2 对象的 Inspector 视图中 Box Collider 面板中的 Is Trigger 属性勾选上，将其设置为触发区域，如图 6-13 所示。

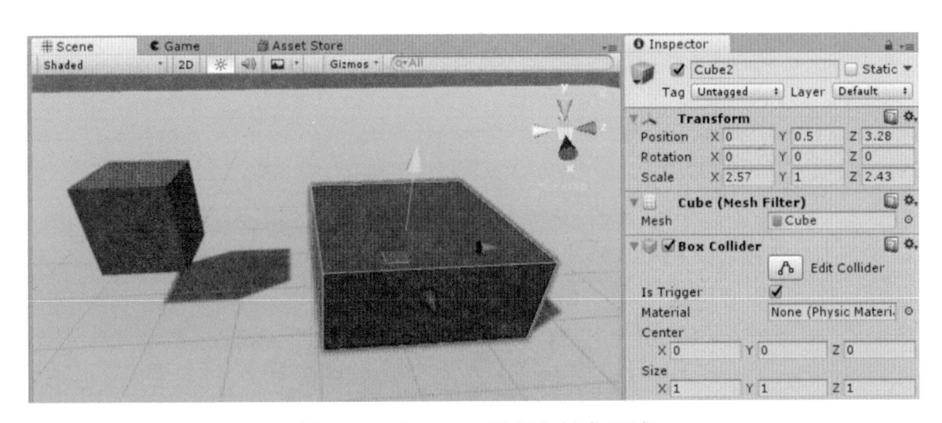

图 6-13　将 Cube2 设置为触发区域

（3）双击 Project 视图中的 Test2 文件，在脚本编辑器中打开该文件。编辑以下代码，处理对象进入雷区时的提示信息。

```
private void OnTriggerEnter(Collider other)
{
  print(" 已经进入雷区 ");
}
private void OnTriggerStay(Collider other)
{
  print(" 持续待在雷区，很危险 ");
}
private void OnTriggerExit(Collider other)
{
  print(" 离开雷区，已经安全 ");
}
```

（4）返回 Unity 中，运行场景，单击 Scene 返回场景视图。选中红色 Cube1，试着将其移动到蓝色 Cube2 对象上，刚一接触时就触发了第一个函数，Console 面板上会打印出“已经进入雷区”的信息；然后停住不动，此时则会持续调用第二个函数，在 Console 面板上打印出“持续待在雷区，很危险”的信息；慢慢地移动对象，使其逐渐离开蓝色 Cube2，只有完全分开后，才会触发调用第三个事件函数，在 Console 面板上打印出“离开雷区，已经安全”的信息，如图 6-14 和图 6-15 所示。

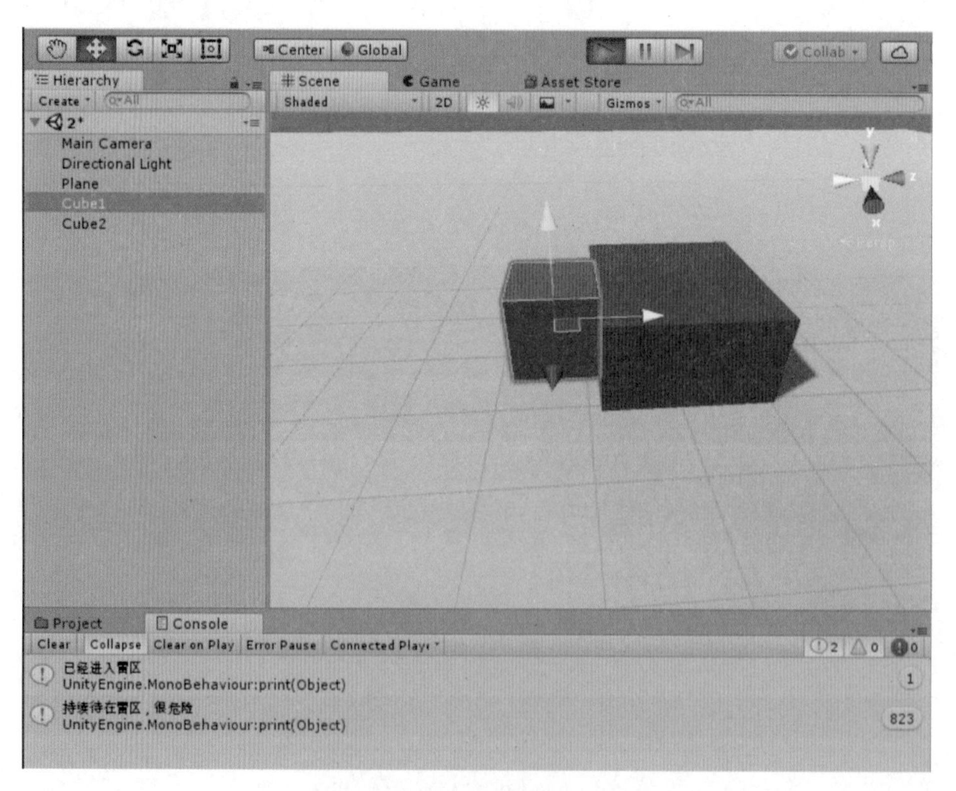

图 6-14　进入并待在触发区域

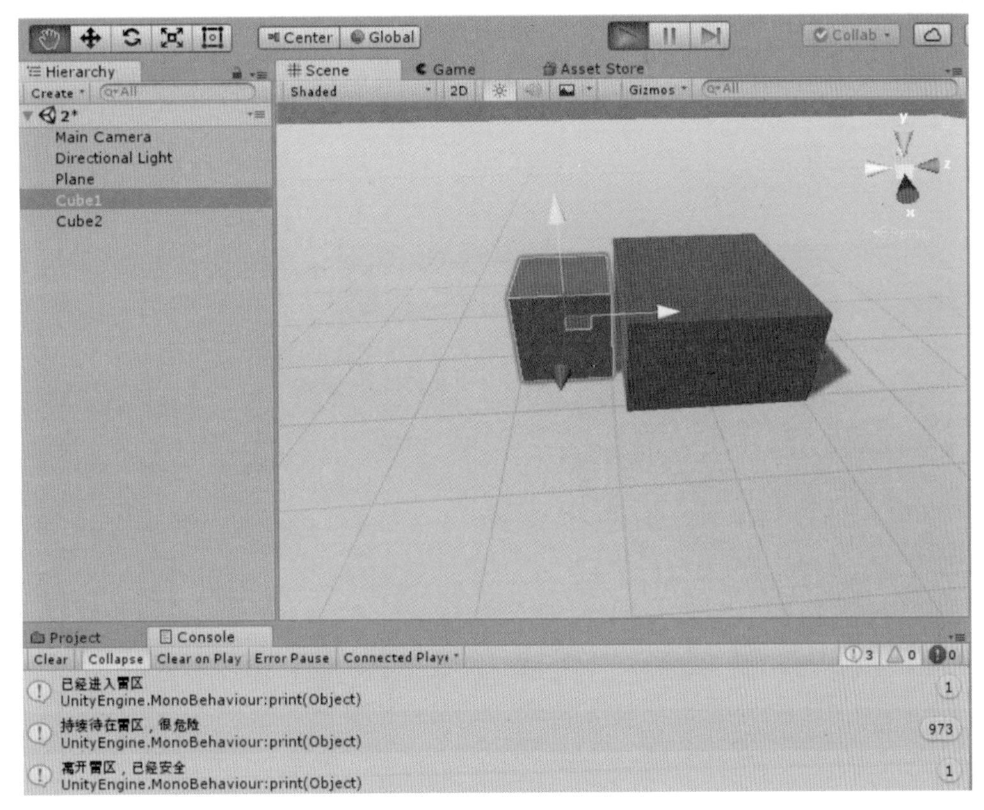

图 6-15　离开触发区域

（5）同碰撞器一样，也可以设置触发器的区域范围。选中场景中的蓝色 Cube2，将其 Inspector 视图中的 Box Collider 面板中的 Size 属性的 X 轴和 Z 轴值设为 2，使其触发区域扩大，如图 6-16 所示。

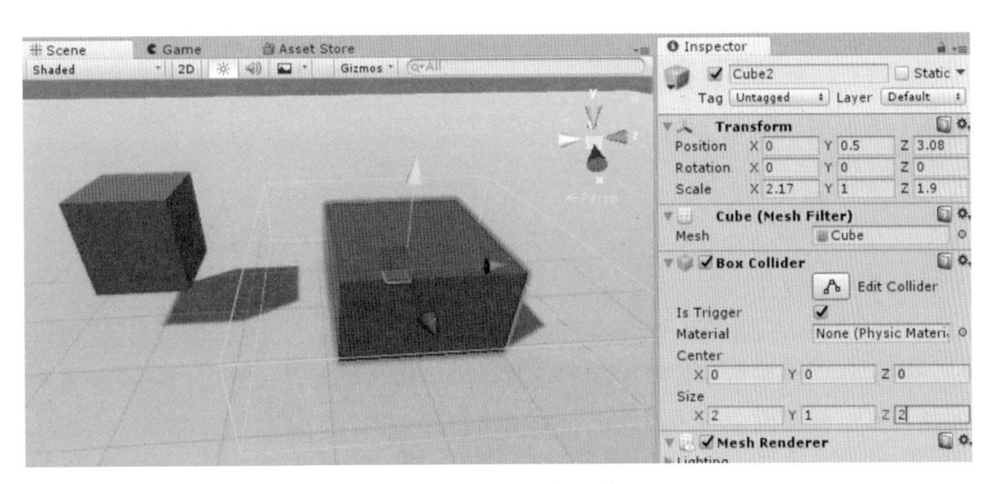

图 6-16　扩大触发区域

（6）再次运行场景，返回场景视图，选中红色 Cube1 并使其往蓝色 Cube2 对象附近移动，虽然两者没有完全靠拢，但已经进入设定的触发区域，同样可以触发相应的事件函数，如图 6-17 所示，这在实际应用中是经常使用的。

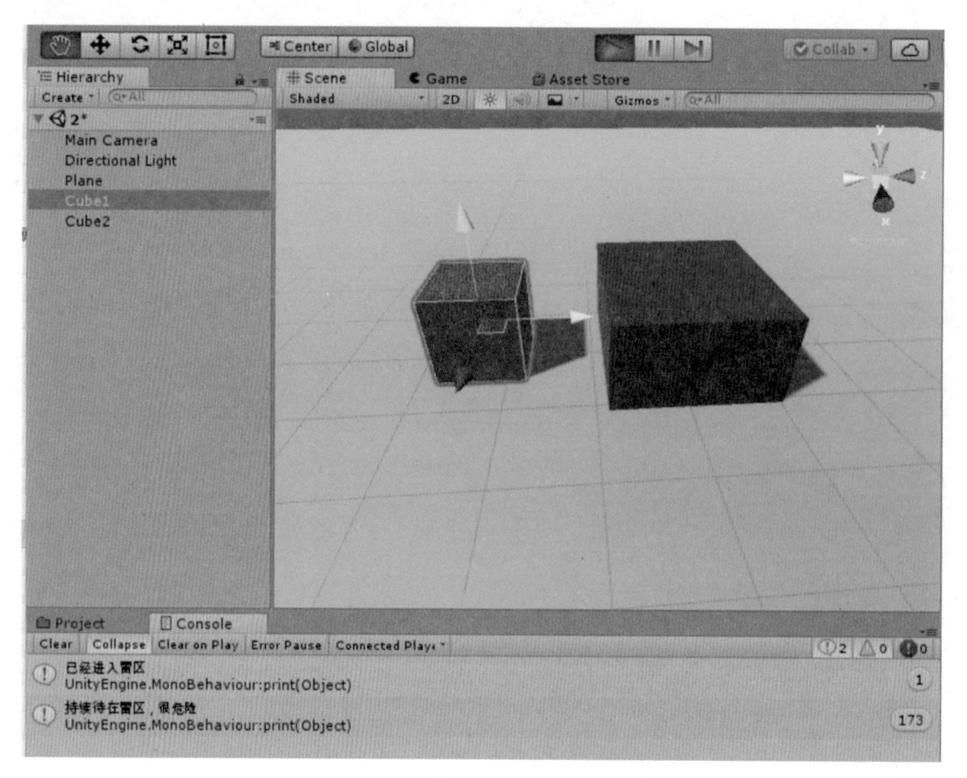

图 6-17　进入扩大的触发区域

6.3　物理材质

在现实生活中，每种质地的物体的物理属性是有区别的，例如质量、摩擦力、反弹系数等。所以 Unity 提供了一种称为物理材质的功能，使用物理材质可以控制物体的摩擦力、反弹系数等属性的设置。物理材质是一种资源，而不是一种组件。需要注意的是，物理材质是赋值给对象上的碰撞器中的 Physic Material 属性的，所以当游戏对象没有碰撞器时，需要先为其添加一个碰撞器组件。

6.3.1　反弹系数

物理材质中的反弹系数用于控制物体与其他物体碰撞时所消耗的能量。在物理理论中，假如有一个垂直自由落体的物体与地面发生碰撞，如果碰撞时能量不消耗，那么物体会重新反弹到原来的位置上；当有碰撞能量消耗时，随着碰撞反弹次数的增加，其反弹高度会越来越小，直到最后停止运动。下面介绍为对象添加物理材质并使用它的反弹系数来认识它的用法。

【例 6-3】物理材质中反弹系数的运用。

（1）在例 6-1 中创建的工程文件 Chap06 中，新建 Physic Material 场景，在该场景中创建一个 Plane 和一个 Sphere，给 Sphere 对象添加刚体组件，移动使其悬浮起来。应用前面创建的材质球，使其有相应的颜色区分，如图 6-18 所示。

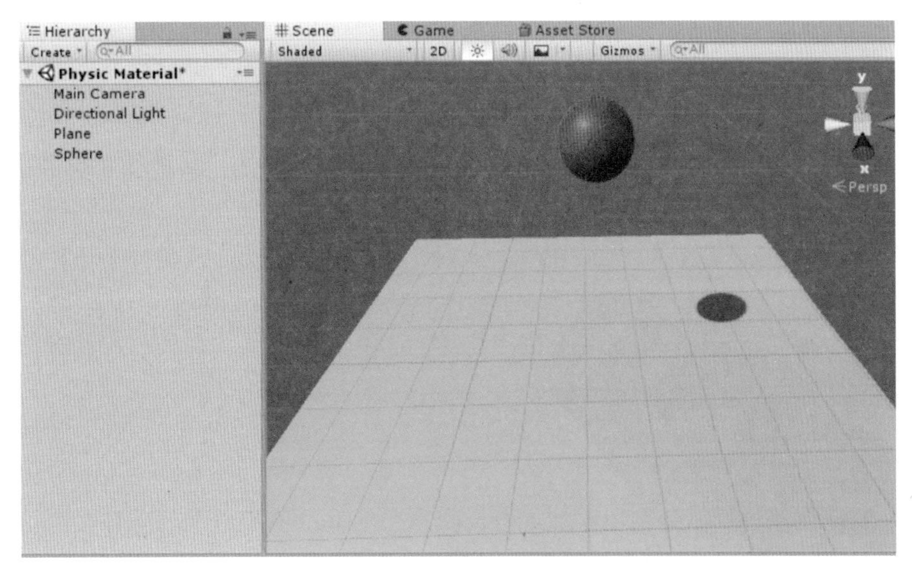

图 6-18 创建场景对象

（2）在 Project 视图中，单击鼠标右键，在弹出的下拉菜单中选择 Create → Physic Material 命令，新建一个物理材质资源，并把资源命名为 Ball，如图 6-19 所示。

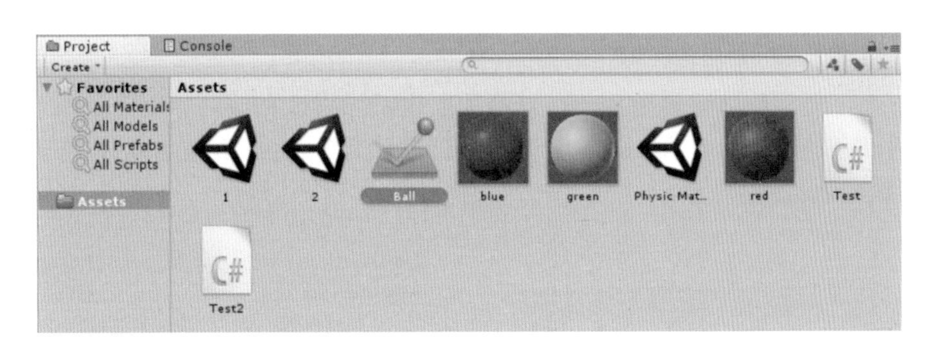

图 6-19

（3）在场景中选择 Sphere 对象，在 Inspector 视图中显示该对象的 Sphere Collider 属性面板，接着把 Ball 资源拖到 Sphere Collider 的 Material 属性中。也可以直接将 Ball 资源拖拽到场景中的 Sphere 对象上，如图 6-20 所示。

（4）在 Project 视图中选择 Ball，在 Inspector 视图中显示 Ball 的属性面板，如图 6-21 所示。

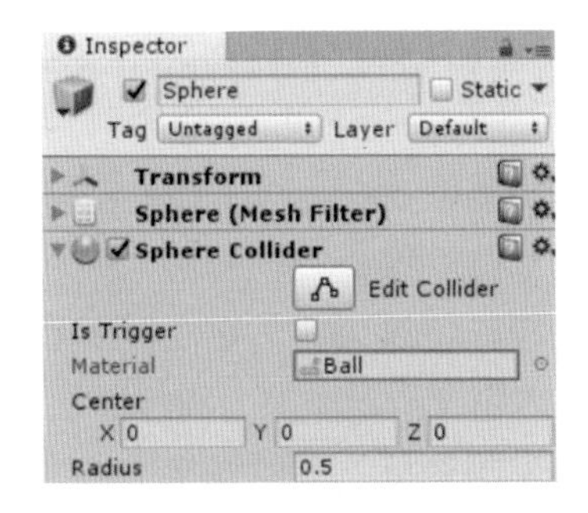

图 6-20 为碰撞器添加物理材质

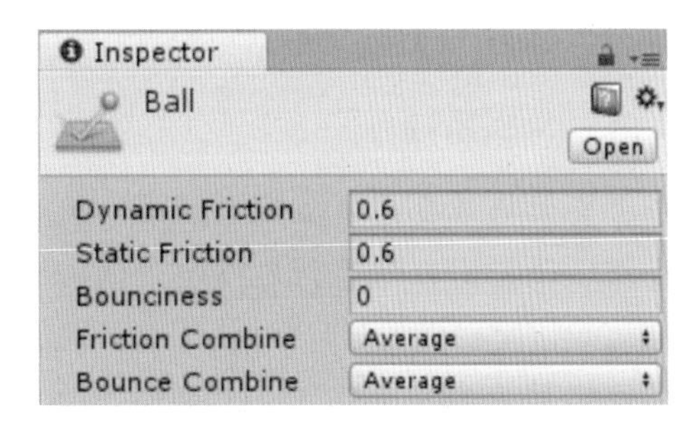

图 6-21 物理材质属性面板

其属性列表中的各参数说明如下：

- Dynamic Friction：滑动摩擦力，是物体移动时的摩擦力。取值为 0 到正无穷，当值为 0 时的效果像冰，值越大摩擦力越大。
- Static Friction：静摩擦力，物体在表面静止时的摩擦力。取值为 0 到正无穷，当值为 0 时没有摩擦力，值越大移动起来越困难。
- Bounciness：表面的弹力。值为 0 时不发生反弹，值为 1 时反弹不损耗能量。
- Friction Combine：定义两个碰撞物体的摩擦力如何相互作用。
- Bounce Combine：定义两个碰撞物体的相互反弹模式，种类与相互摩擦力模式一样。

（5）将 Ball 的 Inspector 视图中的属性面板上的 Bounciness 值设为 0.9，其他属性先保持默认值，如图 6-22 所示。

（6）运行游戏场景，会发现添加了有反弹系数的 Ball 物理材质的球体接触地面之后会反弹起来，直到最后能量消耗完，静止下来。

（7）在 Ball 物理材质中虽然设置了 Bounciness 的值为 0.9，但是反弹效果是需要两个对象的碰撞才能产生的，这里是球体和地面的碰撞。由于地面没有添加物理材质，所以它的默认反弹系数是 0。但物理材质的 Bounciness Combine 值设置为 Average（平均值），这表示两个物体的反弹系数实际为 0.45。所以球体碰到地面后，反弹效果并不明显，因为要消耗能量，所以最终很快停止下来。

（8）为了要使物体反弹更高，可以给地面也添加物理材质，并设置反弹系数。用同样的方法创建物理材质 Ground，并设置其反弹系数 Bounciness 值为 0.5，将其拖拽到 Plane 对象上，如图 6-23 所示。

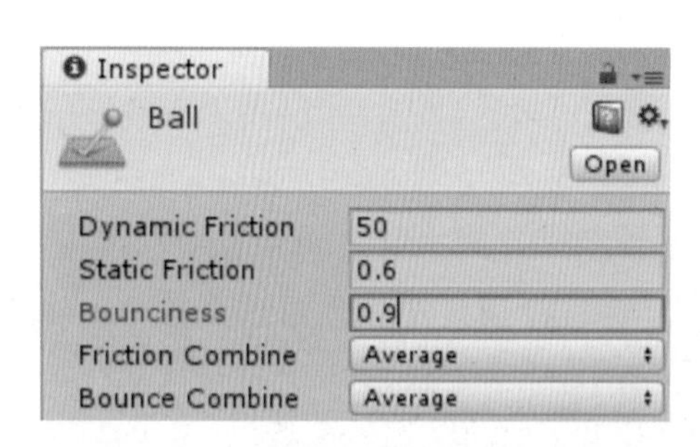

图 6-22　设置物理材质的反弹系数

图 6-23　为 Plane 添加物理材质

（9）再次运行场景，现在会发现小球落下后反弹效果明显。

6.3.2　摩擦系数

由于任何物体都不可能完全光滑，所以或多或少都会有摩擦力的存在。在物理概念中，摩擦力是当两个接触的物体表面存在正压力时，阻止两个物体进行相对运动的切向阻力。在游戏场景的物理模拟中，摩擦力包含滑动摩擦力和静摩擦力两种。滑动摩擦力是一个物体在另一个物体表面上滑动时产生的摩擦，此时摩擦力的方向与物体相对运动的方向相反；静摩擦力是一个物体相对另一个物体来说有相对运动趋势，但没有相对运动时产生的摩擦，它随推力的增大而增大，但不是无限地增大，当推力增大到超过最大静摩擦力时，物体就开始运动起来，同时其摩擦力变为滑动摩擦力。

接下来通过例子来展示摩擦力的作用。

【例 6-4】物理材质摩擦力的运用。

（1）打开 Chap06 工程文件，新建场景 FrictionTest，在场景中创建一个 Plane，并将 Transform 组件里的 Rotation 属性的 X 值设为 30，使其成为一个斜面，并将前面创建的绿色材质球附上，如图 6-24 所示。

图 6-24　创建斜面

（2）创建三个立方体，创建不同贴图的材质球赋予三个立方体，并分别命名为 WoodCube、IceCube 和 MetalCube，将其置于斜面的上方，如图 6-25 所示。

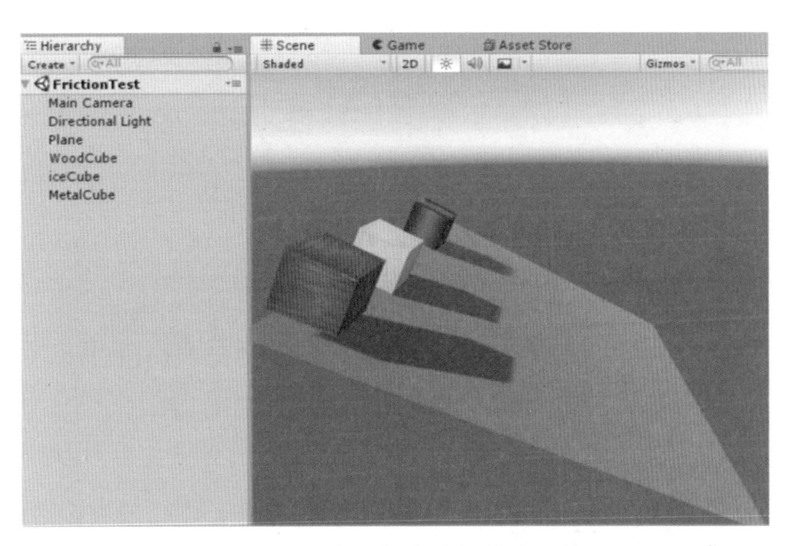

图 6-25　创建三个不同材质的立方体

（3）给三个立方体分别添加刚体组件。运行场景，这三个立方体落在斜面上并不会往下滑，因为没给它们添加物理材质，它们的摩擦系数都是最大的。

（4）在 Project 视图中创建三个物理材质，分别命名为 Wood、Ice 和 Metal，并设置它们的参数，如图 6-26 所示。

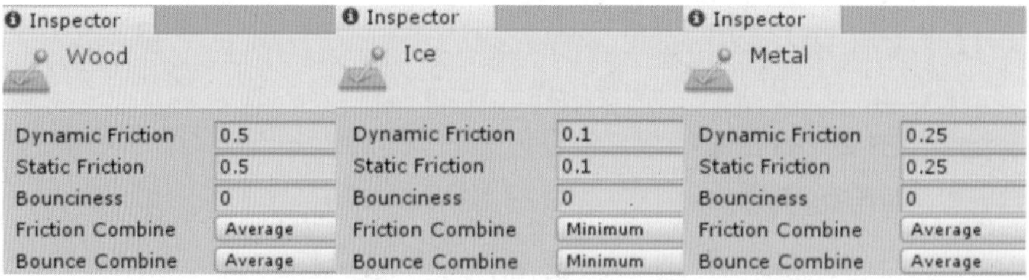

Inspector
Wood
Dynamic Friction 0.5
Static Friction 0.5
Bounciness 0
Friction Combine Average
Bounce Combine Average
Inspector
Ice
Dynamic Friction 0.1
Static Friction 0.1
Bounciness 0
Friction Combine Minimum
Bounce Combine Minimum
Inspector
Metal
Dynamic Friction 0.25
Static Friction 0.25
Bounciness 0
Friction Combine Average
Bounce Combine Average

图 6-26　Wood、Ice 和 Metal 物理材质属性设置

（5）分别把这三个物理材质赋值给场景中的 WoodCube、IceCube 和 MetalCube 对象中碰撞器属性中的 Material 属性，如图 6-27 所示。

Inspector
WoodCube
Static
Tag Untagged Layer Default
Transform
Cube (Mesh Filter)
Box Collider
Edit Collider
Is Trigger
Material Wood
Center
X 0 Y 0 Z 0
Size
X 1 Y 1 Z 1
Inspector
iceCube
Static
Tag Untagged Layer Default
Transform
Cube (Mesh Filter)
Box Collider
Edit Collider
Is Trigger
Material Ice
Center
X 0 Y 0 Z 0
Size
X 1 Y 1 Z 1
Inspector
MetalCube
Static
Tag Untagged Layer Default
Transform
Cube (Mesh Filter)
Box Collider
Edit Collider
Is Trigger
Material Metal
Center
X 0 Y 0 Z 0
Size
X 1 Y 1 Z 1

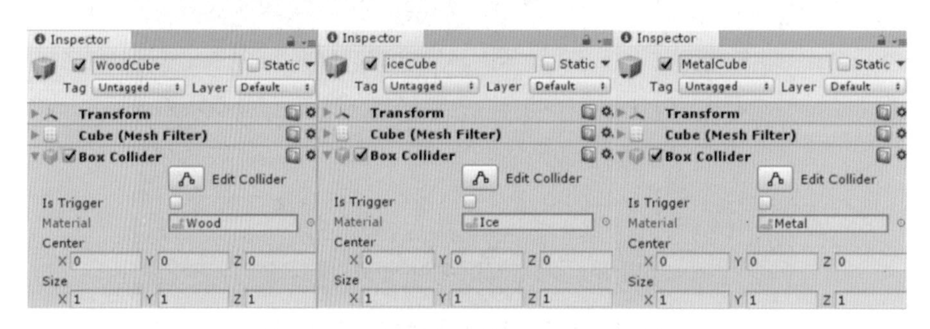

图 6-27　将物理材质赋值给 Material 属性

（6）最后也为斜面赋值 Metal 物理材质。

（7）运行场景，可以发现，摩擦系数最小的 IceCube 下滑的速度最快，接着是 MetalCube，速度最慢的是 WoodCube，如图 6-28 所示。

Center
Global
Scene
Game
Asset Store
Shaded
2D
Gizmos
All

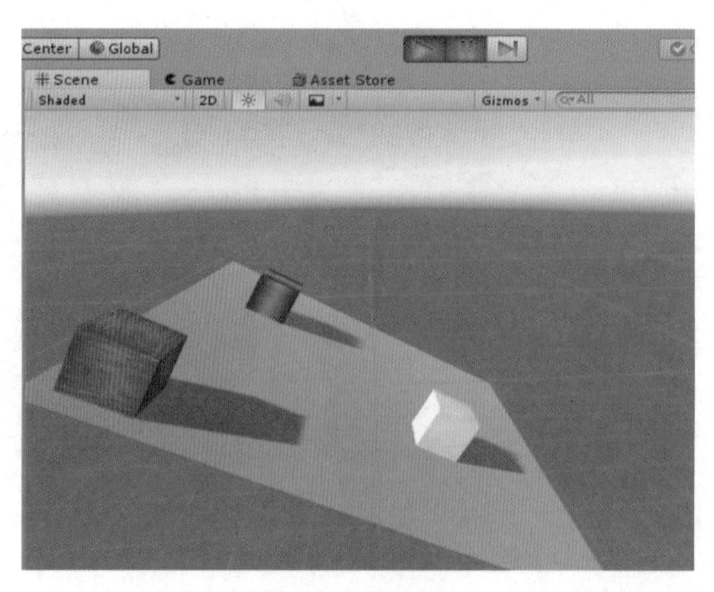

图 6-28　最后效果

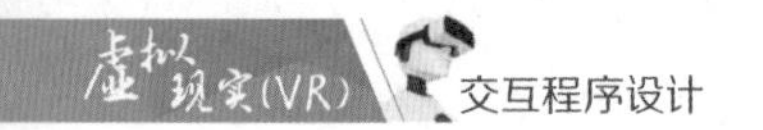

6.4 射线

前面介绍过，刚体与刚体、刚体与碰撞器之间的碰撞都有一些共同的特点，那就是碰撞的物体之间发生了实际的接触。在 Unity 中还提供了一种射线检测的方式，使用此种方式用户可以使用一条看不见的具有一定长度的射线来检测是否与其他的碰撞器之间发生了接触。这种功能的实现是通过物理类中的 Raycast 函数来实现的。射线就是从一个点往一个方向发射一根无限长的射线，这根射线与场景中其余的游戏物体的碰撞器组件发生碰撞时，射线即结束。由于射线可以与物理组件 Collider 相交互，所以射线也被称为“物理射线”。

6.4.1 创建射线

Ray 射线类和 RaycastHit 射线投射碰撞信息类是两个最常用的射线工具类。

创建一条射线 Ray 需要指明射线的起点（origin）和射线的方向（direction），这两个参数也是 Ray 的成员变量。注意，射线的方向在设置时如果未单元化，Unity 会自动进行单位归一化处理。

（1）射线 Ray 的构造函数为：public Ray(Vector3 origin,Vector3 direction);。

（2）RaycastHit 类用于存储发射射线后产生的碰撞信息，常用的成员变量如下：

1）collider：与射线发生碰撞的碰撞器。

2）distance：从射线起点到射线与碰撞器的交点的距离。

3）normal：射线射入平面的法向量。

4）point：射线与碰撞器交点的 Vector3 坐标。

（3）Physics.Raycast 静态函数，用于在场景中发射一条可以和碰撞器碰撞的射线，其相关用法如下：

1）public static bool Raycast(Vector3 origin,Vector3 direction,float distance=Mathf.Infinity ,intlayerMask=DefaultRaycastLayers);

当射线与碰撞器发生碰撞时返回值为 true，未穿过任何碰撞器时返回值为 false。

2）public static boolRaycast(Vector3 origin,Vector3 direction,RaycastHit hitInfo,float distance =Mathf.Infinity,int layerMask = DefaultRaycastLayers);

这个重载函数定义了一个碰撞信息类 RaycastHit，在使用时通过 out 关键字传入一个空的碰撞信息对象。当射线与碰撞器发生碰撞时，该对象将被赋值，可以获得的碰撞信息包括 transform、rigidbody、point 等；如果未发生碰撞，该对象为空。

3）public static boolRaycast(Ray ray, float distance = Mathf.Infinity, int layerMask =DefaultRaycastLayers);

这个重载函数使用已有的一条射线 Ray 作为参数。

4）public static boolRaycast(Ray ray, RaycastHit hitInfo, float distance = Mathf.Infinity, intlayerMask = DefaultRaycastLayers);

这个重载函数使用已有的射线 Ray 作为参数并获取碰撞信息类 RaycastHit。

（4）在调试时如果想显示一条射线，可以使用 Debug.DrawLine 来实现。

public static void DrawLine(Vector3 start, Vector3 end, Color color);

只有当发生碰撞时，在 Scene 视图中才能看到画出的射线。

【例 6-5】创建并显示射线。

（1）在工程项目 Chap06 文件中，新建场景 RayCreate。

（2）在场景视图中创建一个 Plane 对象，并将其放置在摄像机的正下方。

（3）在 Project 视图的 Script 文件夹中，创建一个新的 C# 脚本文件 CreateRay，并将其挂载到 Main Camera 主摄像机上。

（4）双击打开该脚本文件，添加如下代码：

```
public class CreateRay : MonoBehaviour {
  void Update () {
    // 以摄像机所在位置为起点，创建一条向下发射的射线
    Ray ray = new Ray(transform.position, -transform.up);
    RaycastHit hit;
    if(Physics.Raycast(ray,out hit, Mathf.Infinity))
    {
      // 如果射线与平面碰撞，打印碰撞物体信息
      Debug.Log(" 碰撞对象 ：" + hit.collider.name);
      // 在场景视图中绘制射线
      Debug.DrawLine(ray.origin, hit.point, Color.red);
    }
  }
}
```

（5）运行场景后，在场景视图中可以看见摄像机发出的射线，如图 6-29 所示。当检测到下方的平面时，会在控制台中打印输出检测结果，如图 6-30 所示。

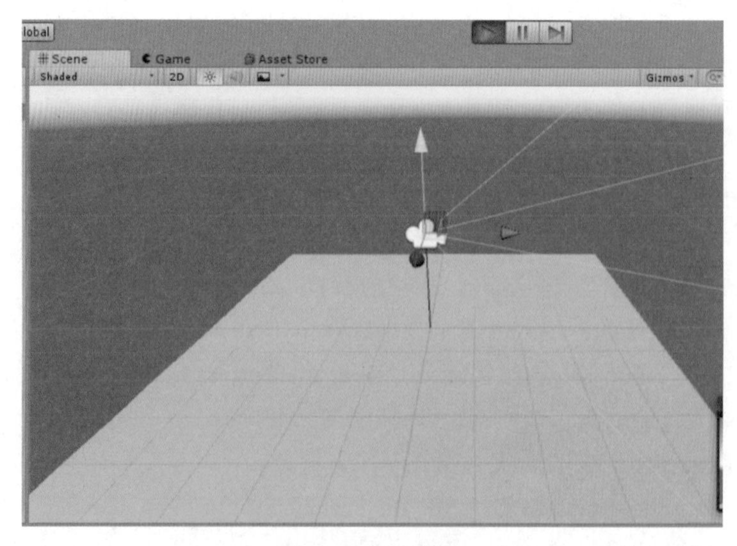

图 6-29　显示射线

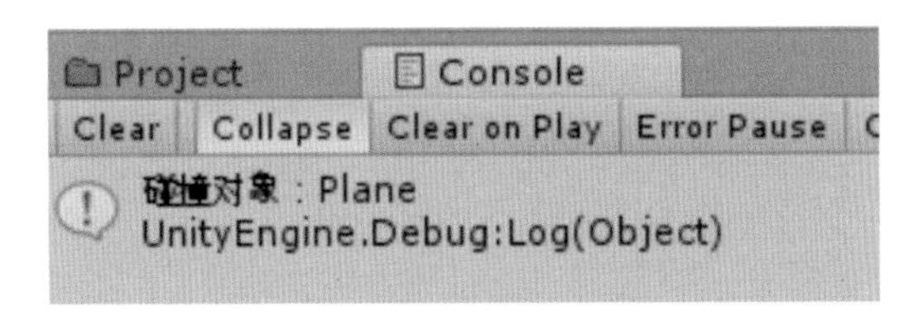

图 6-30　输出碰撞检测信息

6.4.2　射线相关方法

射线可以用于物体碰撞的检测、角色移动的设置等，应用范围比较广泛。当要使用鼠标拾取物体或判断子弹是否击中物体时，我们往往是沿着特定的方向发射射线，这个方向可能是朝向屏幕上的一个点，或者是世界坐标系中的一个矢量方向。沿世界坐标系中的矢量方向发射射线前面已经介绍过。针对向屏幕上的某一点发射射线，Unity 提供了两个函数以供使用，分别是 ScreenPointToRay 和 ViewportPointToRay。

1．Ray Camera.main.ScreenPointToRay(Vector3 position)

position 是屏幕上的一个参考点坐标，返回射向 position 参考点的射线。当发射的射线未碰撞到物体时，碰撞点 hit.point 的值为 (0,0,0)。

该方法从摄像机的近视口 nearClip 向屏幕上的一点 position 发射射线。position 用实际像素值表示射线到屏幕上的位置。当参考点 position 的 X 分量或 Y 分量从 0 增长到最大值时，射线将从屏幕的一边移动到另一边。由于 position 在屏幕上，因此 Z 分量始终为 0。

2．Ray Camera.main.ViewportPointToRay(Vector3 position)

position 为屏幕上的一个参考点坐标（坐标已单位化处理），返回射向 position 参考点的射线。当发射的射线未碰撞到物体时，碰撞点 hit.point 的值为 (0,0,0)。

该方法从摄像机的近视口 nearClip 向屏幕上的一点 position 发射射线。position 用单位化比例值的方式表示射线到屏幕上的位置。当参考点 position 的 X 分量或 Y 分量从 0 增长到 1 时，射线将从屏幕的一边移动到另一边。由于 position 在屏幕上，因此 Z 分量始终为 0。

【例 6-6】利用射线实现鼠标单击平面某一位置角色就移动到指定位置。

（1）打开工程项目文件 Chap06，新建场景 RayTest，在场景视图中创建一个 Plane 平面，单击 Inspector 视图的 Transform 组件，设置 Scale 选项的 X 和 Z 值均为 10，将平面放大。将前面创建的绿色材质球拖拽到平面上。

（2）继续在场景视图中创建一个 Cube 对象，右击 Inspector 视图的 Transform 组件，在弹出的菜单中选择 Reset，然后将 Position 选项的 Y 值设为 0.5，使得 Cube 刚好在 Plane 平面上。然后将红色材质球拖拽到 Cube 对象上，调整摄像机视角，完成后的场景如图 6-31 所示。

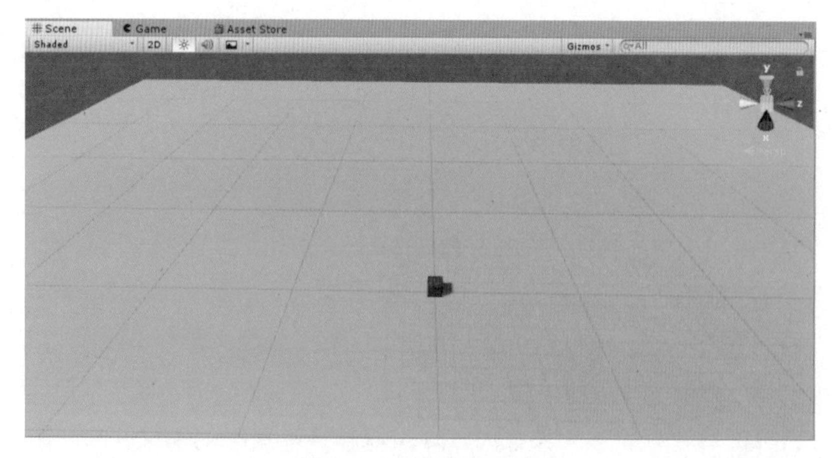

图 6-31　创建场景对象

（3）在 Project 视图的 Script 目录下创建 C# 脚本文件 PlayerController.cs，并将其拖拽到 Cube 对象上。双击打开该脚本文件，添加如下代码：

```
public class PlayerController : MonoBehaviour {
  /* 实现功能：在场景中鼠标单击地面后，角色可以移动到目标位置 */
  public float speed;              // 角色移动速度
  private Vector3 target;          // 目标位置
  private bool isOver = true;      // 移动是否结束
  void Update () {
    if (Input.GetMouseButtonDown (0))
    {
      //1. 获取鼠标单击时的目标位置 / 目标点
      // 创建射线——从摄像机发射出一条经过鼠标当前位置的射线
      Ray ray = Camera.main.ScreenPointToRay(Input.mousePosition);
      // 发射射线
      RaycastHit hit=new RaycastHit();
      if (Physics.Raycast (ray, out hit))
      {
        // 获取碰撞点的位置
        if(hit.collider.name=="Plane")
        {
          target = hit.point;
          target.y = 0.5f;
          isOver = false;
        }
      }
    }
    //2. 让角色移动到目标位置 / 目标点
    MoveTo(target);
  }
  private void MoveTo(Vector3 tar) {
```

```
        if (!isOver) {
            Vector3 v1 = tar - transform.position;  // 当前位置指向目标位置的向量
            transform.position += v1.normalized * speed * Time.deltaTime; // 向量由两部分组成：使用方向 * 大小
            if (Vector3.Distance(tar, transform.position) <= 0.1f) {      // 判断角色是否到达目标位置
                isOver = true;
                transform.position = tar;
            }
        }
    }
}
```

（4）返回场景视图，运行场景，设置 Cube 的 Inspector 视图中 Player Controller 脚本组件中的 Speed 属性值，默认值为 0，该值代表了角色移动的速度，如图 6-32 所示。

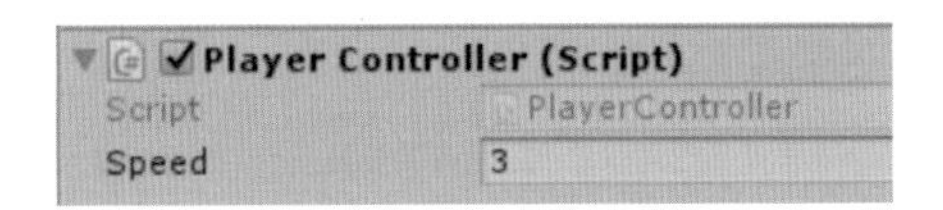

图 6-32　设置属性值

（5）鼠标单击地面任意位置，发现 Cube 会移动到鼠标单击的位置，如图 6-33 所示。将 Speed 值改大一些，再单击鼠标时，角色移动得更快一些，如图 6-34 所示。

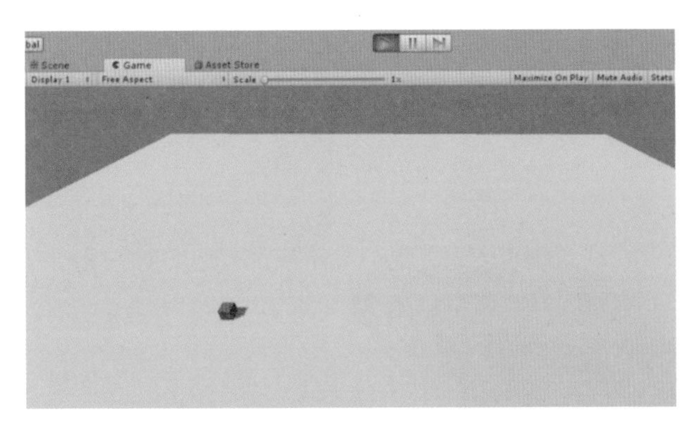

图 6-33　角色移动到指定位置

图 6-34　角色以更快的速度移动

本章小结

本章集中介绍了 Unity 的物理引擎中各个功能模块与组件的使用方法与属性参数设置。讲述了刚体的添加及使用方法；介绍了碰撞器的种类及使用；介绍了触发碰撞的事件；介绍了不同物理材质对碰撞器的影响；最后介绍了辅助碰撞检测的射线功能。物理引擎的综合应用还需要游戏开发者不断地练习和探索。

第 7 章
Mecanim 动画系统

Mecanim 动画系统是 Unity 推出的全新的动画系统，具有重定向、可融合等诸多新特性，通过和美工人员的紧密合作，可以帮助程序设计人员快速地设计出角色动画。

7.1 Mecanim 动画系统概述

Mecanim 是 Unity 一个丰富且精密的动画系统，它主要提供了以下功能：

（1）为人形角色提供简易工作流和动画创建能力。

（2）运动重定向，把动画从一个角色模型应用到另一个角色模型上。

（3）针对 Animation Clips 动画片段的简单工作流。

（4）用于管理动画间复杂交互作用的可视化编程工具。

（5）通过不同逻辑来控制不同身体部位的运动。

7.1.1 Mecanim 工作流

Mecanim 工作流分为三个主要阶段：

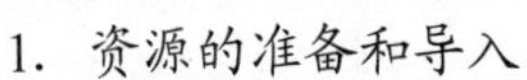

1. 资源的准备和导入

这一阶段由美术师或动画师通过第三方工具来完成，例如 3ds Max 或 Maya。

2. 角色的建立

角色的建立主要两种方式。一是人形角色的建立，Mecanim 通过扩展的图形操作界面和动画重定向功能，为人形模型提供了一种特殊的工作流，它包括 Avatar 的创建和对肌肉定义的调节；二是一般角色的建立，这是为处理任意的运动物体和四足动物而设置的。

3. 角色运动

角色运动包括设定动画片段及其相互间的交互作用、建立状态机和混合树、调整动画参数以及通过代码控制动画等。

7.1.2 常用 3D 建模软件

首先介绍 3D 建模软件。3D 建模软件被广泛应用于模型制作、工业设计、建筑设计、三维动画等领域，每款软件都有自己擅长的功能和专有的文件格式。正是因为有这些软件来完成 Unity 无法完成的建模工作，才使得 Unity 能够展现出丰富的游戏场景以及真实的角色动画。目前主流的3D建模软件有：

1. 3D Studio Max

3D Studio Max，常简称3ds Max，是美国Autodesk公司开发的基于个人计算机系统的三维动画制作和渲染的软件。主要面向建筑设计、室内设计等模型方向，也可以制作简单的动画。

2. Maya

Maya是美国Autodesk公司出品的世界顶级三维动画软件，具有一般的三维和视觉效果的制作功能，还与最先进的建模、数字化布料模拟、毛发渲染、运动匹配技术相结合，主要面向影视广告、角色动画、电影特技等方面。

3. Cinema 4D

Cinema 4D是由德国Maxon Computer公司开发的一款三维软件，广泛应用在广告、电影、工业设计等方面。

4. Blender

Blender是一款开源的跨平台全能三维动画制作软件，提供从建模、动画、材质、渲染、到音频处理、视频剪辑等一系列动画短片制作解决方案。该软件经济小巧，喜欢3D绘图的玩家利用它不需要大的花销，也可以制作出自己喜爱的3D模型。

7.1.3 模型导入

本节将介绍模型角色的资源准备以及如何将模型导入到Unity中。

1. 获取模型

在Mecanim动画系统中，可以通过三种途径来获取人形网格模型。

（1）使用如Poser或Mixamo等过程式的人物建模软件，应在软件中尽量减少人形网格的面片数量，以方便人形网格模型在Unity中更好地被使用。

（2）可在Unity官网的Asset Store（在线资源商城）上购买适当的模型资源。本章节后面所使用的案例资源就来源于Asset Store的Mecanim Example Scenes，读者可以自行去下载，也可以直接使用本教材提供的已下载的资源包，如图7-1所示。

图7-1　在Asset Store上购买模型资源

（3）使用 3ds Max、Maya、Blender 等建模软件，从头创建全新的人形网格模型，包括骨骼绑定以及角色蒙皮等。

2. 模型导入方法

Unity 支持的格式有，原生的 Maya 文件、.ma 或 .mb 文件、Cinema 4D 文件以及一般的 .FBX 文件。在导入动画的时候，将模型直接拖拽到工程面板中的 Assets 文件夹，然后选中该文件，就可以在 Inspector 视图的 Import Settings 面板中，编辑该模型的导入设置，如图 7-2 所示。

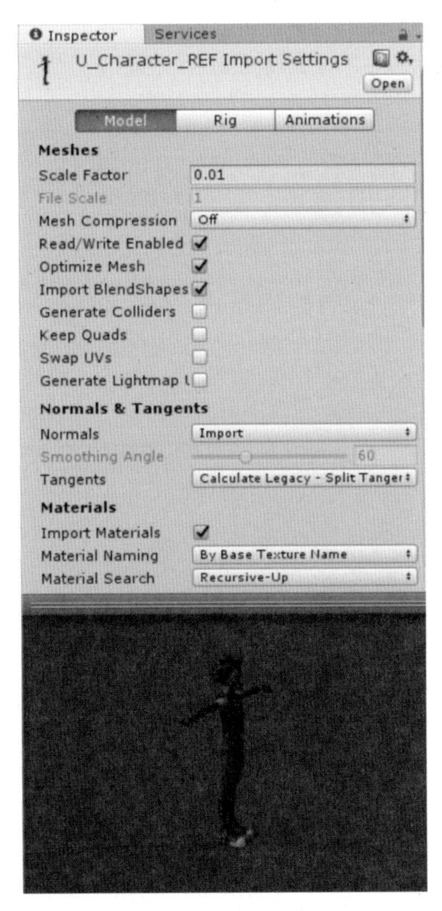

图 7-2　模型导入后的 Inspector 视图

7.2 使用人形角色动画

人形骨架是在游戏中普遍采用的一种骨架结构，由于人形骨骼结构的相似性，用户可以实现将动画效果从一个人形骨架映射到另外一个人形骨架上去，从而实现动画重定向功能。Mecanim 动画系统正是充分利用了这一特点来简化骨骼绑定和动画控制过程。创建模型动画的基本步骤就是建立一个从 Mecanim 动画系统的简化人形骨架结构到用户实际提供的骨架结构的映射，这种映射关系被称为 Avatar（“阿凡达”）。

7.2.1 创建 Avatar

根据前面介绍的方法，导入一个本教材提供的角色动画模型，单击人形角色模型文件，在 Inspector 面板中选择 Rig 选项，如图 7-3 所示，单击“Animation Type”项的下拉按钮，选择 Humanoid 选项，然后单击 Apply 按钮。Mecanim 动画系统会自动将用户所提供的骨架结构与系统内部自带的简易骨架结构进行匹配，如果匹配成功，Avatar Definition 下的 Configure 复选框会被选中，如图 7-4 所示，同时系统会为其创建 Avatar 文件作为模型文件的子对象并添加到模型资源中。如果 Mecanim 动画系统没有成功匹配创建出该 Avatar，那么在 Avatar Definition 下的 Configure 复选框会显示一个叉号，读者需要在这种情况下对 Avatar 进行手动设置。

图 7-3　Rig 选项面板

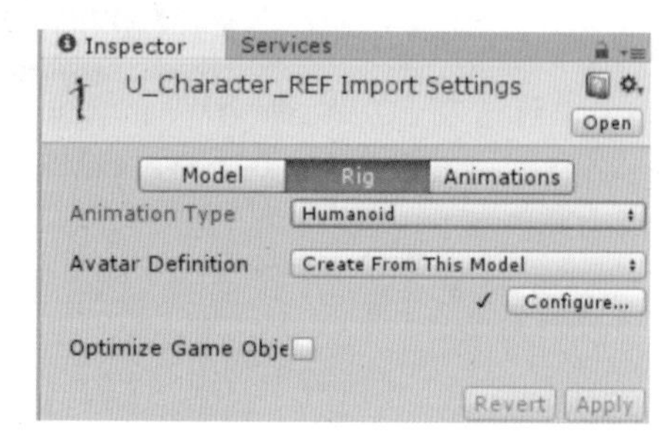

图 7-4　匹配成功模式

7.2.2 配置 Avatar

Unity 中的 Avatar 是 Mecanim 动画系统中极其重要的模块，不管 Avatar 的自动创建过程是否成功，用户都需要进入到 Configure Avatar 界面中去确认 Avatar 的有效性。下面将详细介绍配置 Avatar 的步骤。

（1）在 Assets 面板中单击模型文件下生成的子对象 Avatar 文件，然后单击 Inspector 面板中的 Configure Avatar 按钮，如图 7-5 所示，此时系统会要求保存当前场景，进入 Avatar 的配置窗口。配置窗口是系统开启的一个临时 Scene 视图，并且配置结束后该临时窗口会自动关闭。

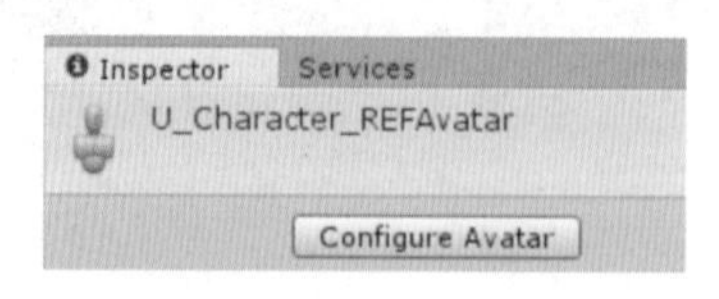

图 7-5　Avatar 视口

（2）配置窗口的 Scene 视口中会出现导入人物模型的骨骼，如图 7-6 所示，右侧为 Avatar 的 Inspector 面板，更改其中的参数也会改变显示在 Scene 视口中的模型。

（3）在 Avatar 的配置面板中可以按部位对人形角色模型进行配置，此面板中共包含 Body、Head、Left Hand、Right Hand 四个部分，分别对应四个按钮，如图 7-7 所示。单击不同的按钮会出现不同部位的骨骼配置窗口，并且各个部位的配置互不影响，如图 7-8 所示。

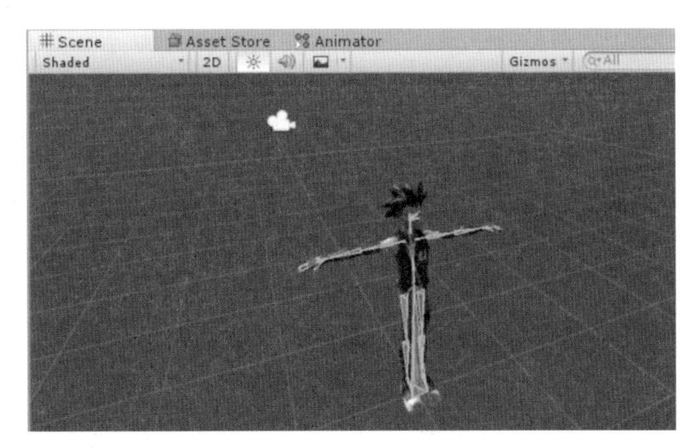

图 7-6 Scene 视口

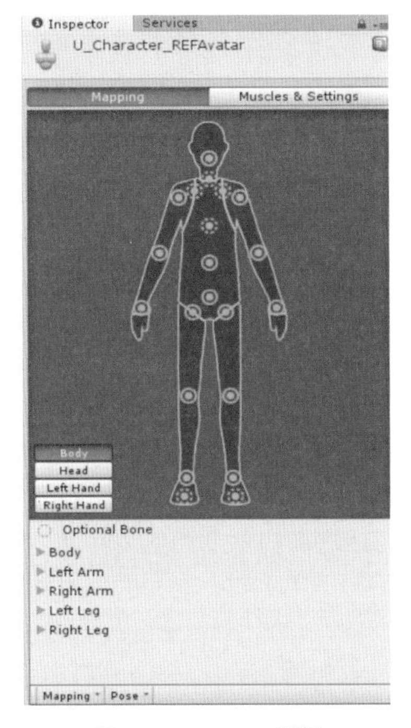

图 7-7 Inspector 面板

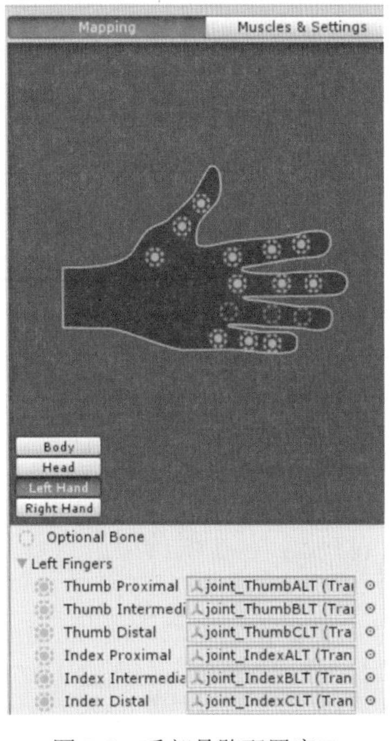

图 7-8 手部骨骼配置窗口

（4）在骨骼匹配的过程中，经常会遇到无法为模型找到合适的匹配结果的情况，这时可以通过以下方法来进行手动配置。

1）单击属性栏中的 Pose 菜单栏下的 Sample Blind-Pose 按钮，使模型回到原始的状态。

2）单击 Pose 菜单栏旁的 Mapping 菜单，选择 Automap 选项，创建一个新的骨骼映射。

3）选择属性栏中的 Pose 菜单栏下的 Enforce T-pose 命令，使模型贴近 T 形姿态，如图 7-9 所示。

（5）如果匹配不成功，骨骼将在配置面板中以红色显示。需要在 Hierarchy 面板中的骨骼列表中找到正确的骨骼，然后将其拖拽到 Inspector 面板中该骨骼相对应的位置上，错误的部位会变回绿色，如图 7-10 所示。有时也会出现这种情况，骨骼指定正确，但角色模型并没有处于正确的位置，这时可以通过 Enforce T-pose 命令调至 T 形姿态。

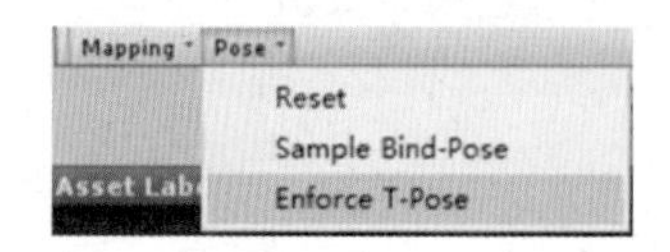

图 7-9　强制模型贴近 T 形姿态

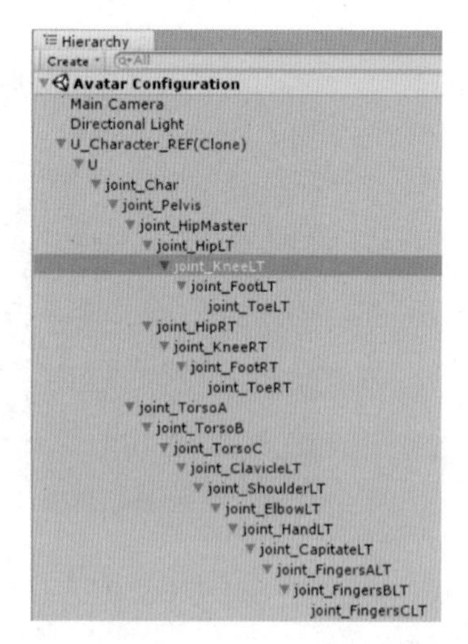

图 7-10　Hierarchy 面板中的骨骼列表

7.2.3　配置 Muscle

人物模型模拟的人体，不仅有对应的骨骼部分，还有肌肉部分。开发人员有时可能会遇到人物模型动作幅度较大过于夸张的情况，这就需要开发者设置 Avatar 中的 Muscle 参数来限制角色模型各个部位的运动范围，防止某些骨骼运动范围超过合理值。方法如下：

（1）单击 Avatar 配置窗口中的 Muscles & Settings 按钮进入 Muscles 的配置界面。该窗口由 Muscle Group Preview（预览）窗口、Per-Muscle Settings（设置）窗口及 Additional Settings（附加配置）窗口三部分组成，如图 7-11 所示。

（2）下面以 Left Arm（左胳膊）的骨骼为例对参数调节进行讲解。选中设置窗口中的 Left Arm 参数，其附带的子参数也会随之展开，包括肩部的上下和前后移动，胳膊的上下、前后移动和旋转等，如图 7-12 所示。

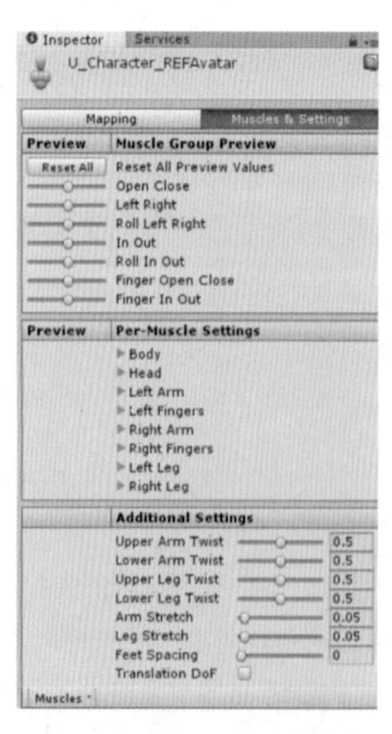

图 7-11　Muscles 配置窗口

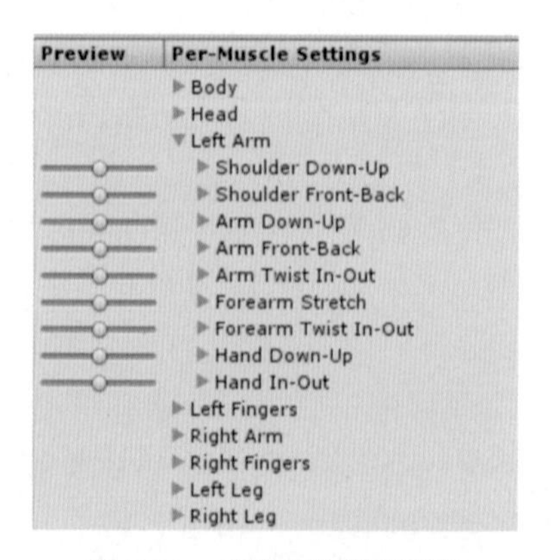

图 7-12　骨骼参数调节列表

（3）通过拖动参数对应的控制条，调节相对应部位骨骼的运动范围，同时在 Scene 视图中对应的骨骼上会出现一个扇形区域，表示骨骼旋转过的范围，这可帮助开发者调节骨骼的动作范围，如图 7-13 所示。

图 7-13　Scene 视图中的显示范围

（4）在 Additional Setting 窗口中还可以进行其他的设置，比如 Upper Arm Twist 参数，如图 7-14 所示。可通过拖动其控制条对该骨骼的运动范围进行调整。如果不想保留前面的所有设置，可以单击窗口右下角的 Revert 按钮，设置完毕之后单击配置窗口右下角的 Done 按钮结束 Muscle 的配置，返回原场景窗口。

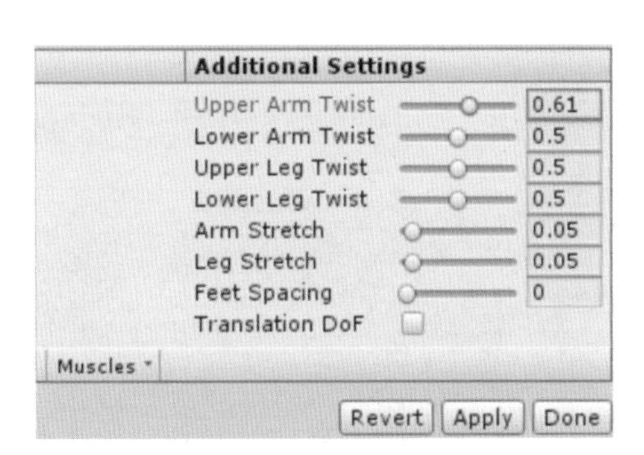

图 7-14　其他设置窗口

（5）在 Assets 面板中找到导入的模型资源，单击其中的动画文件，在动画的 Inspector 面板下方播放该动画查看设置效果。

7.3　动画控制器

动画控制器是 Mecanim 动画系统中为了使开发者更加方便地完成动画的制作而引入的一种工具，通过动画控制器可以把大部分动画的开发工作与代码分离，游戏动画师仅仅需要在 Unity 开发工具中通过单击和拖拽就能独立地完成动画控制器的创建，不涉及任何代码。

7.3.1 Animator 组件

任何一个拥有 Avatar 的 GameObject 都同时需要有一个 Animator 组件，该组件是关联角色及其行为的纽带，如图 7-15 所示。

图 7-15 Animator 组件

Animator 组件中还引用了一个 Animator Controller，它被用于为角色设置行为，包括状态机、混合树以及通过脚本控制的事件。

7.3.2 Animator Controller

Animator Controller 视图用来显示和控制角色的行为。在 Assets 面板中单击鼠标右键，选择 Create → Animator Controller 命令，创建一个动画控制器，双击该动画控制器，进入其编辑窗口，如图 7-16 所示。

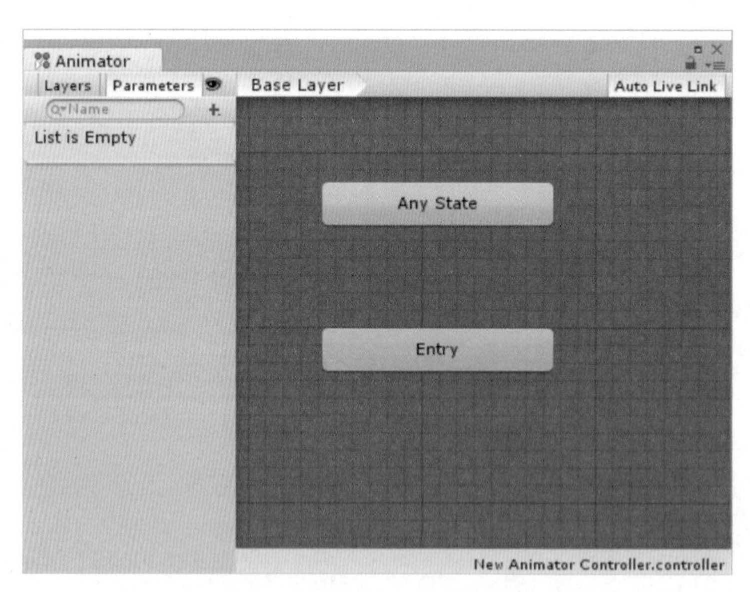

图 7-16 Animator Controller 编辑窗口

创建 Animator Controller 后，在项目工程 Assets 文件夹内生成一个 .controller 文件，且以图标的形式在 Project 视图中显示出来。当设置好运动状态机以后，就可以在 Hierarchy 视图中将该 Animator Controller 拖入到一个具备 Avatar 的角色的 Animator 组件上。

Animator Controller 视图包括 Animator Layer 组件、事件参数组件和状态机自身的可视化表达。

提示：Animator Controller 视图总是显示最近被选中的 .controller 资源的状态机，而与当前场景无关。

7.3.3 动画状态机

Mecanim 动画系统借用了状态机来简单地控制和序列化角色动画。一个角色应该在任何给定的时刻执行某些特定的动作，典型的动作包括等待、移动、跑动、跳跃等，这些动作被称为状态。一般来说，角色在进入下一个状态时会被限制，而不是可以从任意一个状态跳转至另一个任意状态。让角色正确跳转状态的选项被称为状态转移，而将这些整合起来的就是状态机。

状态及其过渡条件可以通过图示来表达，其中的节点表示状态，节点间的箭头表示状态过渡。状态机对于动画的重要意义在于用户可以通过很少的代码对状态机进行设计和升级，从而让动画师方便地定义动作顺序，而不必去关心底层代码的实现。

Mecanim 的动画状态机提供了一种可以预览某个独立角色的所有相关动画剪辑集合的方式，并且允许开发人员能够在游戏中通过不同的事件触发不同的动作。动画状态机可以通过 Animator Controller 视图来创建，一般来说包括动画状态、动画过渡和动画事件，如图 7-17 所示。

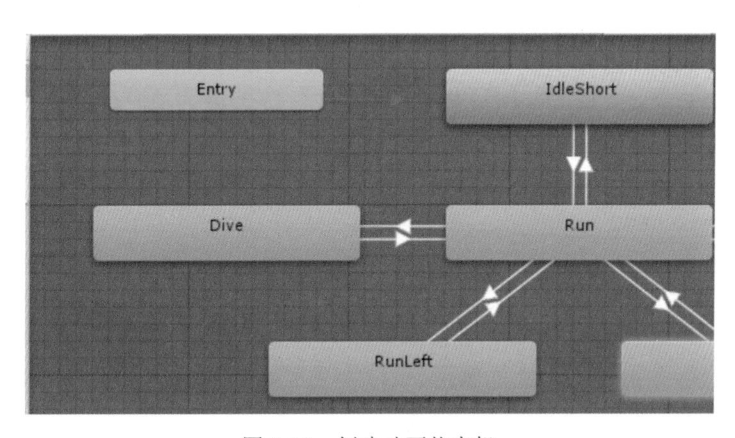

图 7-17　创建动画状态机

7.3.4 动画过渡

动画过渡是指由一个动画状态过渡到另外一个即将发生的动作事件，在一个特定的时刻，只能进行一个动画的过渡。在动画控制器里面，两个动画状态之间的箭头就表示两个动画之间的连接，将鼠标箭头放在动画状态单元上，右键选择 Make Transition 命令创建动画过渡，并再次单击另一个动画状态单元，完成动画过渡的连接，如图 7-18 所示。

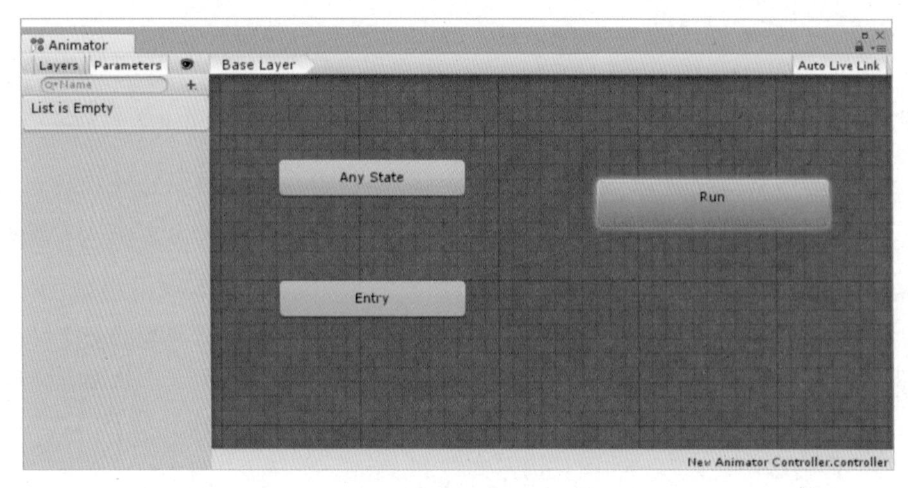

图 7-18　动画状态与动画过渡

动画过渡用于实现各个动画片段之间的逻辑，开发人员通过控制过渡即可实现对动画的控制。想要对动画过渡进行控制就需要创建多个参数来实现，这需要开发者提前创建好，以便在后面的代码中使用。Mecanim 动画系统支持的过渡参数类型有 Float、Int、Bool 和 Trigger 四种。

下面介绍创建动画过渡参数的方法。

（1）在动画状态机窗口左侧中的 Parameters 视口单击右上角的“+”号，选择想要添加的参数类型，如图 7-19 所示。

（2）为参数命名，并为其设置初始值，如图 7-20 所示。

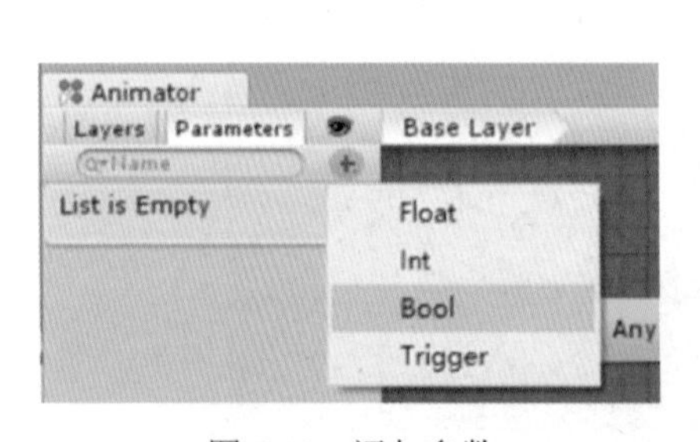

图 7-19　添加参数

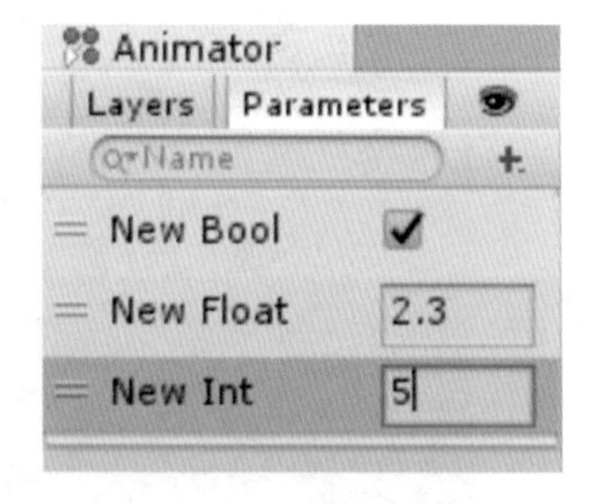

图 7-20　参数设置

（3）单击想要添加参数的动画过渡，然后在 Inspector 面板中的 Conditions 列表中单击“+”号创建参数，选择所需的参数，然后为参数添加对比条件，不同类型的参数对比条件也不同，如图 7-21 所示。

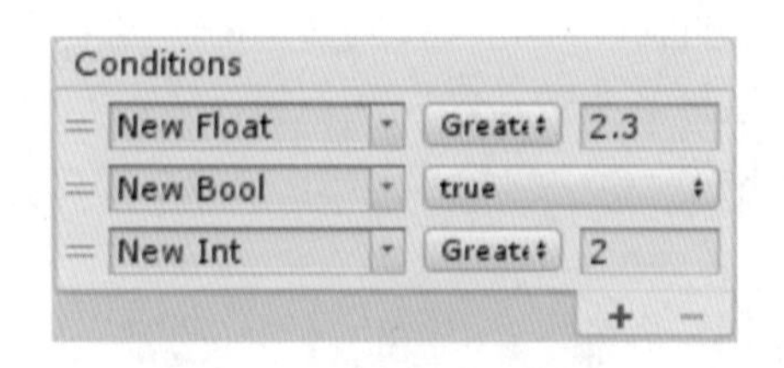

图 7-21　为参数添加条件

提示：只有在满足对比条件的情况下，才会从一个动画状态跳转至另一个动画状态。若存在多个对比条件的话，需要满足所有对比条件才可以。

【例 7-1】操控动画控制器。

通过一个案例来介绍如何通过代码对动画进行控制。

（1）创建一个新的工程项目，并命名为 Animator，然后创建一个名为 AniControllers 的空文件夹，用于存放项目所需的动画控制器文件。

（2）导入教材提供的人形角色动画资源包 Mecanim1.unitypackage。在 Assets 面板中单击鼠标右键，在弹出的菜单中依次选择 Import Package → Custom Package 命令，然后找到教材提供的人形角色动画资源包 Mecanim1.unitypackage，单击 Import 按钮，将其导入到项目中。

（3）布置场景。在 Hierarchy 视图中，单击鼠标右键，在弹出的菜单中依次执行 3D Object → Plane 命令，创建一个地板；设置 Inspector 视图中 Transform 组件里面的 Scale 选项的 X 和 Z 的值均为 10。

（4）为地板添加绿色材质球。

（5）为人形角色运动时设置一个参照物。在 Hierarchy 视图中，单击鼠标右键，在弹出的菜单中依次执行 3D Object → Cube 命令，简单设置其 Transform 选项值，将其移开坐标原点。

（6）将 Assets 面板中导入进来的资源包中的 Characters 文件夹下的 U_Character_REF 人形角色模型拖拽到 Hierarchy 视图中，调整摄像机视角，如图 7-22 所示。

图 7-22　将人形角色模型放置在场景中

（7）接下来就使用该人形角色动画模型。

（8）配置完成后返回 Main 主场景。在 Assets 面板下单击 AniControllers 文件夹，单击鼠标右键，在弹出的菜单中依次执行 Create → Animator Controller 命令，将创建的动画控制器重命名为 Player。双击打开 Player 动画控制器，如图 7-23 所示，接下来将来到 Player 里面添加人物的一些状态描述。

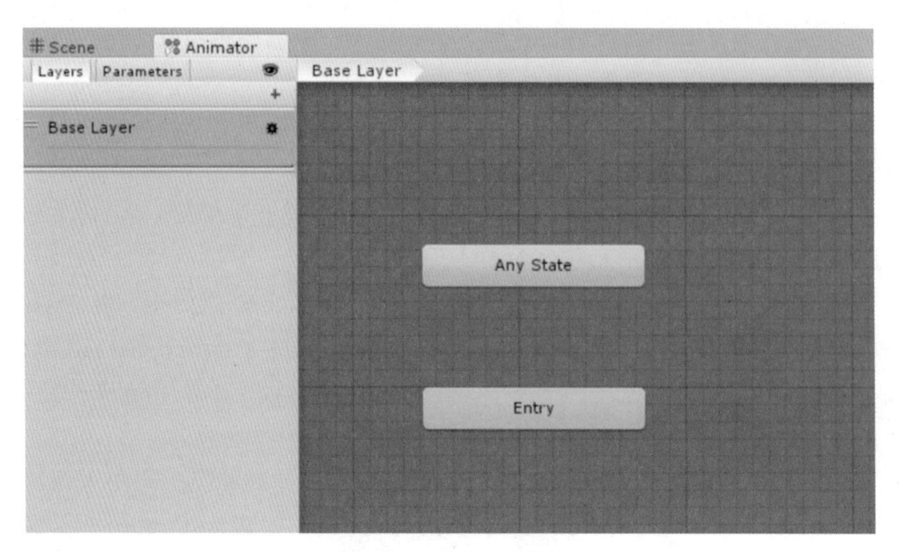

图 7-23　Player 动画控制器

（9）添加一个人物的等待状态 Idle。在 Assets 面板中，展开 Animations 下的 Idles，找到 IdleShort 动画剪辑，将其拖拽到动画控制器里面，这个状态会自动变成黄色图标样式，表示该状态为当前状态机的默认状态，如图 7-24 所示。

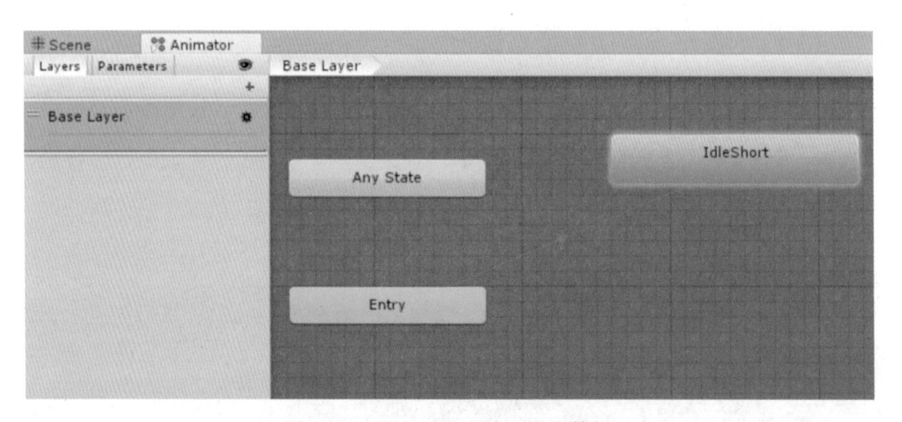

图 7-24　添加 IdleShort 动画剪辑

（10）将状态机指定到人物模型上。选中 Hierarchy 面板中的人物模型，将 Assets 面板下的 Player 状态机拖拽到 Animator 组件的 Controller 选项，如图 7-25 所示。

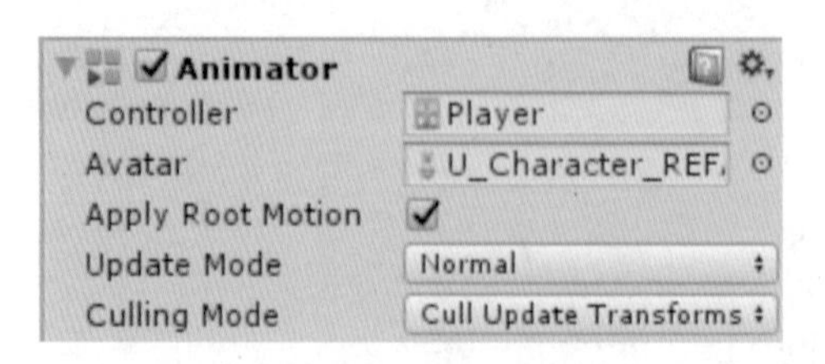

图 7-25　将状态机添加到人物模型上

（11）测试动画状态机效果。单击场景中的运行按钮，发现人物模型目前处于晃动的起始状态，而 Idle 状态也处于起始帧到结束帧的运行状态，如图 7-26 所示。

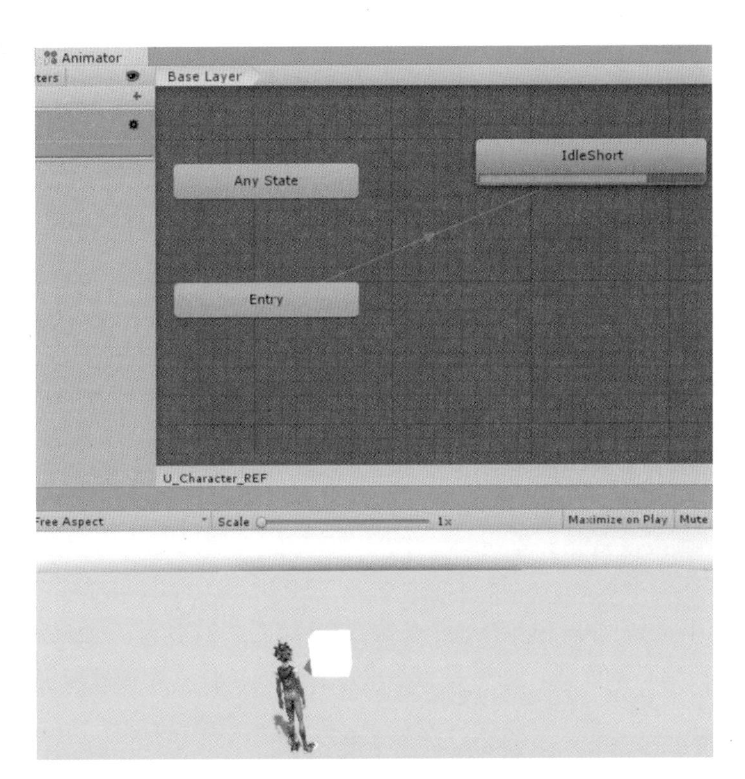

图 7-26　测试状态机中的状态

（12）添加更多的状态。在 Assets 面板下展开 Animations 下的 Runs，将动画剪辑 Run 拖拽到动画控制器中，将增加一个 Run 的状态，如图 7-27 所示。

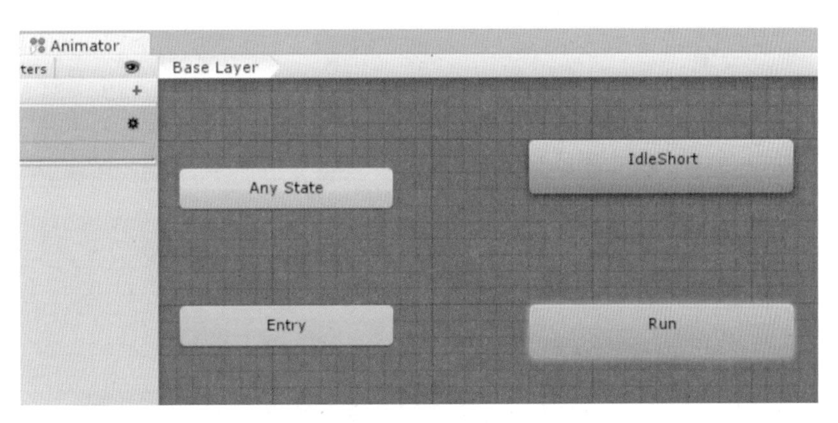

图 7-27　添加 Run 状态

（13）也可以用另一种方法添加状态。鼠标右键单击动画控制器中空白区域，执行 Create State → Empty 命令，创建一个空的状态，然后在 Inspector 面板中将其命名为 Dive，并指定其 Motion 选项为 Dive 动画剪辑，如图 7-28 所示。

（14）添加状态机中各状态间的动画过渡。在动画控制器中选择 IdleShort 状态，单击鼠标右键，在弹出的菜单中执行 Make Transition 命令，然后鼠标后会跟出一个箭头，将箭头移动到动画过渡的目标状态 Run 即可。同样，添加 Run 状态到 Dive 状态的过渡，如图 7-29 所示。

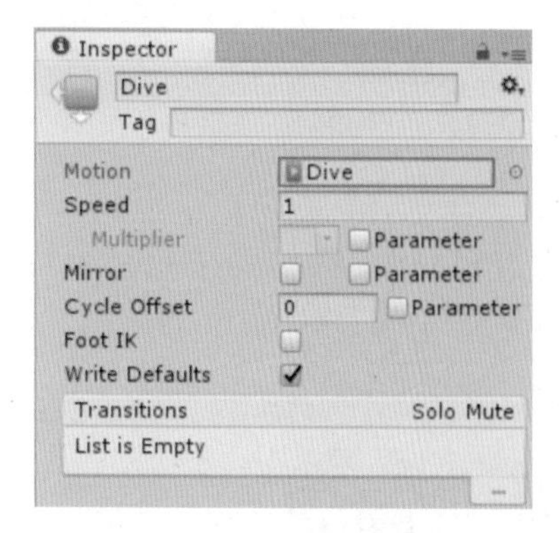

图 7-28　为空状态添加动画剪辑

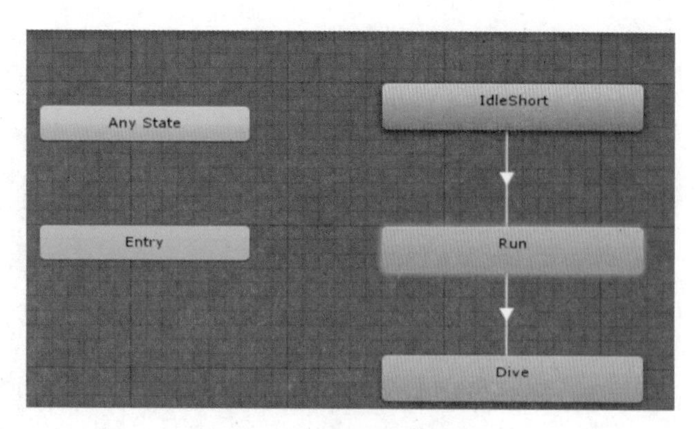

图 7-29　添加动画过渡

提示：动画控制器中的 Any State 状态可以过渡到任意的状态。

（15）测试动画过渡效果。单击场景中的播放按钮，会发现人物模型会自动从默认状态播放完后进入下一个状态，实现过渡，如图 7-30 所示。选中动画过渡状态间的箭头，在 Inspector 面板中找到“Has Exit Time”参数选项，如图 7-31 所示。如果该选项被勾选了，就意味着动画过渡会自动完成，如果希望手动设置过渡条件，则需要取消勾选。

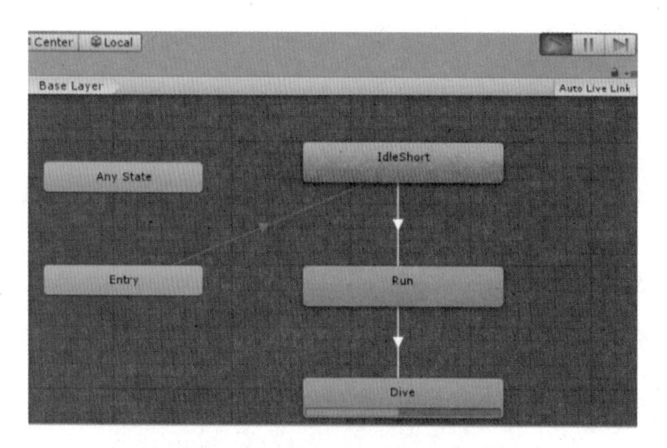

图 7-30　动画状态的自动过渡

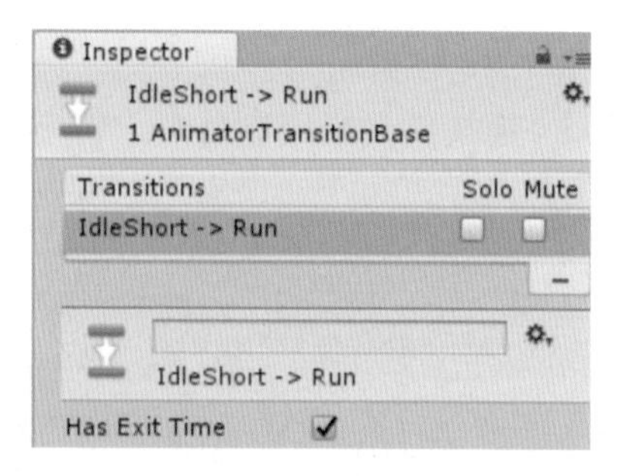

图 7-31　设置 Has Exit Time 选项

（16）参照前面的方法，在动画控制器里面继续添加 RunLeft、RunRight、Jump 动画剪辑，简单调整界面，如图 7-32 所示。

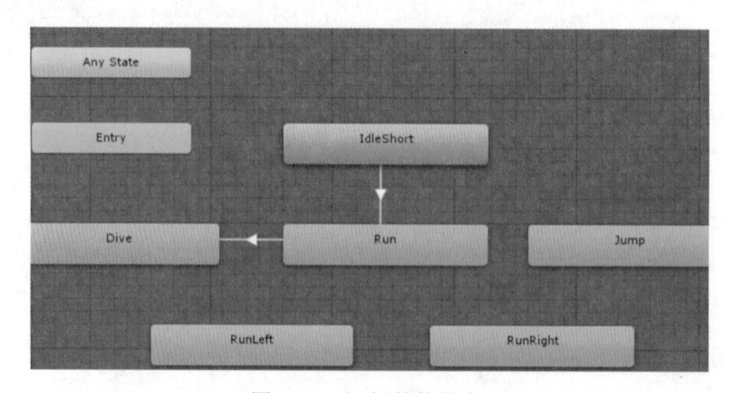

图 7-32　添加其他状态

（17）继续添加动画过渡，如图 7-33 所示。

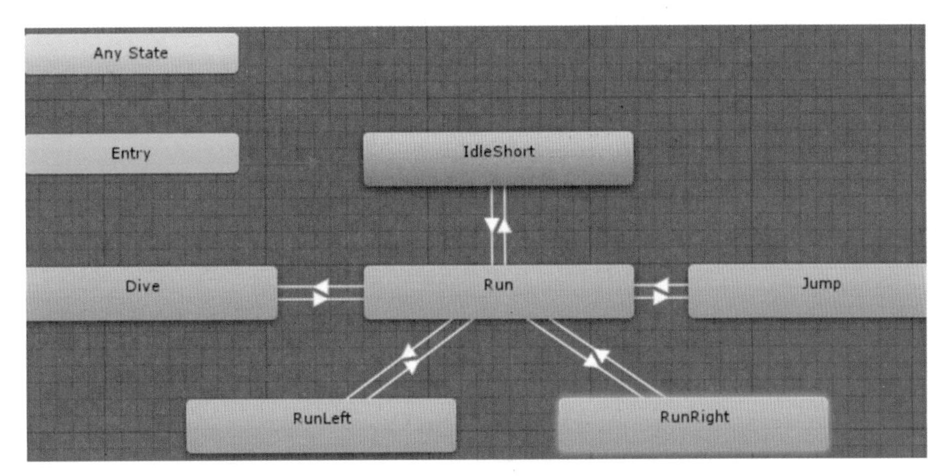

图 7-33　添加动画过渡

（18）利用动画参数添加过渡条件。首先添加一个参数，控制 IdleShort 状态到 Run 状态的过渡。单击动画控制器窗口左上角的 Parameters 选项，再单击“+”，在弹出的类型选项列表中为参数选定一种类型 Int，然后将参数名更改为 Speed。该 Speed 参数只是一种标识，不对动画本身造成影响，如图 7-34 所示。

提示：动画参数类型跟动画本身并没有太多的联系，只是对动画过渡的条件进行值的界定。

（19）创建 IdleShort 状态到 Run 状态的过渡。假定 Speed 值为 1 时，动画切换到 Run 的状态。选中动画控制器中 IdleShort 状态指向 Run 状态的箭头，在 Inspector 面板中的 Conditions 模块中，单击右边的“+”添加过渡条件，进行如图 7-35 所示的设置。同时取消“Has Exit Time”选项复选框的勾选，以确保满足过渡条件就可以切换，而不会有延时。

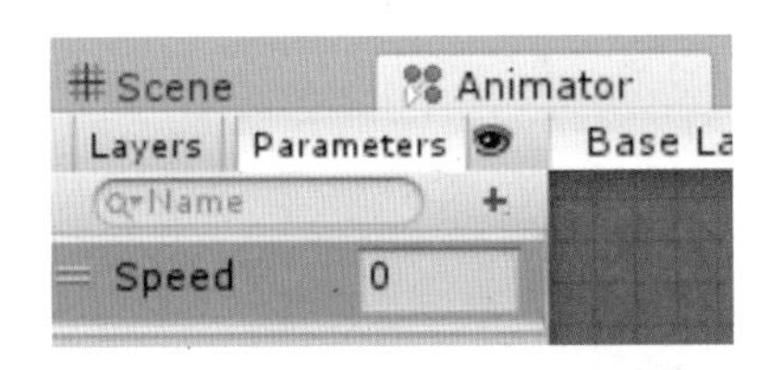

图 7-34　添加动画参数 Speed

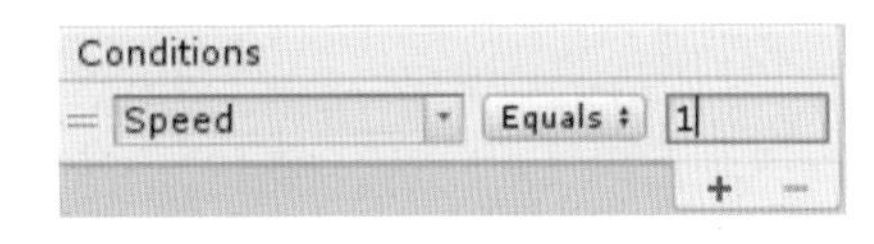

图 7-35　添加 IdleShort 到 Run 的过渡条件

（20）创建 Run 状态到 IdleShort 状态的过渡。假定 Speed 值为 0 时动画切换回 IdleShort 状态。选中动画控制器中 Run 状态指向 IdleShort 状态的箭头，重复步骤（19）的方法，添加如图 7-36 所示的过渡条件。

（21）测试动画播放效果。刚开始时人物模型停留在 IdleShort 状态，如图 7-37 所示，当将动画控制器里的 Speed 设置为 1 时，人物开始跑动，而且会在 Dive 和 Run 状态间持续切换，如图 7-38 所示。

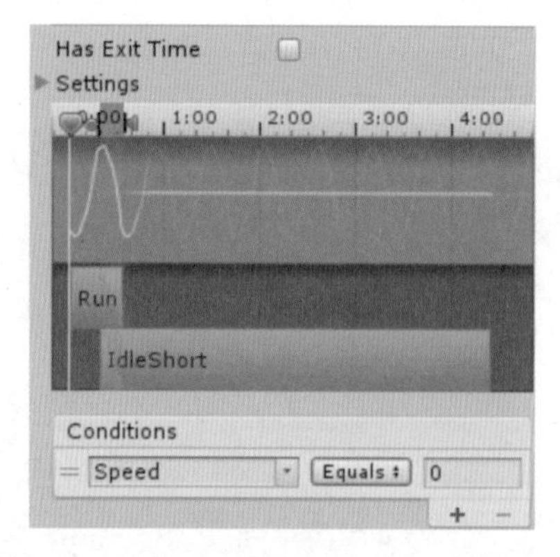

图 7-36　添加 Run 到 IdleShort 的过渡条件

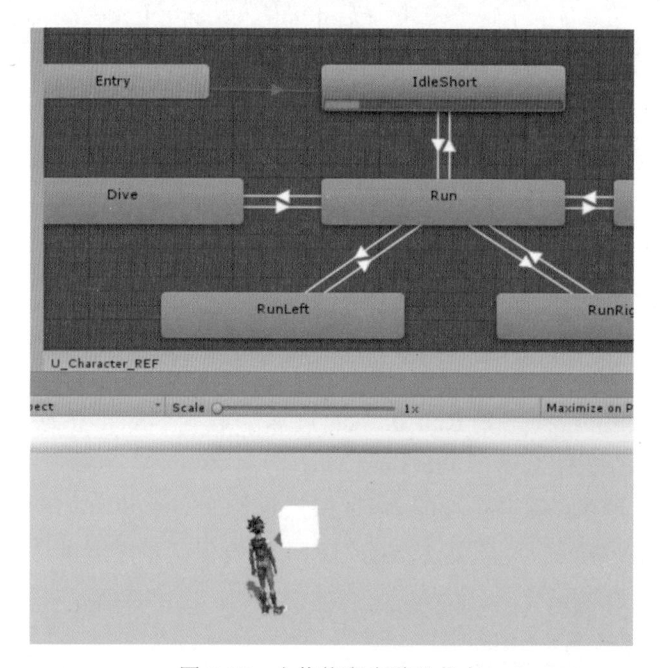

图 7-37　人物停留在默认状态

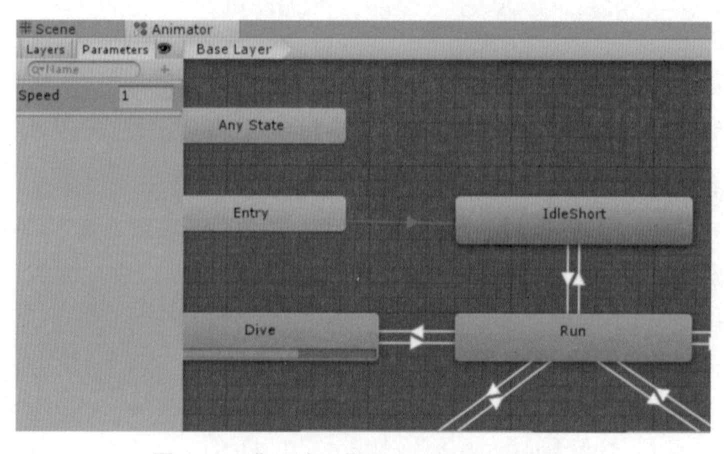

图 7-38　满足过渡条件后切换到后续状态

（22）接下来需要设置 Run 状态到 Dive 状态的动画过渡。单击 Parameters 选项，添加一个 Trigger 类型的参数，命名为 Dive（仅仅是一个参数标识名，与动画状态 Dive 没有直接关系），如图 7-39 所示。

（23）选中指向 Run 状态到 Dive 状态的箭头，在 Inspector 面板中的 Conditions 模块右侧单击“+”，添加过渡条件，设置参数为 Dive，如图 7-40 所示。

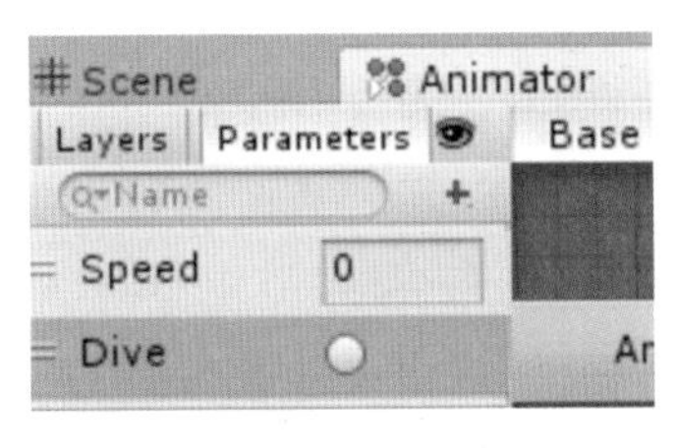

图 7-39　添加动画参数 Dive

图 7-40　设置 Run 到 Dive 的过渡条件

（24）添加 Run 状态到 Jump 状态的动画过渡。单击 Parameters 选项，添加一个 Trigger 类型的参数，命名为 Jump，如图 7-41 所示。

（25）选中指向 Run 状态到 Jump 状态的箭头，在 Inspector 面板中的 Conditions 模块右侧单击“+”，添加过渡条件，设置参数为 Jump，如图 7-42 所示。

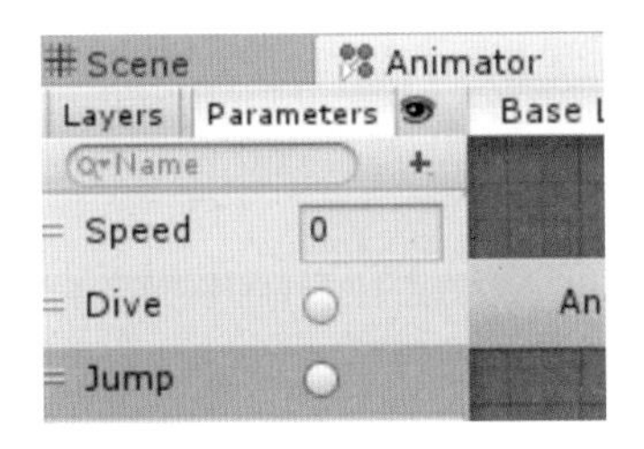

图 7-41　添加动画参数 Jump

图 7-42　设置 Run 到 Jump 的过渡条件

（26）添加 Run 状态到 RunRight 状态的动画过渡。单击 Parameters 选项，添加一个 Float 类型的参数，命名为 AngularSpeed，选中指向 Run 状态到 RunRight 状态的箭头，在 Inspector 面板中的 Conditions 模块右侧单击“+”，添加过渡条件，进行如图 7-43 所示的设置。

（27）参照步骤（26），设置 Run 状态到 RunLeft 状态的过渡条件，如图 7-44 所示。

图 7-43　设置 Run 到 RunRight 的过渡条件

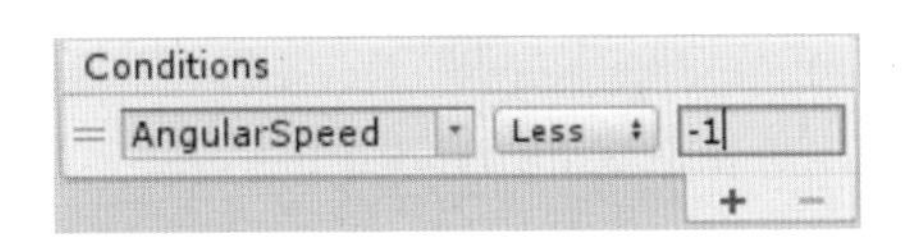

图 7-44　设置 Run 到 RunLeft 的过渡条件

（28）在正常逻辑中，RunRight 状态和 RunLeft 状态不能是运行结束后就回到 Run 状态，因此需要给 RunLeft 状态和 RunRight 状态过渡到 Run 状态也设置条件，让 AngularSpeed 参数介于 -1 和 1 之间，如图 7-45 所示。

（29）至此虽然完成了基本的动画过渡及过渡条件设定，但想实现合理的控制，还是需要加入脚本。选中 Hierarchy 面板中的人物模型对象，在 Inspector 面板中单击 Add Component 按钮，添加 New Script 选项，命名为 PlayerController，再选择底部的 Create and Add 命令，创建一个新的 C# 脚本对象，如图 7-46 所示。

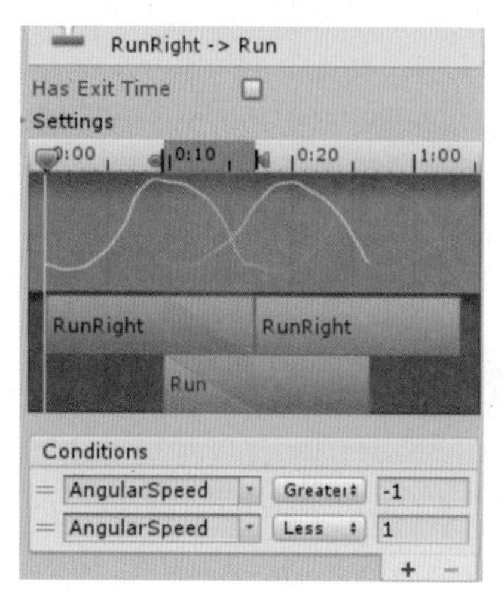

图 7-45　设置 RunRight 到 Run 的过渡条件

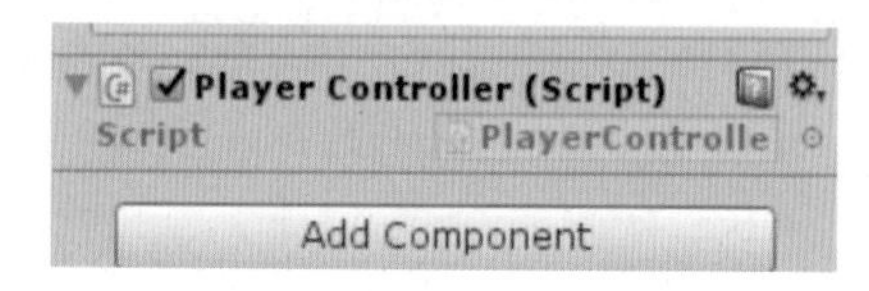

图 7-46　为人物模型添加脚本对象

（30）双击 Script 选项里面的脚本对象，在默认的脚本编辑器里面打开该对象，通过编写简单的代码来控制 Animator Controller。代码如下：

```
using UnityEngine;
using System.Collections;

public class PlayerController : MonoBehaviour {
  private Animator animator;     // 定义变量，用于获取 Animator 组件
  void Start () {
    // 获取人物模型的 Animator 组件
    animator=GetComponent<Animator>();
  }
  void Update () {
    // 单击 W 键，人物向前跑。设置 Speed 为 1，切换到 Run 状态，Speed 为 0，回到初始状态
    if (Input.GetKey (KeyCode.W)) {
      animator.SetInteger ("Speed", 1);
    } else {
      animator.SetInteger ("Speed", 0);
    }
    // 单击鼠标左键，触发 Dive 状态的过渡条件
    if (Input.GetMouseButtonDown (0)) {
      animator.SetTrigger ("Dive");
    }
    // 单击鼠标右键，触发 Jump 状态的过渡条件
    if(Input.GetMouseButtonDown(1)){
      animator.SetTrigger ("Jump");
    }
```

```
        // 单击 A 键，往左跑；单击 D 键，往右跑
        if (Input.GetKey (KeyCode.A)) {
            animator.SetFloat ("AngularSpeed", -2f);
        }else  if (Input.GetKey (KeyCode.D)) {
            animator.SetFloat ("AngularSpeed", 2f);
        } else {
            animator.SetFloat ("AngularSpeed", 0f);
        }
    }
}
```

（31）最终的测试效果如图 7-47 所示，通过按住键盘上指定的键或单击鼠标，实现人物模型的不同运动效果。

（a）运行 1　　（b）运行 2

图 7-47　最终测试效果

7.3.5　Animation Clip

通过前面的介绍我们已经知道，在 Unity 中，想要为一个游戏对象添加动画效果，可以直接为它添加 Animator 组件，在每个 Animator 组件中都会调用一个 Animator Controller，每个 Animator Controller 则会引用多个 Animation Clip。前面已经认识了 Animator 组件和 Animator Controller 视图，接下来介绍 Animation Clip。

其实 Unity 动画系统中的这三个重要的概念，最基础的是 Animation Clip，它可以看作是动画系统中最小的单位，游戏中角色的跑步、跳跃、攻击、摔倒等都可以用一个完整的 Animation Clip 表示。前面案例中都是直接导入外部的 Asset 资源，或者从游戏美工手上收到的这些资源，一般是和游戏模型一起打包在 FBX 格式的文件中。本节重点聚焦在创建自己的 Animation Clip。

在创建自己的 Animation Clip 之前，需要了解的是动画系统中上述三个重要概念之间的关系。Animator Controller 和 Animation Clip 都是文件，Animator 则是游戏对象上的一个组件，具体如图 7-48 所示。

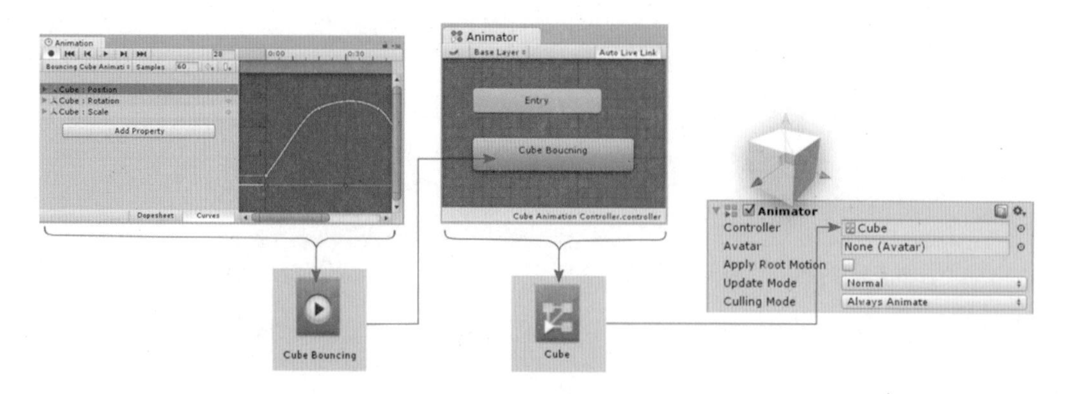

图 7-48　动画系统中各个概念之间的关系

接下来通过一个案例来简单介绍 Animation Clip 的创建方法。

【例 7-2】创建 Animation Clip，并应用到游戏对象上。

（1）新建场景文件，在场景中添加一个 Cube。

（2）执行菜单命令 Window → Animation，打开 Animation 编辑窗口，如图 7-49 所示。

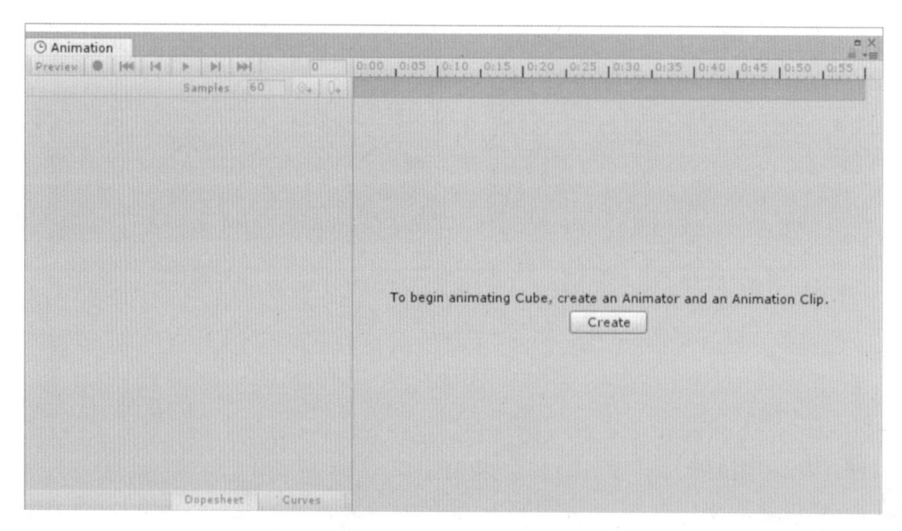

图 7-49　Animation 编辑窗口

（3）由于不能在游戏对象上添加 Animation Clip，因此 Unity 自动创建一个 Animator Controller。目前 Cube 上没有任何动画，单击 Create 按钮从零开始创建，要求以 .anim 为扩展名保存 Animation 文件，默认存在 Asset 目录下。

（4）保存完成后就正式进入 Animation 的编辑过程，此时的编辑窗口如图 7-50 所示。

（5）单击 Add Property 按钮添加想要实现的动画，比如移动、旋转、缩放等等。这里添加一个简单的旋转动画，如图 7-51 所示。

（6）接下来就可以开始添加属性变化以表现动画形式了。但需要提前了解的是，Animation 的编辑模式有普通模式和编辑模式。普通模式下进行的修改不会纳入动画中，单击按下 Animation 窗口左上角的红色实心圆进入编辑模式，此时的修改会全部记录在白线选定的时间点并用蓝色标记显示，如图 7-52 所示。

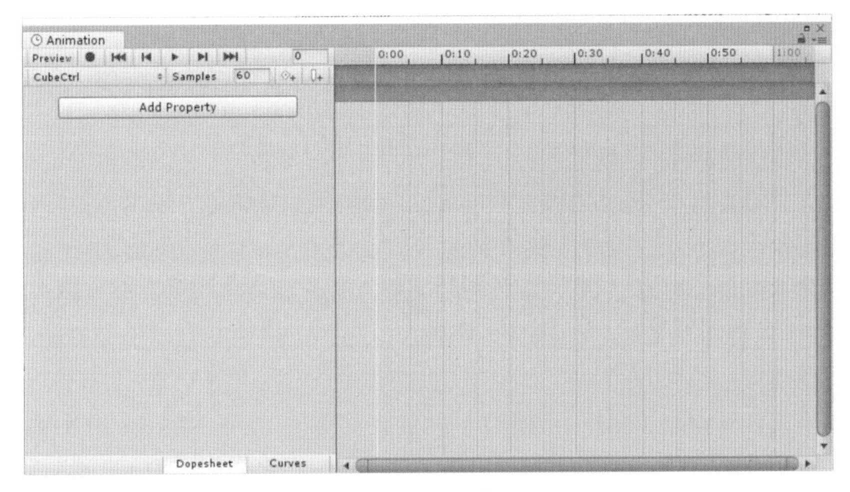

图 7-50　编辑窗口

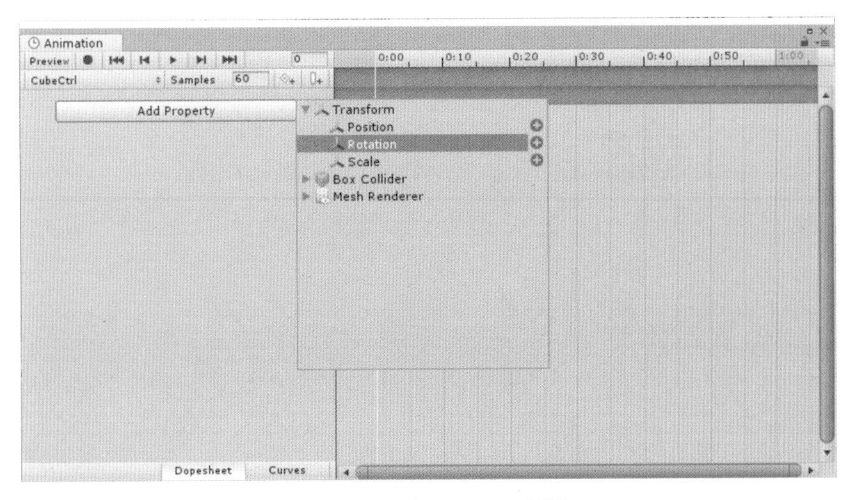

图 7-51　添加 Rotation 属性

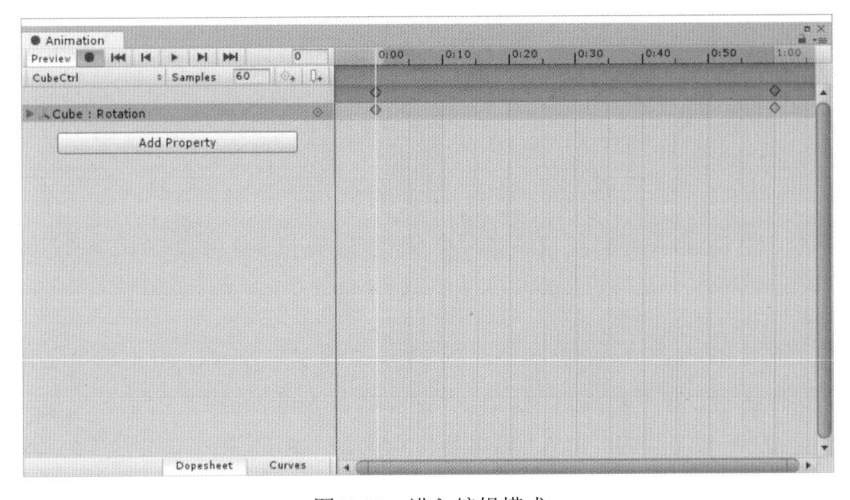

图 7-52　进入编辑模式

在图 7-52 中，白色的竖线代表当前的时间，可以在上方的时间轴上拖动白线来改变当前动画时间。接着是两行并行的时间线，它们完全和左侧的属性对应，当我们在特定的时间点改变了属性的值，右侧的时间轴上就会对应地多出一个菱形的图标，默认情况下只有开始和结束的时间点菱形图标。如果角色时间轴过窄，可以通过滑动鼠标中键来缩放时间轴。默认情况下动画的跨度只有 1s，可以通过改变起点和终点的菱形图标位置来延长和缩短动画时间。时间轴上的 0.30 并不是说是 0.3s，而是表示经过了 30 个采样点。在窗口左侧的 Samples 中可以修改 1s 包含的采样点数。如果 1s 有 60 个采样点，那么 0.30 处代表的 30 个采样点就可以近似地认为经过了 0.5s。了解这些有助于设置动画各个关键帧状态的变化速率。

（7）接下来就开始添加变换小菱形了。比如要实现在 0.5s 内将 Cube 沿 Y 轴旋转 90°，在后 0.5s 内旋转回来，只需要添加中间的一个关键节点即可。移动白线到 0.30 处，设置 Cube 的 Inspector 视图中 Transform 组件中 Rotation 选项的 Y 值为 90，如图 7-53 所示，Animation 窗口的白线上就会自动多出菱形标记，如图 7-54 所示。

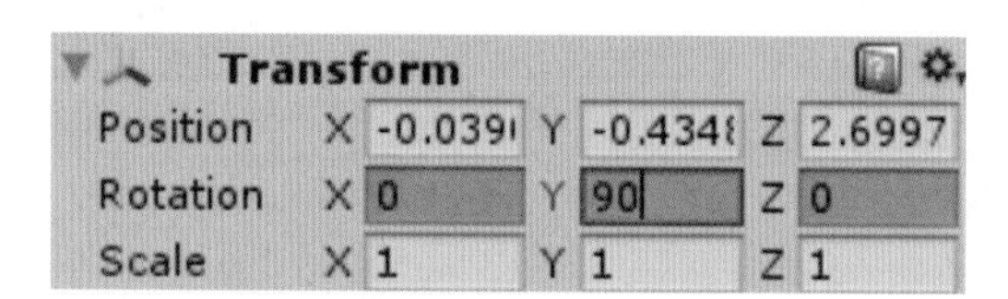

图 7-53　修改 Y 轴的旋转角度

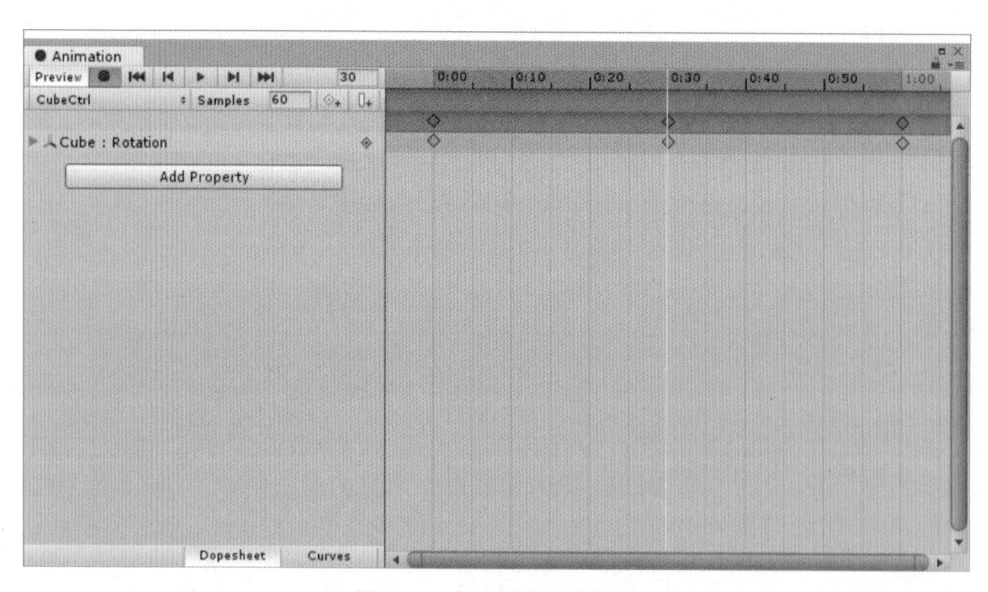

图 7-54　自动创建关键节点

（8）由于默认的 0s 和 1s 关键节点处的 Cube 的角度就是 0，因此不需要再修改，需要的动画就制作好了。想要预览效果，可以直接单击 Animation 上的播放标记。此时场景中的 Cube 就会沿 Y 轴旋转 90°，然后再旋转回来，不断地循环，如图 7-55 所示。

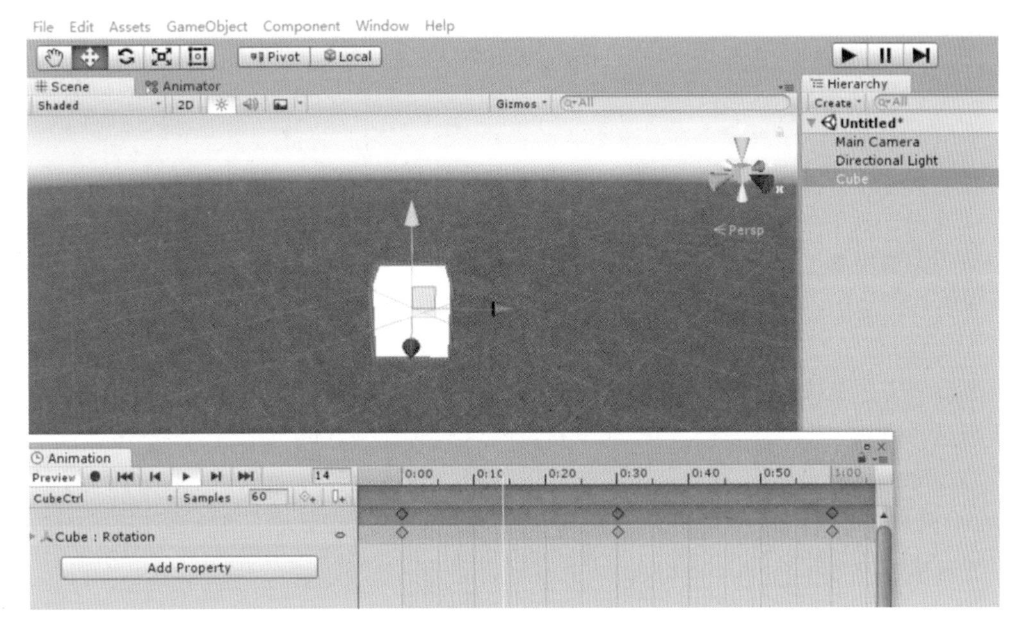

图 7-55 播放 Animation Clip

（9）最后观察 Cube 上的组件，发现新增了一个 Animator，它是 Unity 自动添加的，并引用了系统创建的 Cube.Controller，如图 7-56 所示。

（10）在 Project 视图中，可以看到生成的 Cube.Controller 文件和 CubeCtrl.Anim 文件，如图 7-57 所示。打开 Cube.Controller 文件，发现在动画控制器中自动添加了前面刚刚创建的 CubeCtrl 状态，并完成了过渡设置，如图 7-58 所示。

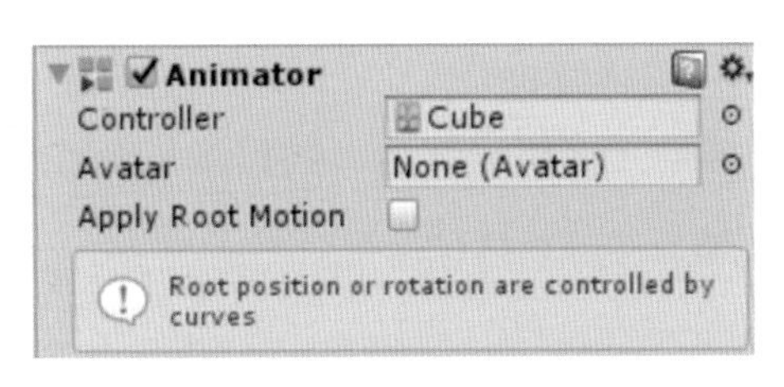

图 7-56 自动添加的 Animator 组件

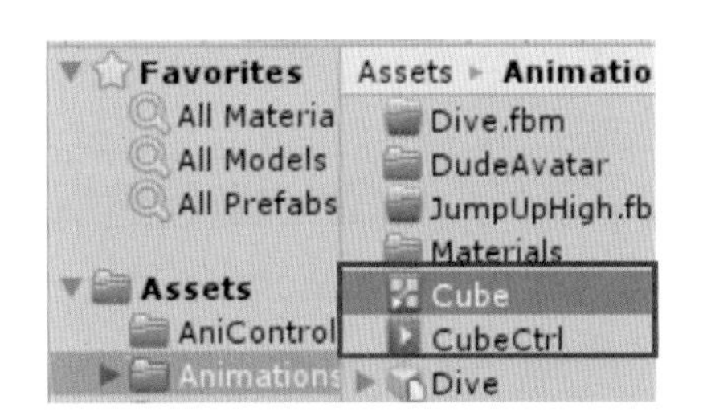

图 7-57 生成的动画相关文件

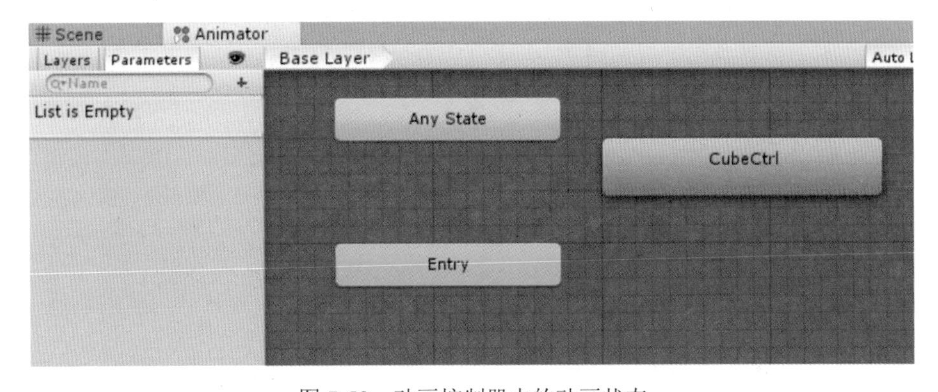

图 7-58 动画控制器中的动画状态

7.4 人形动画的重定向

在 Mecanim 动画系统中，人形动画重定向功能是非常强大的，这意味着用户只通过很简单的操作就可以将一组动画应用到各种各样的人形角色模型上。由于重定向功能只能应用到人形模型上，所以为了保证应用之后的动画效果，必须正确配置 Avatar。

7.4.1 重定向的原理

Avatar 文件是模型骨骼架构与系统自带骨骼架构间的桥梁，重定向的模型骨骼架构都要通过 Avatar 与自带骨骼架构搭建映射。映射后的模型骨骼可通过 Avatar 驱动系统自带骨骼运动，这样就会产生一套通用的骨骼动画，其他角色模型只需借助这套通用的骨骼动画，就可以做出与原模型相同的动作，实现角色动画的重定向。通过这项技术的运用，可以极大地减少开发者的工作量。

7.4.2 重定向的应用

在使用 Mecanim 动画系统重定向功能时，Scene 场景中应包含以下的元素。

- 导入含有 Avatar 的角色模型。
- 确定含有 Animator 组件，其中引用了一个 Animator Controller 资源。
- 实例化一组被 Animator Controller 引用的动画片段。
- 绑定用于角色动画的脚本。
- 确定含有角色相关的组件。
- 在场景中建立另外一个含有 Avatar 的角色模型。

下面通过一个简单的案例详细讲解人形动画的重定向功能。

（1）打开上一节创建的工程文件 Animator，向场景中添加其他人物模型。将 Assets 面板下的资源包中的 Characters 文件夹下的 TeddyBear 模型文件拖拽到场景中，调整位置，如图 7-59 所示。

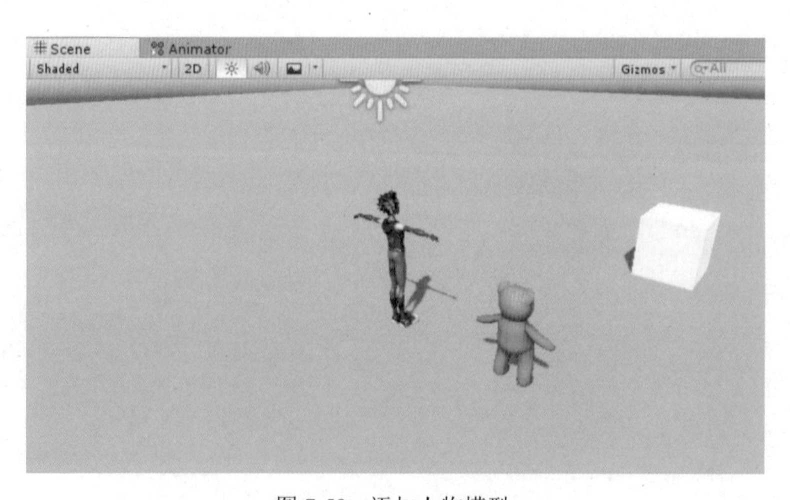

图 7-59 添加人物模型

（2）关闭原始角色模型 Player。选中刚添加的人物模型 TeddyBear，将以前创建好的动画状态机逻辑对象 Player 拖拽到 Animator 组件的 Controller 选项，如图 7-60 所示。

（3）检测一下该模型的 Avatar 配置是否成功。单击 Inspector 面板中的 Select 按钮，选择 Rig 选项，单击 Configure 按钮，确认当前模型 Avatar 骨骼以匹配成功，如图 7-61 所示。确认无误后，单击 Inspector 面板下方的 Done 按钮，返回原场景中。

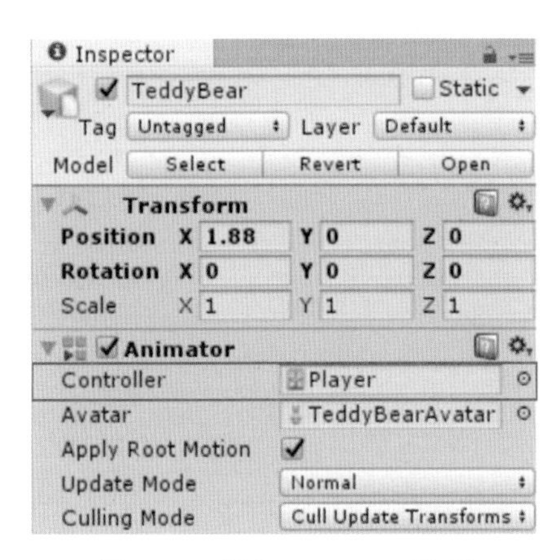

图 7-60 指定 Controller 选项

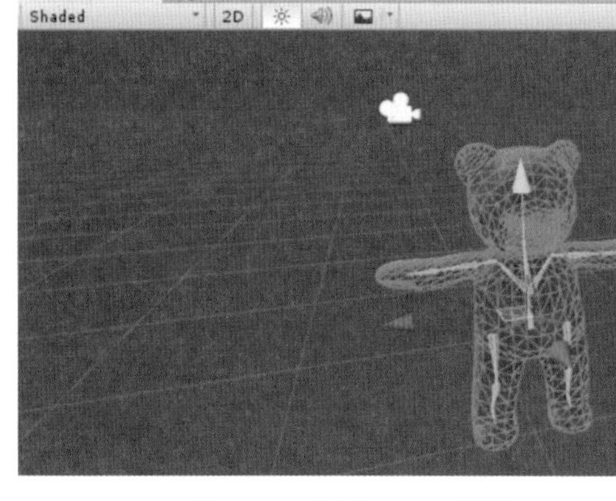

图 7-61 检测 Avatar 配置

（4）将脚本 PlayerController 拖拽到新的模型对象 TeddyBear 上，测试播放场景动画，实现动画控制效果，完成重定向，如图 7-62 所示。

图 7-62 最终重定向效果

本章小结

本章集中介绍了 Unity 软件 Mecanim 动画系统中各个功能模块与组件的使用方法和属性参数设置，并且通过具体的案例将 Mecanim 动画系统的各项功能进行综合性的应用。当然，动画系统综合应用并不能仅仅通过几个实例就能达到熟练的程度，它需要游戏开发者不断地练习和探索。

第 8 章
Unity 虚拟现实典型处理技术

8.1 全局光照技术

全局光照（Global Illumination，GI）是表示光线从表面反射到另一个表面（间接光）的工作方式的模型，它不仅限于从光源直接击中表面的光（直接光）。使用间接光能使虚拟世界看起来更加真实和相互连接，因为物体之间相互影响显示效果。一个经典的例子是“颜色出血”效果，比如太阳光照射一个红色沙发时，红光会被反射到沙发后面的墙上；另一个例子是太阳照射一个洞穴入口处的地面时向内部各个方向反射，洞穴内部也会被照亮。

8.1.1 使用预处理光照

Unity 中的预处理光照在后台计算，可以是自动过程或者手动触发。两种方式都可以继续在编辑器中继续工作，计算过程会在场景后台运行。处理过程运行时，一个蓝色的进度条会出现在编辑器的右下角。根据启用的是烘焙 GI 或预处理实时 GI，需要完成不同阶段的处理，当前处理过程的信息显示在进度条上面，如图 8-1 所示。

图 8-1　预处理过程进度条

1. 开始预处理

Unity 预处理光照方案只考虑静态几何体，场景中至少要有一个静态 GameObject 才能开始光照预处理过程。可以单个修改，也可以使用 Shift 键在 Hierarchy 面板选取多个 GameObject 进行修改，在属性面板选中 Static 复选框。对于预处理实时 GI，只需要选中 Lightmap Static 项。

如果将场景设置为 Auto Generate，Unity 的光照预处理会自动开始，并且场景中任何几何体改变时会自动更新。如果没有启用 Auto Generate，必须手动单击后面的 Generate

Lighting 按钮开始光照预处理过程，如图 8-2 所示。

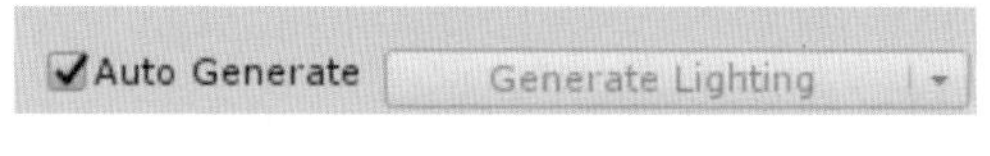

图 8-2　自动 / 手动预处理

提示：使用 Auto Generage 模式时，Unity 将光照信息保存在一个空间有效的临时缓存中，也就是说超过缓存空间大小时，Unity 会删除旧的光照数据。如果场景一来，自动生成的光照数据被删除，则生成项目的时候会可能出现错误。这种情况下，生成的项目中场景的光照可能不正确。因此，在生成游戏之前应该取消 Auto Generage，为所有场景手动生成光照数据。Unity 会将光照数据作为 Asset 文件保存在项目文件夹，也就是说，数据被保存为项目的一部分包含在生成结果中。

2. 启用烘焙 GI 或实时 GI

默认情况下 Unity 会同时开始烘焙 GI 和实时 GI。烘焙 GI 全部在预处理完成，实时 GI 在使用间接光照时会生成一些预处理结果。光照系统最灵活的方式是同时使用烘焙 GI 和实时 GI，这也是最消耗性能的选项。可以选择禁用实时 GI 或烘焙 GI 来减少对性能的要求，但要注意这会削弱光照系统的灵活性和功能。

执行菜单 Window → Lighting → Settings 命令，在 Scene 选项中选中 Realtime Global Illumination 启用实时 GI；选中 Baked Global Illumination 启用烘焙 GI，如图 8-3 所示。取消相应的选中则禁用相应的 GI 系统，如果有光照使用的是禁用的 GI 模式，它们会被设置为使用激活的 GI 系统。

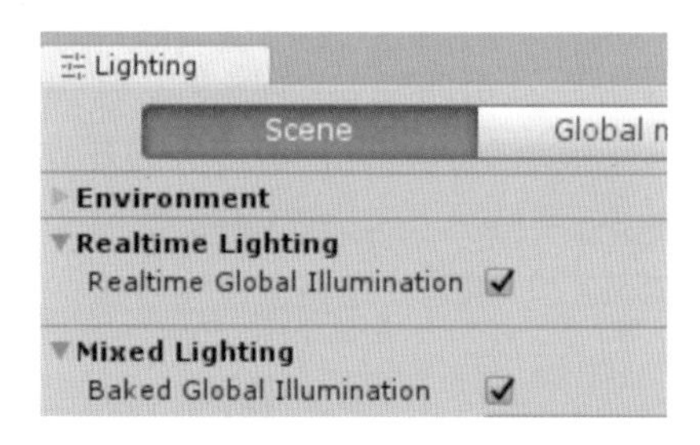

图 8-3　启用烘焙 GI 或实时 GI

8.1.2　烘焙环境遮掩

环境遮掩（Ambient Occlusion，简称 AO）通过描绘物体之间由于遮挡而产生的阴影，能够更好地捕捉到场景中的细节，可以解决漏光、阴影漂浮等问题，改善场景中角落、锯齿、裂缝等细小物体阴影不清晰等问题，增强场景的深度和立体感。它是创建逼真的周围环境的关键因素，提供了我们期望从全局照明和其他更复杂的间接照明技术中获得的柔和阴影。

要想查看并启用烘焙 AO，执行 Windows → Lighting → Settings 命令，在 Scene 选项卡中，找到 Mixed Lighting 部分，勾选 Baked Global Illumination，然后再找到 Lightmapping Settings 部分，勾选 Ambient Occlusion 复选框以启用烘焙 AO，如图 8-4 所示。

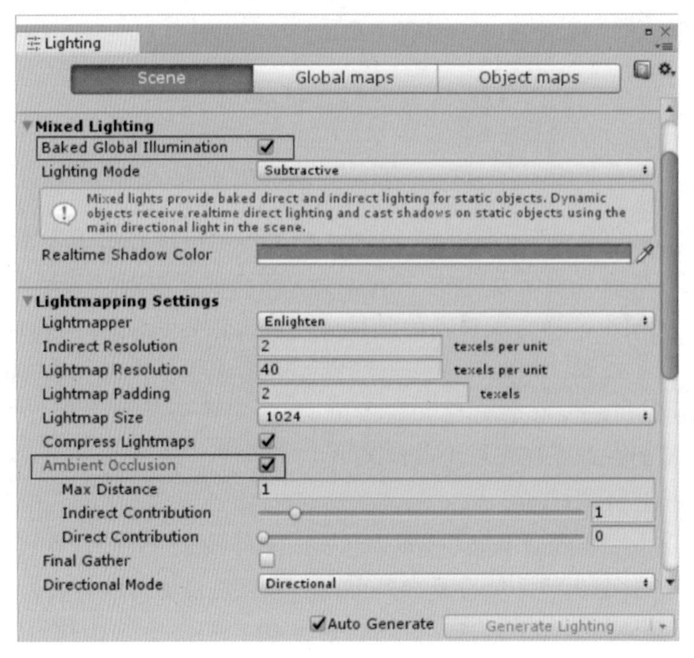

图 8-4　启用烘焙 AO

其中，Amibent Occlusion 下的各参数含义如下：

- Max Distance：控制射线的距离以判断一个对象是否被遮挡。较大的值会产生更长的射线，从而在 Lightmap 中生成更多阴影；反之则生成的阴影较少。0 表示射线距离无限长，默认值是 1。
- Indirect Contribution：用来调节最终形成的 Lightmap 中的间接光的亮度（也就是环境光，物体对象反射或发出的光）。范围从 0 到 10，默认值是 1。
- Direct Contribution：用来调节直接光的亮度。范围从 0 到 10，默认值是 0。值越大直接光的对比度越高。

8.1.3　光照探测器

光照探测器用来捕获和使用光照穿过场景中一块空白区域的信息。与光照贴图相似，光照探测器存储场景中光照的“烘焙”数据。区别在于：光照贴图存储照射到场景中表面的光照信息；光照探测器存储光照穿过场景中空白区域的信息。

光照探测器有两个主要用途：

第一个用途即基本的用途是为场景中移动的物体提供高质量的光照（包括反射的间接光）。

第二个用途是为场景中使用了 Unity 的 LOD 系统的物体提供光照信息。

不管是为了哪个目的使用光照探测器，重要的是记住光照探测器的工作方式，这样才能选择在场景中的什么地方放置探测器。

1. 放置光照探测器

（1）要在场景中放置光照探测器，可以直接选择菜单中的 GameObject → Light >Light Probe Group 命令来添加一个 Light Probe Group 对象。也可以使用一个带 Light Probe

Group 组件的 GameObject 对象。Light Probe Group 组件可以添加到场景中的任何物体上，但是最好将它添加到一个新建的空 GameObject 对象上，如图 8-5 所示。

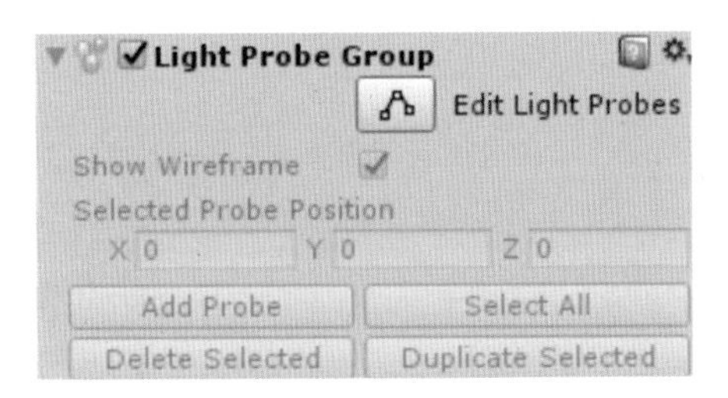

图 8-5 Light Probe Group 组件

（2）Light Probe Group 有编辑模式，单击组件上的按钮，可以打开或关闭编辑模式。要增加、移动或者删除光照探测器，必须将 Light Probe Group 的编辑模式打开。

（3）在光照探测器的编辑模式中，尽管每个独立的探测器不是 GameObject，但仍可以使用与 GameObject 相似的方式操作每个光照探测器。光照探测器是存储在 Light Probe Group 组件中的一系列点。开始编辑一个新的 Light Probe Group 时，8 个光照探测器默认分布在一个立方体的定点上，如图 8-6 所示。

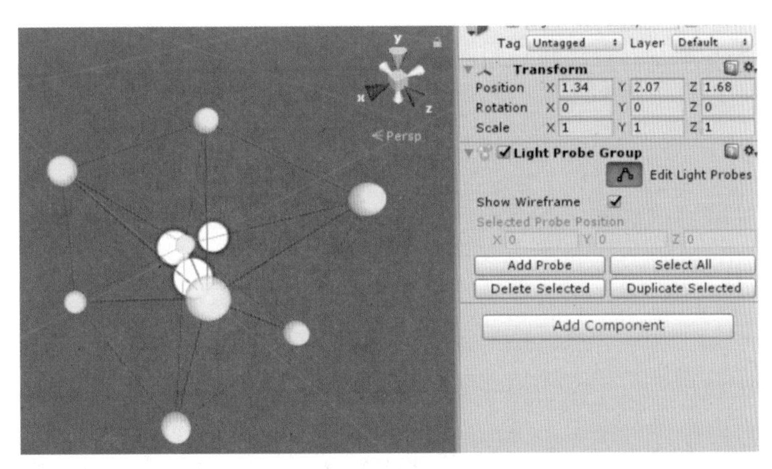

图 8-6 光照探测器的默认分布

（4）现在可以使用 Light Probe Group 属性窗口中的控件向 group 中添加新的探测器位置。场景中的探测器用黄色的球体表示，能使用与 GameObject 一样的方式定位，也可以选中单个或多个探测器，使用 Ctrl+D 快捷键复制。

2. 选择光照探测器的位置

与一般覆盖物体表面有连续分辨率的光照贴图不一样，光照探测器的分辨率完全由探测器位置的相近程度决定。为了优化光照探测器存储数据的大小以及游戏进行时计算量的大小，应该尽可能少地放置光照探测器。但是，也应该根据光照在不同空间的变化放置足够的探测器，以达到能接受的效果。也就是说，在一个复杂或光照对比强烈的区域，需要放置更密集的光照探测器，在光照没有明显变化的区域则要较稀疏地放置光照探测器，如图 8-7 所示。

图 8-7 场景中光照探测器的不同放置密度

在树木间对比度高、颜色变化大的位置，探测器放置得很密；在光照变化不明显的地面上，探测器放置得很稀疏。

放置探测器最简单的方法是将它们分布成一个常规 3D 网格形式。虽然这种方法简单高效，但有时可能会消耗不必要的内存，并且有大量冗余的探测器。

3. 创建一个区块

即使游戏发生在 2D 平面（比如在道路表面行驶的汽车），光照探测器也必须形成 3D 区块，如图 8-8 所示，探测器被分为两层，一些在地面上，一些在高处，由许多独立四面体围成的一个 3D 区块。

图 8-8 光照探测器的分布

4. 动态 GI 的光照探测器放置

Unity 的实时 GI 能将移动光照发出的动态反射光投射到静态场景中，同时使用光照探测器，移动的 GameObject 可以接收移动光照的动态反射光。因此光照探测器实现两个相近但不同的功能：它们存储静态烘焙光，而在运行时它们表示动态实时全局光照的采样点，影响移动物体的光照。

如果使用动态移动的光照，并且要在移动的 GameObject 上形成实时反射光，这个功能会影响放置光照探测器位置和密度的选择。在一个很大的区域中，相对变化很小的静态光照，就只需要放置少数探测器，因为光照在很大的区域上没有变化。但是如果要在区域中移动光照，并且 GameObject 会在场景中移动并接收反射光，就需要一个较高密度的光照探测器，才能得到足够高的光照样式准确度。

放置探测器的密度，需要根据光照的大小、范围和移动的速度，以及需要接收反射光照的移动物体的大小的不同来调整。

5. 网格渲染

移动物体的网格渲染（Mesh Renderer）组件必须设置正确，才能在移动 GameObject 上使用光照探测器。网格渲染组件的光照探测器设置，默认为 Blend Probes。也就是在默认情况下，所有的 GameObject 都会使用光照探测器，并且随着物体在场景中移动，会融合最近的光照探测器，如图 8-9 所示。

网格渲染属性对于光照探测器相关的另一个设置是锚点覆盖，如图 8-10 所示。前面描述了一个 GameObject 穿过场景时，Unity 使用光照探测器集合定义的区块来计算 GameObject 落进的四面体。默认情况下是使用网格包围盒的中心点进行计算，可以为锚点覆盖属性设置一个不同的 GameObject 来覆盖这个默认的点。

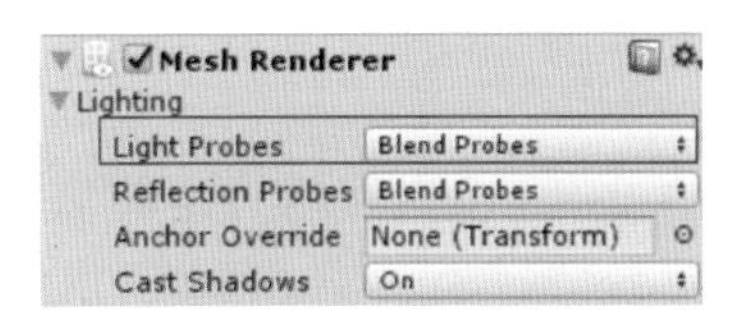

图 8-9 网格渲染组件的光照探测器设置

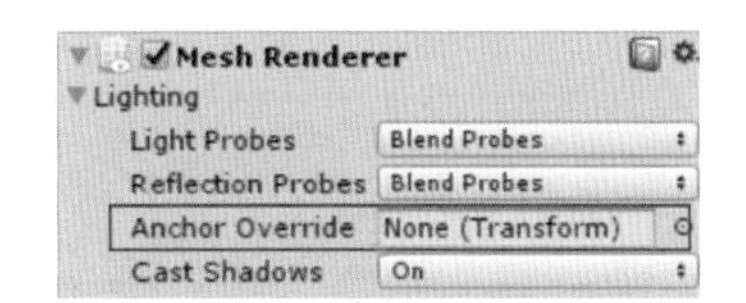

图 8-10 网格渲染组件的锚点覆盖设置

如果为这个属性设置了另外一个 GameObject，可以自主控制 GameObject 按照某种方式移动，以达到想要在网格上达到的显示效果。当一个 GameObject 包含两个独立相邻的网格时可能有用；如果两个网格根据它们的包围盒位置单独进行光照，它们连接的位置光照可能会不连续。可以使用同一个 Transform（比如父对象或一个子对象）来作为两个网格渲染的插值点或者使用光照探测器代理区块来避免光照不连续的问题。

8.2 导航网格寻路技术

导航网格是 3D 游戏世界中用于实现动态物体自动寻路的一种技术，将游戏中复杂的结构组织关系简化为带有一定信息的网格，在这些网格的基础上通过一系列的计算来实现自动寻路。导航时，只需要给导航物体挂载导航组件，导航物体便会自行根据目标点来寻找最直接的路径，并沿着该线路到达目标点。

8.2.1 Navigation 组件面板

执行菜单 Window → Navigation 命令，打开 Navigation 组件面板，如图 8-11 所示。Navigation 组件面板包括四个模块：Agents、Areas、Bake 和 Object。

1. Agents 模块

Agents 模块可以用来添加多个 Agent，并可以使用不同类型的 Agent。

2. Areas 模块

Areas 模块是设置自动寻路烘焙的层，配合 Nav Mesh Agent 使用，如图 8-12 所示。

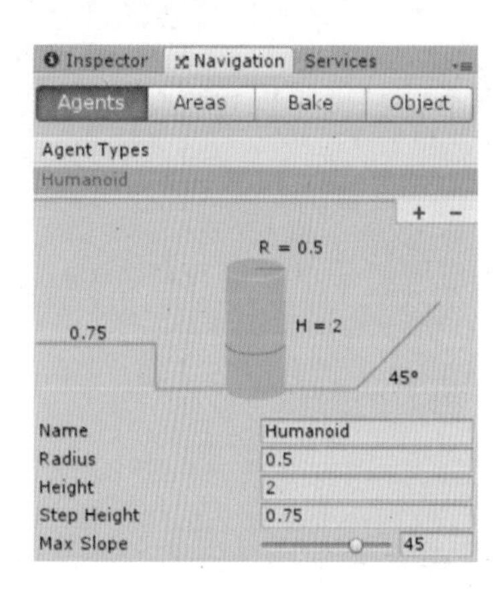

图 8-11 Navigation 组件面板

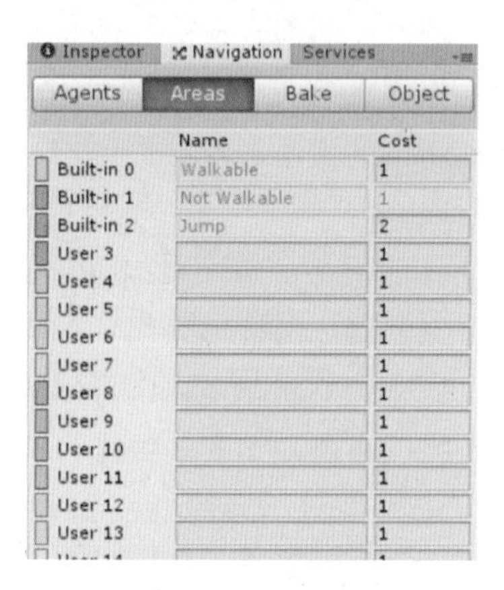

图 8-12 Areas 模块

3. Bake 模块

Bake 模块就是设置烘培参数的，如图 8-13 所示。

4. Object 模块

Object 模块是设置去烘培哪个对象（比如地形之类的），就是可以行走的范围路径，如图 8-14 所示。

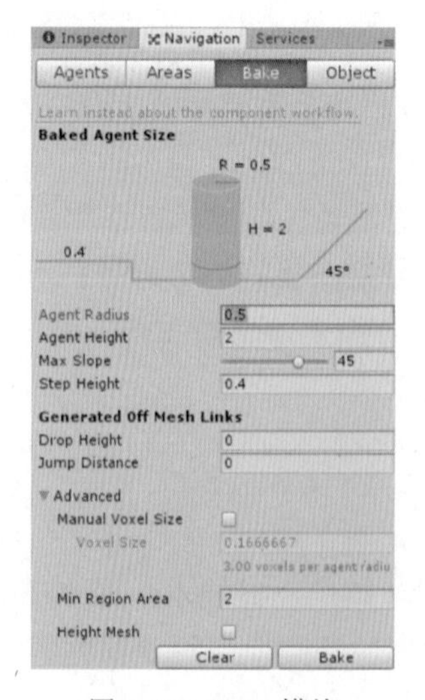

图 8-13 Bake 模块

图 8-14 Object 模块

8.2.2 Nav Mesh Agent 组件

执行菜单 Component → Navigation → Nav Mesh Agent 命令，打开导航组件，如图 8-15 所示。

Nav Mesh Agent	
Agent Type	Humanoid
Base Offset	0.5
Steering	
Speed	3.5
Angular Speed	120
Acceleration	8
Stopping Distance	0
Auto Braking	✓
Obstacle Avoidance	
Radius	0.5
Height	1
Quality	High Quality
Priority	50
Path Finding	
Auto Traverse Off M	✓
Auto Repath	✓
Area Mask	Everything

图 8-15 Nav Mesh Agent 组件

8.2.3 自动寻路案例

前面对导航网格自动寻路的相关组件进行了认识，接下来通过一些案例来掌握自动寻路技术的应用。

【例 8-1】简单寻路。

（1）在文件夹 Chap13 中，新建工程项目文件，命名为 Navigation，然后保存当前场景文件 SimpleNav。

（2）在场景中创建三个 Cube，分别设置 Transform 组件里的值，搭建如图 8-16 所示的基本场景。

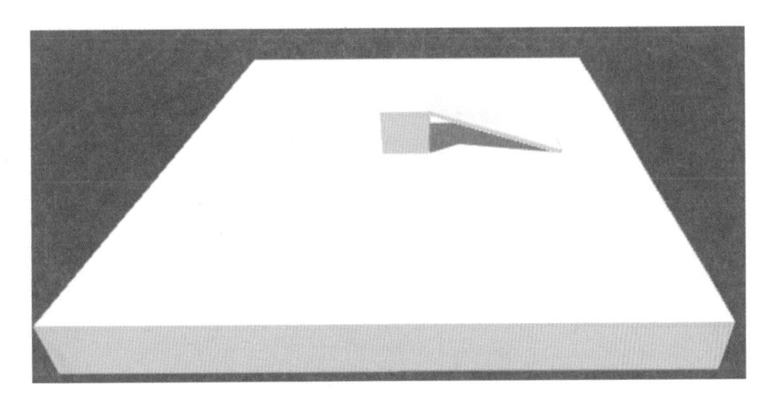

图 8-16 搭建基本场景

（3）选中图 8-16 中的三个 Cube，并在 Inspector 视图中选中静态（Static）下拉选项中的 Navigation Static 项，如图 8-17 所示。

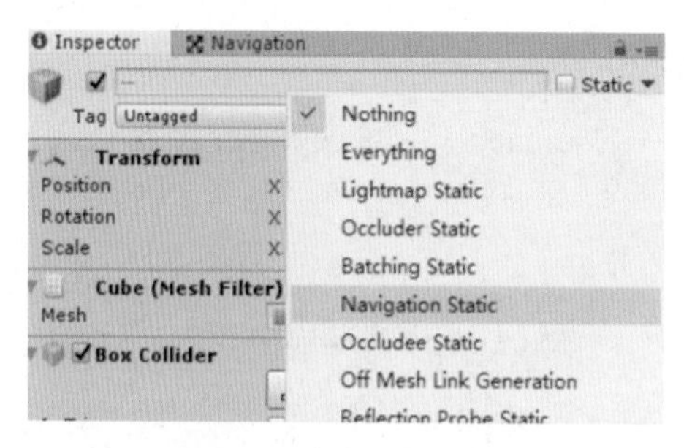

图 8-17　设置物体的 Navigation Static 状态

（4）执行菜单 Window → Navigation 命令，打开 Navigation 面板，单击 Bake 模块，单击该面板右下角的 Bake 按钮，即可生成导航网格，如图 8-18 所示。

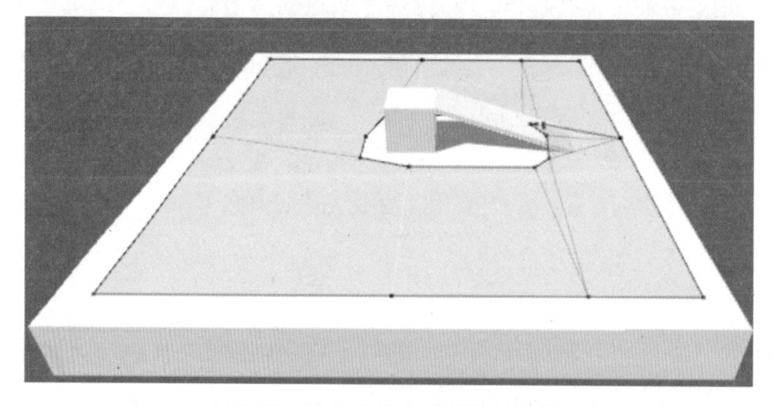

图 8-18　默认参数生成的导航网格

（5）由图 8-18 可以看出物体周围还有很多空白的区域，而且斜坡上几乎没有生成网格，这会导致物体自动寻路时不会通过斜坡上去，这就需要修改烘焙参数。将烘焙半径设置为 0.1，然后单击 Navigation 面板右下角的 Clear 按钮，先清除以前的网格，再单击 Bake 按钮，生成新的导航网格，如图 8-19 所示。

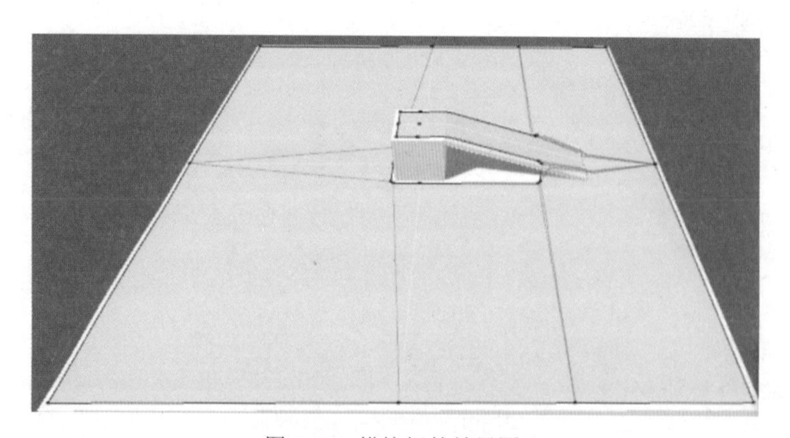

图 8-19　烘焙好的效果图

（6）接下来就可以让一个物体根据一个导航网格自动运动到目标位置。新建一个 Cube 为目标位置，取名为 TargetCube，再创建一个 Capsule 胶囊运动体，如图 8-20 所示。

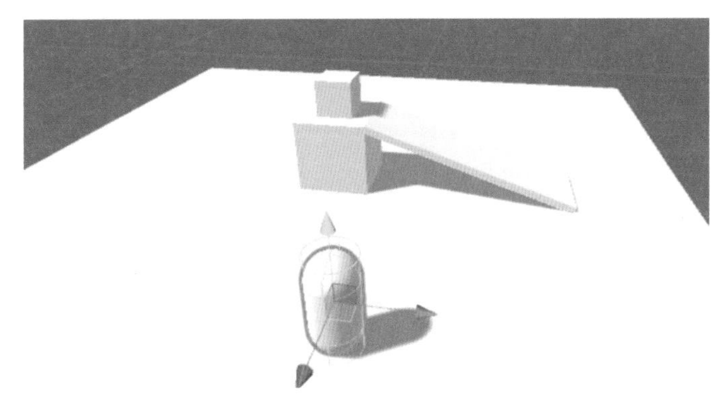

图 8-20　创建目标位置及运动体

（7）为胶囊物体 Capsule 添加一个 Nav Mesh Agent 组件，再创建一个脚本 Run，挂载到胶囊物体上，脚本代码如下：

```
using System.Collections;
using System.Collections.Generic;
using UnityEngine;
using UnityEngine.AI;            // 需添加的命名空间
public class Run : MonoBehaviour {
    public Transform targetObject = null;
    void Start () {
            if (targetObject != null) {
                    GetComponent<NavMeshAgent> ().destination = targetObject.position;
            }
    }
}
```

（8）将 TargetCube 赋予胶囊体的 Run 脚本，运行场景，胶囊物体会沿着斜坡的方向运动到 Cube 目标位置，如图 8-21 所示。

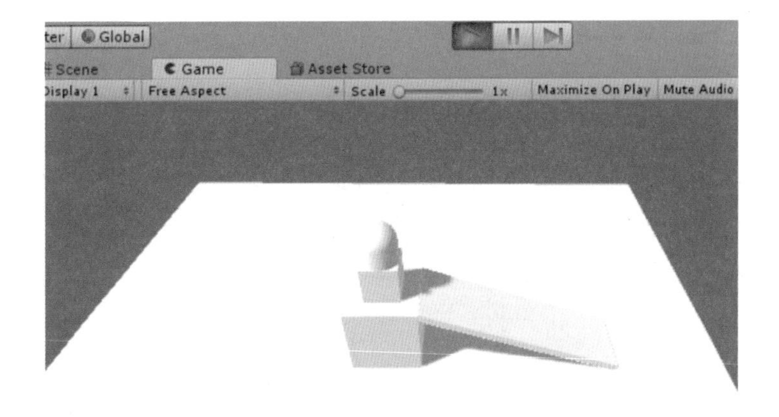

图 8-21　物体沿着导航网格运动到目标位置

（9）一个简单的自动寻路完成，保存场景。如需实现更精细的寻路，则需要对一些参数进行调节。

【例 8-2】鼠标控制物体运动的位置。

（1）打开前面创建的工程项目文件 Navigation，新建场景 NavMesh。

（2）布置场景。创建一个 Plane 作为地板，四个 Cube 作为围墙，一个 Sphere 作为运动体。创建两个默认的普通材质球，红色材质球赋给小球对象，绿色材质球赋给围墙对象，如图 8-22 所示。

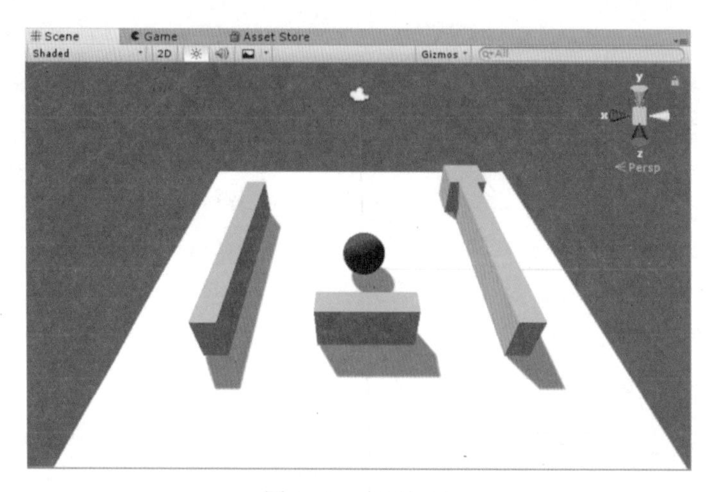

图 8-22　布置场景

（3）选中代表墙的 Cube 和代表地板的 Plane，将其 Inspector 视图的 Static 下拉选项中的 Navigation Static 勾选上，表示这些都是寻路的障碍物。

（4）执行菜单 Window → Navigation 命令，打开 Navigation 面板，单击 Bake 模块，设置烘焙半径为 0.4。单击面板右下角的 Bake 按钮，烘培之后就会出现如图 8-23 所示的淡蓝色可移动的区域。这是 Unity 自己能计算出来的。

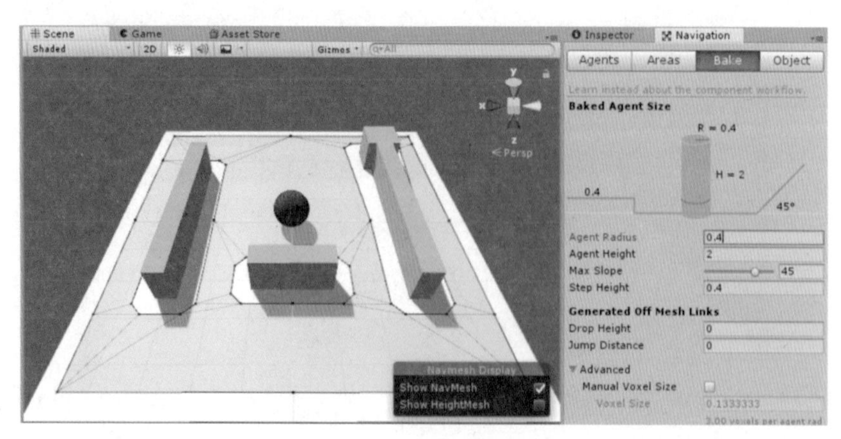

图 8-23　生成导航网格

（5）给红色小球添加 Nav Mesh Agent 组件，表示它是一个被导航体。它里面的半径、速度等，Unity 3D 在添加这个组件的时候是计算好的，如果是自己导入的 3D 模型，需要将半径改到和你的 3D 模型基本匹配的程度。

（6）再给 Plane 添加一个 Plane 标签，用于碰撞检测，如图 8-24 所示。

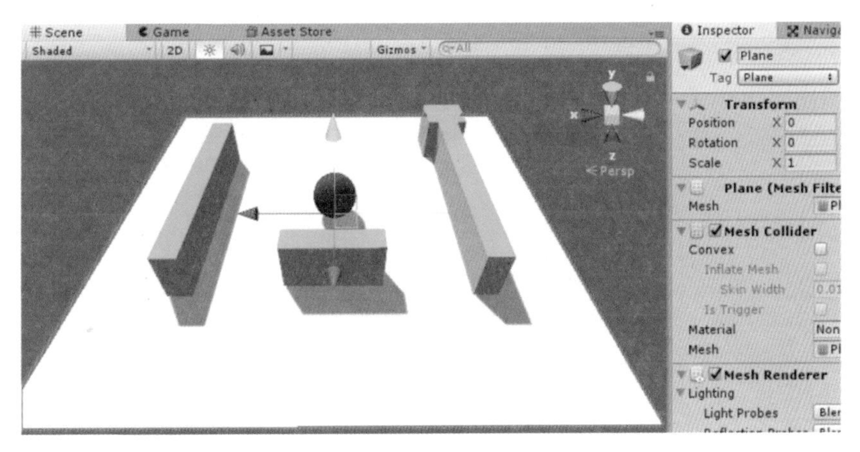

图 8-24　添加 Plane 标签

（7）创建脚本 Move，并挂载到红色小球上。双击打开脚本文件，添加如下代码：

```
using System.Collections;
using System.Collections.Generic;
using UnityEngine;
using UnityEngine.AI;              // 需添加的命名空间
public class Move : MonoBehaviour {
  private NavMeshAgent navMeshAgent;
  void Start () {
    navMeshAgent = gameObject.GetComponent<NavMeshAgent>();       // 初始化 navMeshAgent
  }
  void Update() {
    if (Input.GetMouseButtonDown(0)){              // 点下鼠标左键
      // 主摄像机向鼠标位置发射射线
      Ray myRay = Camera.main.ScreenPointToRay(Input.mousePosition);
      RaycastHit hit;
    if (Physics.Raycast(myRay, out hit))            // 射线检验
      {
    if (hit.collider.gameObject.tag == "Plane")
        {
        //hit.point 就是射线和 Plane 的相交点，即为碰撞点，设为物体运动的目标点
        navMeshAgent.SetDestination(hit.point);
        }
      }
    }
  }
}
```

（8）保存文件，返回场景，运行场景。鼠标单击 Plane 的任意位置，红色小球就会走到相应的位置，而且会绕过绿色障碍物，如图 8-25 所示。

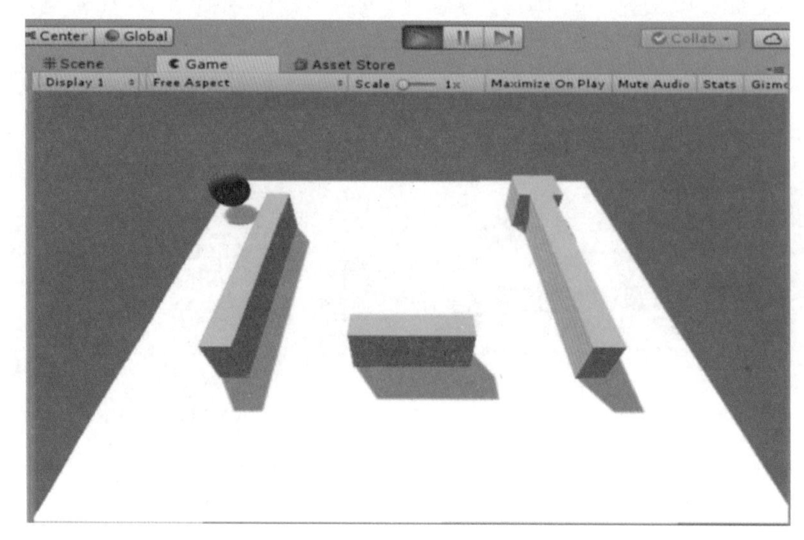

图 8-25　越过障碍物移动到目标点

【例 8-3】隔离层自动生成寻路网格。

（1）在工程项目文件 Navigation 中新建场景。创建两个 Plane 对象，分别命名为 PLeft 和 PRight，两个对象之间留出 2m 的距离，这样控制角色是无法位移通过的，如图 8-26 所示。设置 PLeft 和 PRight 对象的 Inspector 视图中的 Tag 标签为 Plane。

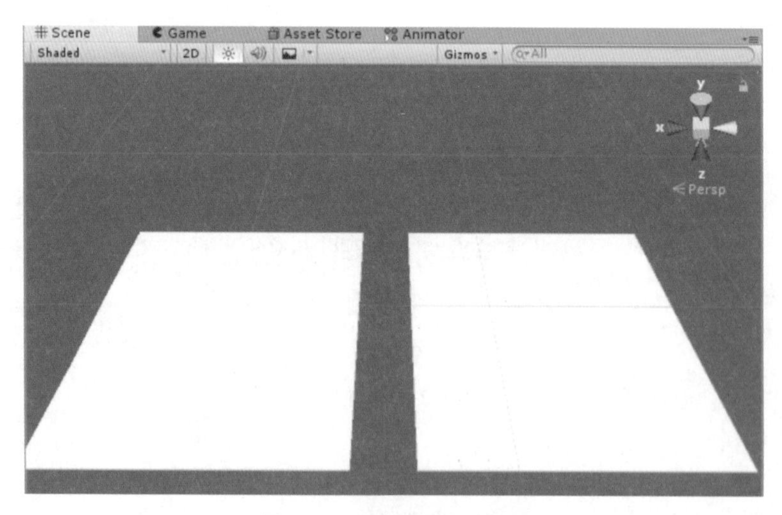

图 8-26　两个隔开的 Plane

（2）打开 Navigation 窗口，分别选中 PLeft 和 PRight，勾选 Object 模块下的 Navigation Static 和 Generate OffMeshLinks 两项，如图 8-27 所示。

（3）保存场景。单击 Bake 模块，设置 Jump Distance 参数值为 2.5，使得能够跳跃过 2m 的宽度，如图 8-28 所示。

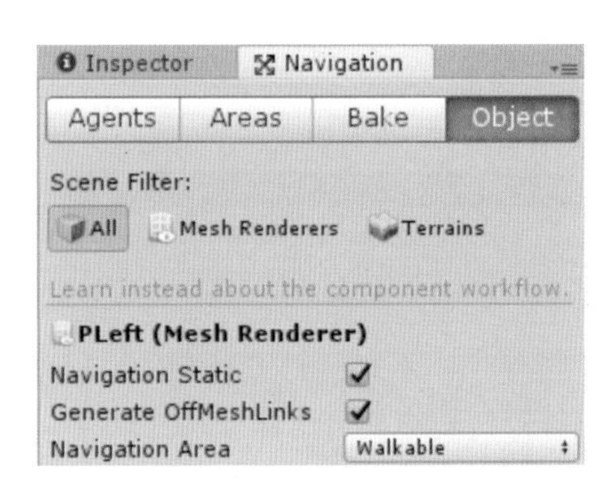

图 8-27 勾选两个复选框

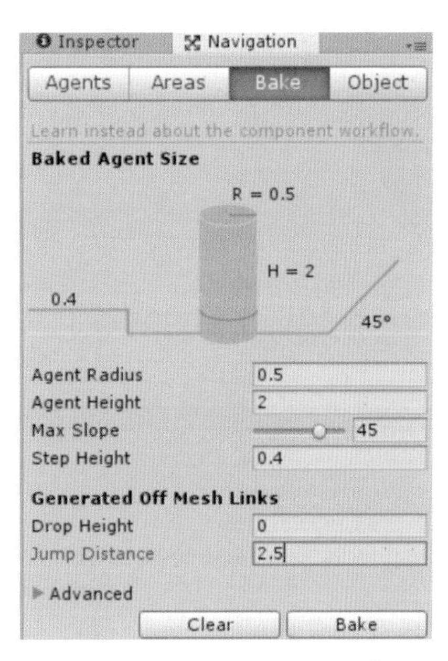

图 8-28 设置 Jump Distance 值

（4）单击 Bake 模块下方的 Bake 按钮烘焙场景。可以看到 PLeft 和 PRight 除了自身生成寻路网格外，它们之间还生成了连接纽带，如图 8-29 所示。

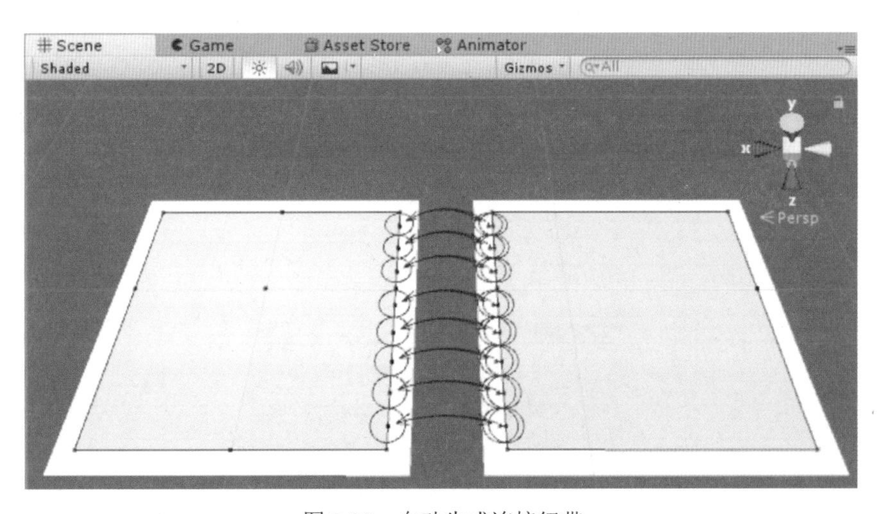

图 8-29 自动生成连接纽带

（5）添加第 7 章提供的人形角色动画资源包 Mecanim1.unitypackage，将 Assets 面板中导入进来的资源包中的 Characters 文件夹下的 U_Character_REF 人形角色模型拖拽到 Hierarchy 视图中，如图 8-30 所示。

（6）参照第 7 章的方法创建 Animator Controller 动画控制器，命名为 Player。设置角色的初始状态和跑动状态，并设置一个动画过渡条件 speed，值为 0 时停留在初始状态，设置为 1 时角色跑动起来，如图 8-31 所示。

（7）选中 Hierarchy 面板中的人物模型，将 Assets 面板下的 Player 状态机拖拽到 Animator 组件的 Controller 选项，并为角色添加 Nav Mesh Agent 组件，如图 8-32 所示。

图 8-30　导入角色模型

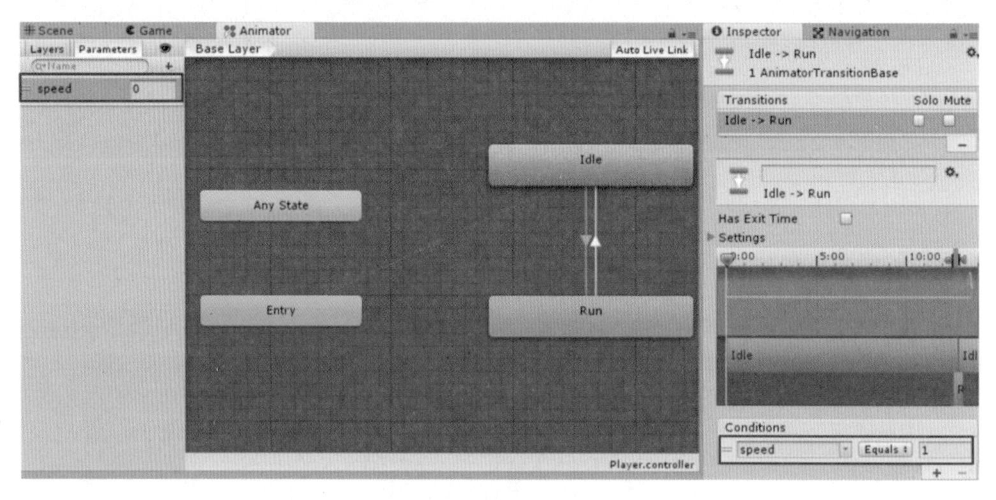

图 8-31　创建角色动画状态

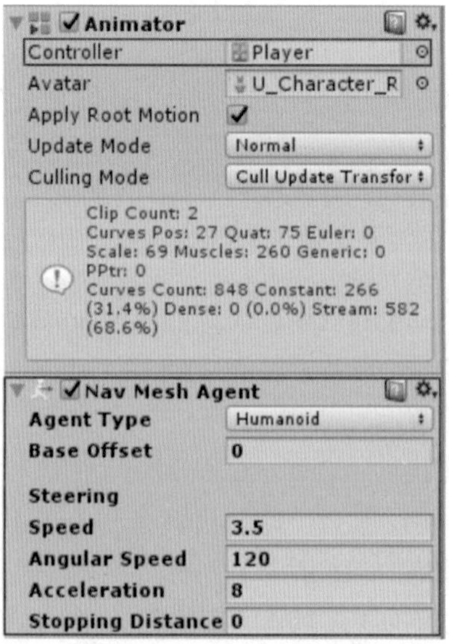

Animator
Controller　Player
Avatar　U_Character_R
Apply Root Motion　✓
Update Mode　Normal
Culling Mode　Cull Update Transfor
Clip Count: 2
Curves Pos: 27 Quat: 75 Euler: 0
Scale: 69 Muscles: 260 Generic: 0
PPtr: 0
Curves Count: 848 Constant: 266
(31.4%) Dense: 0 (0.0%) Stream: 582
(68.6%)
Nav Mesh Agent
Agent Type　Humanoid
Base Offset　0
Steering
Speed　3.5
Angular Speed　120
Acceleration　8
Stopping Distance　0

图 8-32　添加导航组件

（8）为角色添加控制脚本 PlayerController，代码如下 ：

```
using System.Collections;
using System.Collections.Generic;
using UnityEngine;
using UnityEngine.AI;
public class PlayerController : MonoBehaviour {
  private NavMeshAgent agent;
  private Animator animator;
  void Start()
  {
    agent = GetComponent<NavMeshAgent>();        // 获取寻路组件
    animator = GetComponent<Animator>();         // 获取人物模型的 Animator 组件
  }
  void Update()
  {
    if (Input.GetMouseButtonDown(0))             // 鼠标左键单击
    {
      // 摄像机到单击位置的的射线
      Ray ray = Camera.main.ScreenPointToRay(Input.mousePosition);
      RaycastHit hit;
      if (Physics.Raycast(ray, out hit))
      {
        if (!hit.collider.tag.Equals("Plane"))   // 判断单击的是否为地形
        {
        return;
        }
        Vector3 point = hit.point;               // 单击位置坐标
        // 转向
        transform.LookAt(new Vector3(point.x, transform.position.y, point.z));
        agent.SetDestination(point);             // 设置寻路的目标点
      }
    }
    // 播放动画
    if (agent.remainingDistance <= 0.5f)         // 角色移动到了目标点
    {
      animator.SetInteger("speed",0);            // 停留在晃动状态
    }
    else
    {
     animator.SetInteger("speed",1);             // 触发跑动状态
    }
  }
}
```

（9）保存文件，返回场景，运行游戏。随意单击两个平面的任何地方，角色立即跑动起来，到了目标位置就停下来，原地晃动，并且能够根据自动创建的连接纽带跨越鸿沟，如图 8-33 和图 8-34 所示。

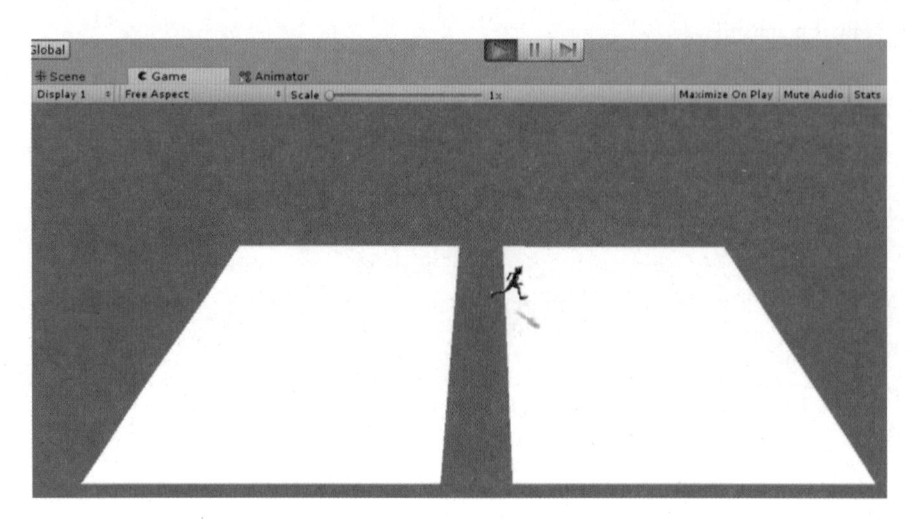

图 8-33　跨越鸿沟跑动起来

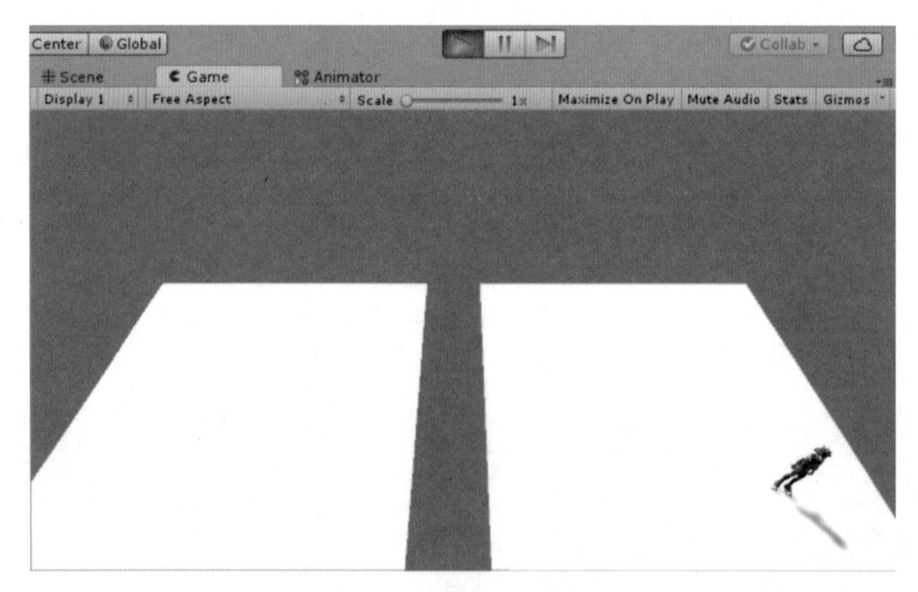

图 8-34　停留在目标位置

【例 8-4】手动指定寻路网格方向。

前面的案例中是系统自动计算的连接路径，有时也可以根据需要自动建立寻路网格方向（比如当遇到楼梯等对象时）。这里只在前面例 8-3 的基础上做一些修改。

（1）将 PLeft 和 PRight 对象的 Generatic OffMeshLinks 选项取消选中。

（2）在 PLeft 上方新建一个空对象，命名为 Start；在 PRight 上新建一个空对象，命名 End，如图 8-35 所示。

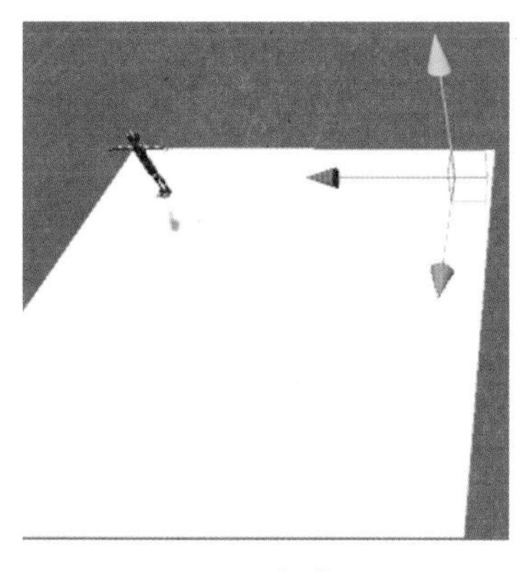

（a）起点

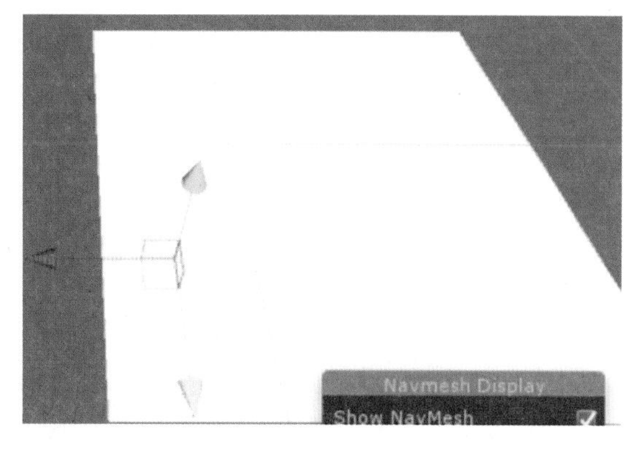

（b）终点

图 8-35　创建两个空对象

（3）选中 Start，执行菜单 Component → Navigation → Off Mesh Link 命令，添加 Off Mesh Link 组件，设置该组件属性 Start Point 为 Start，End Point 为 End，如图 8-36 所示。

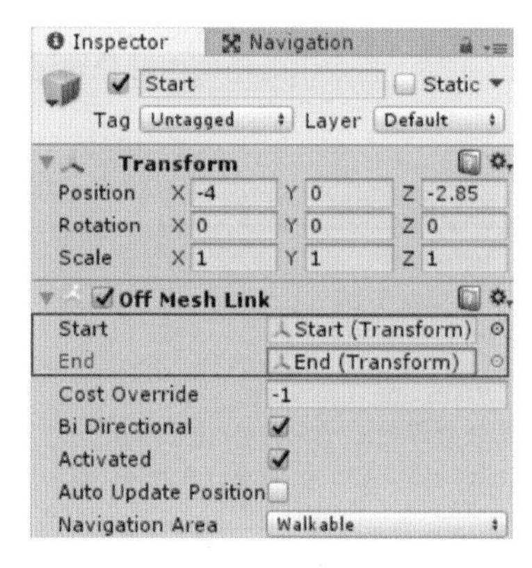

图 8-36　设置 Off Mesh Link 组件属性

（4）保存场景，打开 Navigation 窗口，单击 Bake 模块，单击模块下方的 Clear 按钮，取消前面生成的网格。单击 Bake 按钮，烘焙场景。可以看到有一条纽带从 Start 到 End 之间生成，如图 8-37 所示。

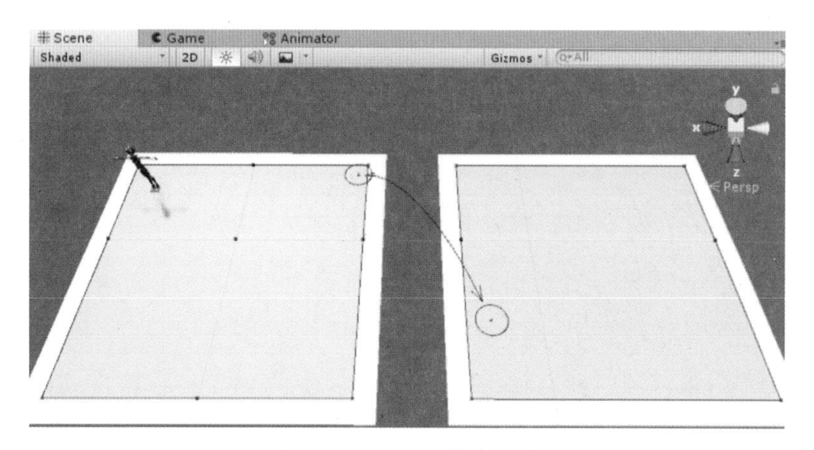

图 8-37　手动创建的路径

(5)运行场景。任意单击地面，如果角色要跨越过去，一定是沿着我们手动创建的路径，如图 8-38 所示。

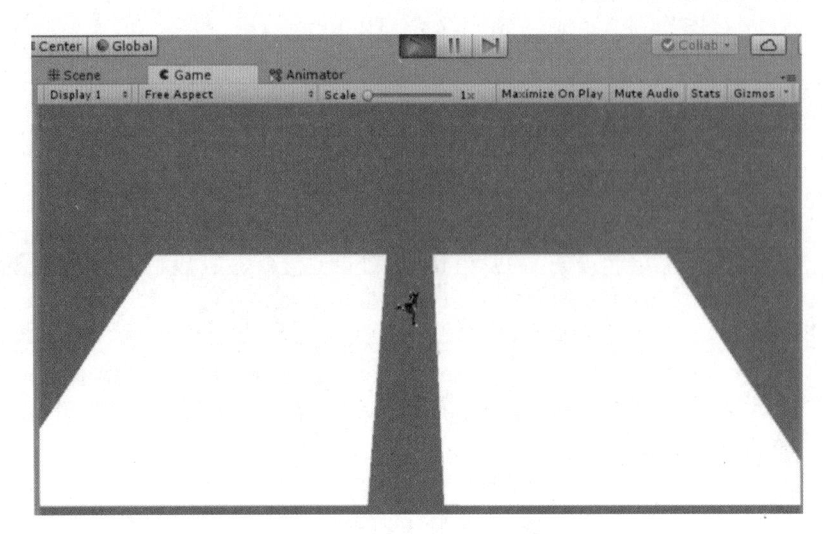

图 8-38　角色沿着指定的路径通过

还有很多的寻路技术需要大家去不断探寻，本书就不一一阐述了。有兴趣的读者可以参阅相关资料，实现更高级的寻路控制。

本章小结

本章重点给读者介绍了 Unity 中一些典型的处理技术，比如全局光照技术、导航网格寻路技术。全局光照技术作为场景优化的重要技术，在虚拟场景的优化过程中被广泛应用。

第二部分
VR 综合案例开发

第 9 章 贪吃蛇小游戏

VR 开发技术里面大部分都是实现 Unity 3D 的开发，后续才会去接触一些常见的 VR 设备，用 VR 设备来展示 3D 视角。所以要想实现一个好的 VR 效果，关键的部分还是 3D 技术的开发。本案例将综合前面学到的 C# 语言和 Unity 3D 的光照系统、物理系统、音效系统、坐标系、游戏组件、预制体等知识点，快速掌握一个 Unity 3D 游戏开发的流程，并对 VR 开发的知识体系有一个初步的了解。

可能有很多版本的贪吃蛇游戏，大多是 2D 的效果。接下来将详细介绍 3D 版的贪吃蛇游戏开发步骤。

9.1 游戏场景搭建

该游戏中我们的重点是了解控制技术及开发流程，因此场景中的对象相对比较简单，用 Plane 和 Cube 搭建游戏场地，蛇头、蛇身体和食物均用 Cube 来充当，具体步骤如下：

（1）创建工程项目文件 SnakeEat。在 Project 视图中分别创建文件夹：Scenes、Scripts、Prefabs、Materials，用于存放后面创建的各类文件和资源。

（2）创建 Plane 对象。重置 Inspector 视图中的 Transform 组件属性值，然后设置 Scale 选项的 X 和 Z 的值均为 5。在 Materails 文件夹中创建新的 Material，重命名为 floor。在 Inspector 视图中选择 Shader 下拉列表中的 Unlit/Texture，设置一种预先导入的地面贴图，如图 9-1 所示，将材质拖拽应用到 Plane 对象上。

图 9-1 设置地板材质

（3）创建蛇头。创建 Cube 对象，命名为 Head。重置 Inspector 视图中的 Transform 组件属性值后，设置 Position 选项的 Y 值为 0.5，使得对象刚好在地面上。后面会多次这样设置，就不再赘述。创建新材质 Material，重命名为 head，参照步骤（2）的方法设置材质贴图，并应用到 Cube 对象上，如图 9-2 所示。

图 9-2　创建蛇头

（4）创建围墙。在 Hierarchy 视图中创建空 GameObject，取名为 Walls。选中 Walls，然后再创建子物体，形成四面墙。新建第一个子对象 Cube，命名为 wall1，将其放置在地面的最边缘，设置 Transform 属性组件值，如图 9-3 所示。参照前面的方法设置材质贴图，并应用在 wall1 上面。

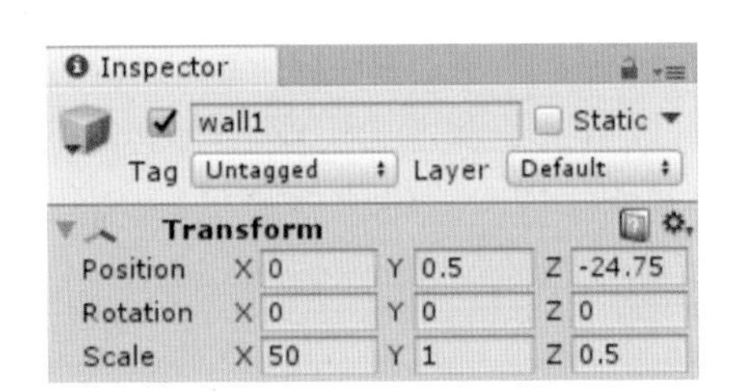

图 9-3　设置围墙

（5）在 Walls 对象下创建其他围墙，完成后效果如图 9-4 所示。

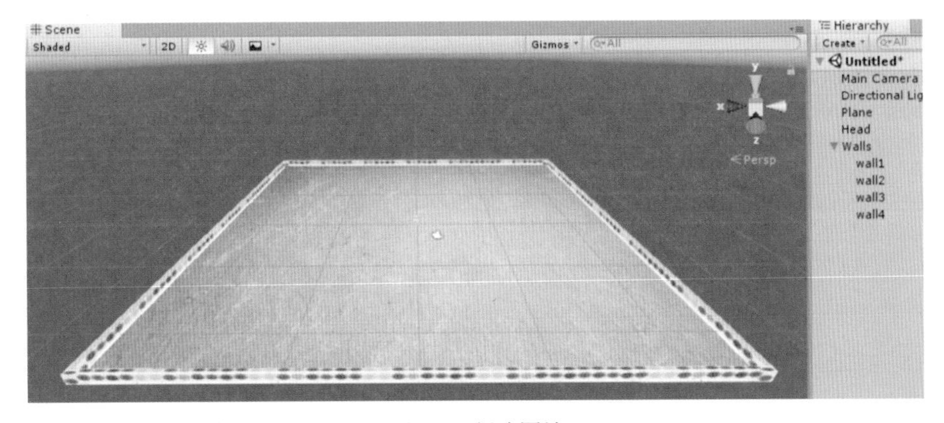

图 9-4　创建围墙

（6）创建蛇身体。在 Hierarchy 视图中创建 Cube，取名为 Body，调整位置使其在蛇头后面。创建新 Material，添加新的贴图。由于后面需要多次生成蛇身体，为了便于后期修改调整，将 Body 对象拖拽到 Prefabs 文件夹中，成为预制体，如图 9-5 所示。

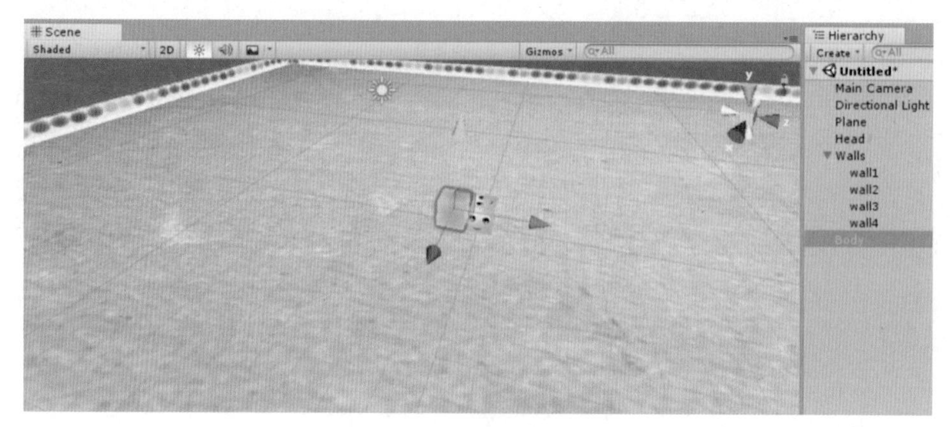

图 9-5　创建蛇身体预制体

（7）至此，游戏场景基本搭建完成。

9.2　游戏主体控制

9.2.1　控制蛇移动

在 3D 世界里面，移动可以通过两种方式实现：一是改变坐标值；二是给游戏对象添加力。本游戏中主要是通过鼠标或键盘按键来改变坐标值实现移动的。首先实现蛇的移动控制，具体步骤如下：

1. 让蛇移动

（1）在 Scripts 文件夹中创建脚本文件 MoveController.cs，并将其拖拽应用到 Head 对象上。

（2）双击打开脚本文件，在编辑器中添加如下代码：

```
public class MoveController : MonoBehaviour {
  private float timer = 0f; // 定义计时器
  void Update () {
    timer += Time.deltaTime;  // 记录当前游戏刷新的时间
    if (timer > 0.5f) {
      transform.position += Vector3.forward; // 沿 Z 轴移动 1 个自身长度
      timer = 0f;  // 计时器清零
    }
  }
}
```

（3）保存脚本文件，返回场景中，运行场景，发现蛇可以沿着 Z 轴移动，如图 9-6 所示。

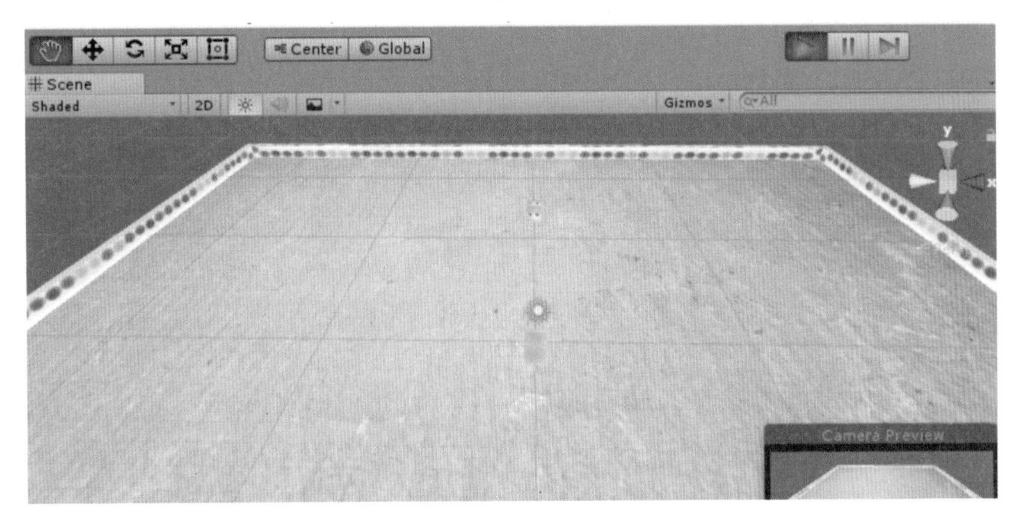

图 9-6　实现蛇的移动

2. 优化蛇移动

实际游戏过程中，需要游戏玩家来控制蛇的移动方向，以便蛇吃到食物而且不撞到墙或障碍物等。因此需要加上键盘或鼠标的控制，具体实现步骤如下：

（1）双击打开前面的脚本文件 MoveController，修改其代码如下：

```
public class MoveController : MonoBehaviour {
private float timer = 0f; // 定义计时器
private Vector3 direction = Vector3.forward;  // 定义蛇移动方向，默认是沿 Z 轴移动
  void Update () {
    currentDirection();
    timer += Time.deltaTime;  // 记录当前游戏刷新的时间
    if (timer > 0.5f) {
      transform.position +=direction;
      timer = 0f;  // 计时器清零
    }
  }
  void currentDirection(){
    if (Input.GetKeyDown(KeyCode.W)){
      direction= Vector3.forward;
    }else if (Input.GetKeyDown(KeyCode.S)){
      direction = Vector3.back;
    }else if (Input.GetKeyDown(KeyCode.A)){
      direction = Vector3.left;
    }
    else if (Input.GetKeyDown(KeyCode.D)){
      direction = Vector3.right;
    }
  }
}
```

（2）保存脚本文件，返回场景并运行场景。在蛇移动的过程中，按键盘上的 W、S、A、D 键可以随意控制蛇的移动方向，如图 9-7 所示。

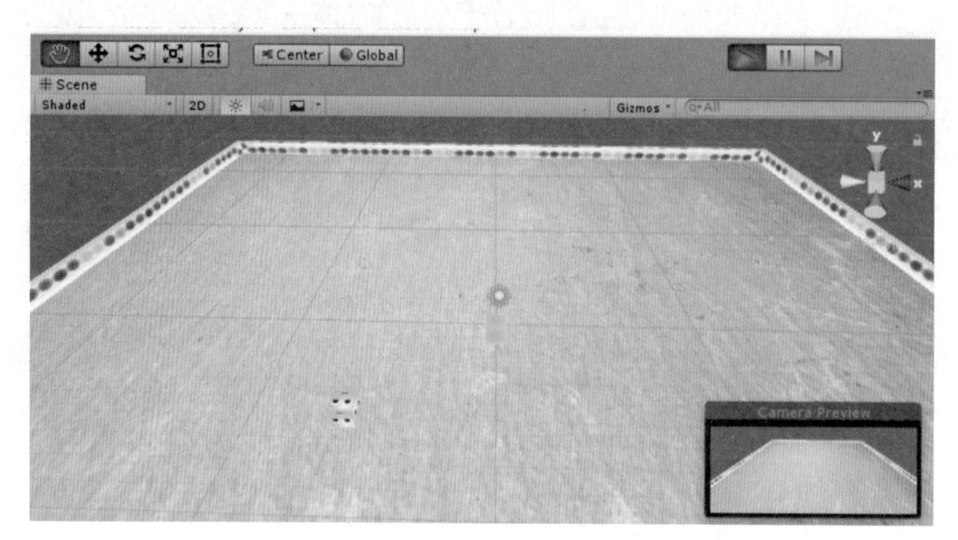

图 9-7　实现按键控制蛇移动方向

（3）至此，完成了蛇移动的基本控制。

9.2.2　控制蛇身体跟随

游戏运行过程中，蛇身体会跟随蛇头部一起移动。基本原理是先记录下蛇头部的坐标位置，等蛇头部移动后，蛇身体运动到头部原来的位置，如此循环下去。本案例中采用数组列表的形式来存储蛇头及蛇身体各个部分的坐标值。具体实现步骤如下：

（1）双击打开 MoveController 脚本文件，在里面添加如下代码：

```
public class MoveController : MonoBehaviour {
  public GameObject preBody;              // 记录场景中已存在的预制体 Body
  private GameObject[] bodys;             // 定义数组，用于记录蛇身体的坐标位置
  privateint count;                       // 定义计数器，记录蛇身体长度
  …
  void Start () {
    bodys = new GameObject[100];          // 初始化数组
    bodys[0] = gameObject;                // 让数组的第一个元素是 Head
    bodys[1] = preBody;                   // 让数组的第二个元素是蛇的身体
    count = 2;
  }

  void Update () {
    …
    if (timer > 0.5f) {
      followHead();                       // 调用身体跟随方法
```

```
            transform.position +=direction;
            timer = 0f;  // 计时器清零
        }
    }
    void currentDirection() {
    …
    }
    // 身体跟随移动的方法
    void followHead() {
        for (int i= count-1; i>0; i--){
            bodys[i].transform.position = bodys[i - 1].transform.position;
            // 前面一个身体的坐标作为后面身体的新坐标
        }
    }
}
```

（2）保存当前脚本文件。返回场景，选中 Head 对象，将 Body 对象拖拽到 Script 的 PreBody 属性里面，如图 9-8 所示。

图 9-8　给 PreBody 赋值

（3）运行场景，按键盘上的 W、S、A、D 键时，发现蛇身体跟随蛇头一起移动，如图 9-9 所示。

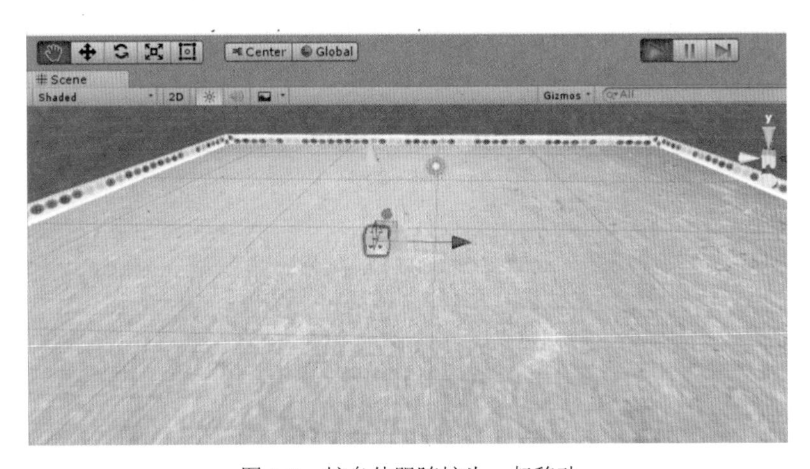

图 9-9　蛇身体跟随蛇头一起移动

（4）至此，蛇身体跟随蛇头移动部分完成。

9.2.3　摄像机跟随

由于游戏场景较大，摄像机没有办法把场景都包含进来。为了看清楚蛇身体的变化，在游戏过程中，随着蛇的移动，摄像机也应该跟随它移动，以保证它处在视角范围内。这里的做法是做到摄像机和蛇头的相对位置保持不变即可。具体实现步骤如下：

（1）在 Scripts 文件夹中创建脚本文件 FollowST.cs，并将其拖拽应用到 Main Camera 上。

（2）然后双击打开该脚本文件，编写如下代码：

```
public class FollowST : MonoBehaviour {
public GameObject head;            // 引用蛇头
private Vector3 offset;            // 用于记录摄像机和蛇头相对的位置
  void Start () {
    offset = transform.position-head.transform.position;       // 初始化相对位置
  }
  void Update () {
    //Lerp() 方法让摄像机平滑过渡到蛇头的相对位置上去
    transform.position = Vector3.Lerp(transform.position, head.transform.position + offset, 0.1f);
  }
}
```

（3）保存脚本文件。返回场景，选中 Main Camera，将 Head 对象拖拽到其 Script 组件中的 Head 属性里面，如图 9-10 所示。

图 9-10　设置 Head 属性值

（4）运行场景，再移动蛇身体时，发现摄像机也跟随着蛇一起移动视角，如图 9-11 所示。

（5）至此，摄像机跟随移动部分设置完成。

9.2.4　控制蛇吃食物

本节主要负责蛇吃食物这部分的控制。首先需要创建蛇吃的食物，基本思路是每当蛇吃掉游戏场景中的一个食物后，在有效范围内随机再生成一个食物对象；然后是实现每当蛇移动在一个随机生成的食物位置上时，该食物被吃掉消失，然后再在其他地方随机生成一个食物，玩家继续控制蛇的移动，去吃掉该食物。游戏就这样一直玩下去。具体实现步骤如下：

1. 创建食物

（1）在场景中先创建一个食物原型。创建新的 Cube 对象，取名 Food，重置其 Transform 组件属性值后，修改其位置。创建材质球 food，参照前面的方法添加材质贴图，并附在 Food 食物对象上。将完成后的 Food 对象拖拽到 Prefabs 文件夹中，生成预制体，如图 9-12 所示。

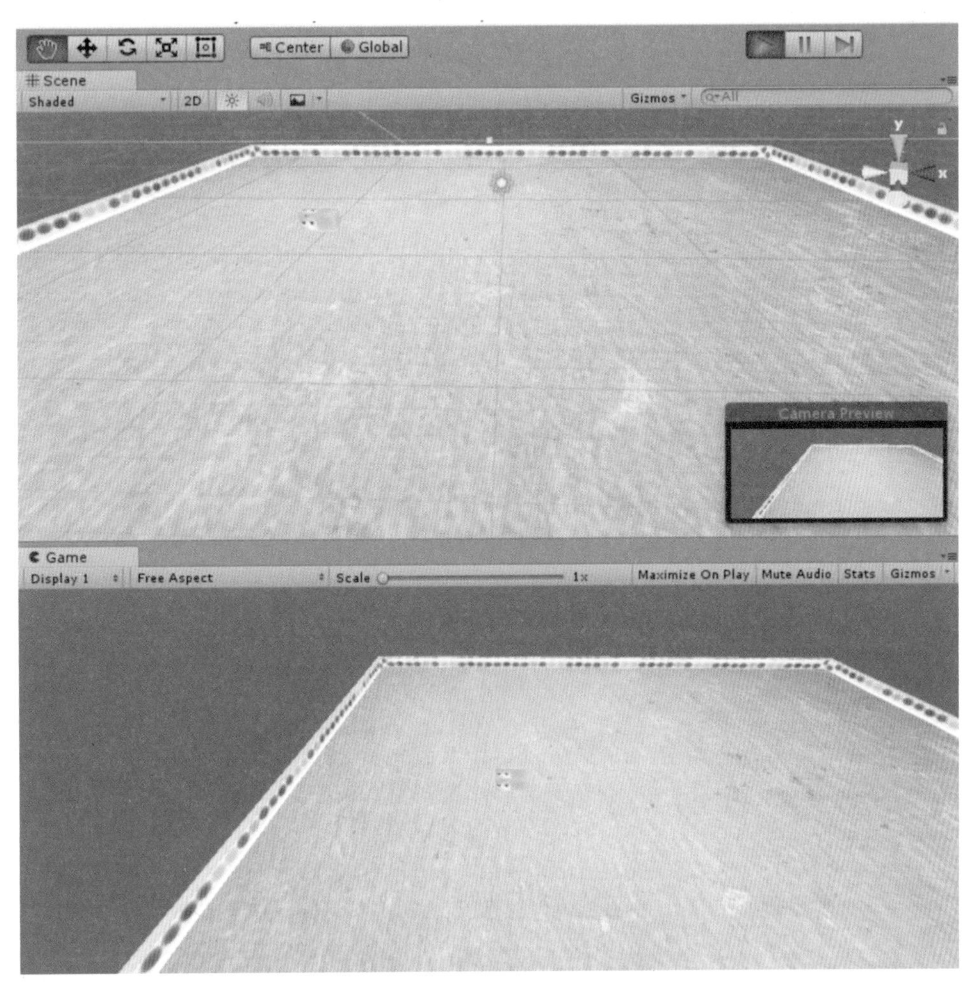

图 9-11　摄像机跟随蛇移动视角

图 9-12　创建食物预制体对象

（2）在 Scripts 文件夹中创建脚本文件 FoodController.cs，并将其拖拽应用到 Food 对象上。

（3）双击打开该脚本文件，在其中编写如下代码：

```
public class FoodController : MonoBehaviour {
    public GameObject food;  // 外部引用对象
    private float timer = 0f;
    void Update () {
        /* 测试代码 */
        timer += Time.deltaTime;
        if (timer > 1) {                    // 通过计时器控制食物生成的速度
            RandomPosition();
        }
    }
    // 实现在有效范围内随机生成 Food 对象
    void RandomPosition(){
        GameObject newFood = GameObject.Instantiate(Food);          // 复制一个新的 food
        float X = Random.Range(-23f, 23f);
        float Z = Random.Range(-23f, 23f);
        newFood.transform.position = new Vector3(X, 0.5f, Z);
    }
}
```

（4）保存脚本文件。返回场景，将 Food 预制体拖拽到 Script 组件的 Food 属性中，如图 9-13 所示。

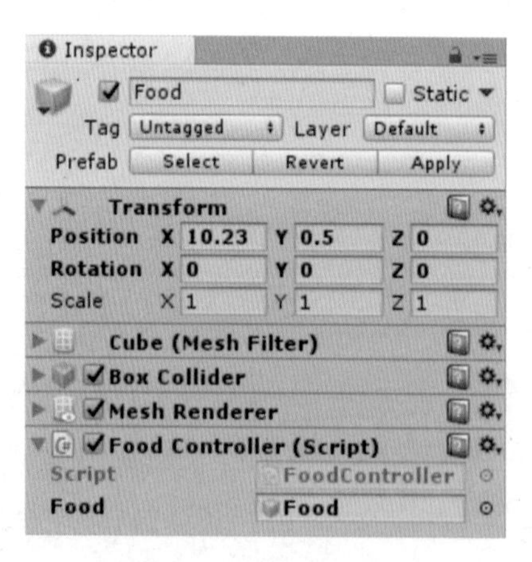

图 9-13　设置 Food 属性

（5）运行场景，发现可以在场景中随机生成很多食物对象，如图 9-14 所示。

2. 处理蛇头与食物碰撞

实现蛇头碰到食物后能够吃掉食物，需要添加碰撞检测，并且要满足碰撞的条件。这需要修改食物控制程序，检测碰撞到食物的对象是不是蛇头，如果是，就刷新生成食物的脚本，同时销毁当前食物。具体实现步骤如下：

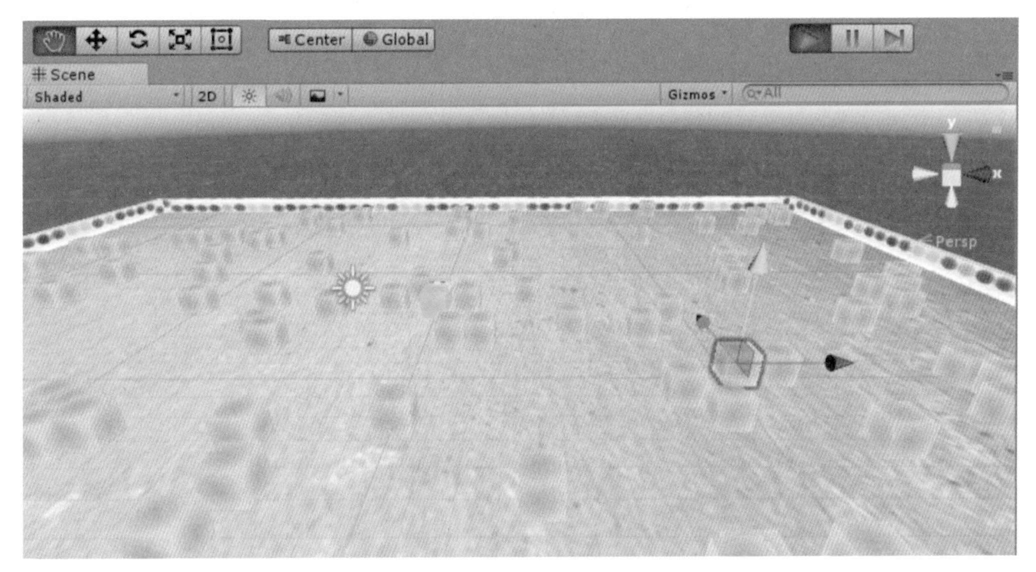

图 9-14　随机生成食物

（1）选中 Food 对象，勾选 Inspector 视图中 Box Collider 组件里的 Is Trigger 选项，使其能成为触发器。

（2）选中 Head 对象，添加 Rigidbody 组件。

（3）双击打开 FoodController.cs 文件，修改其代码如下：

```
public class FoodController : MonoBehaviour {
public GameObject food;  // 外部引用对象
  void Update () {
  // 删除前面测试相关的代码
  }
  // 添加触发事件
  private void OnTriggerEnter(Collider other) {
    if (other.gameObject.name == "Head")
    {
       Destroy(gameObject);      // 销毁当前 food
      RandomPosition();          // 随机生成其他 food
    }
  }
  // 实现在有效范围内随机生成 food 对象
  void RandomPosition(){
    GameObject newFood = GameObject.Instantiate(food);      // 复制一个新的 food
  float x = Random.Range(-23f, 23f);
  float z = Random.Range(-23f, 23f);
    newFood.transform.position = new Vector3(x, 0.5f, z);
  }
}
```

（4）保存脚本文件。返回场景中，选中 Food 对象，单击 Inspector 视图中的 Prefab 选项组里的 Apply 按钮，将修改应用到预制体中，使其保持一致。

（5）运行场景。按键盘上的 W、S、A、D 键控制蛇的移动，发现蛇头碰撞到食物后，食物立刻消失，同时在其他地方又随机地生成了食物，如图 9-15 和图 9-16 所示。

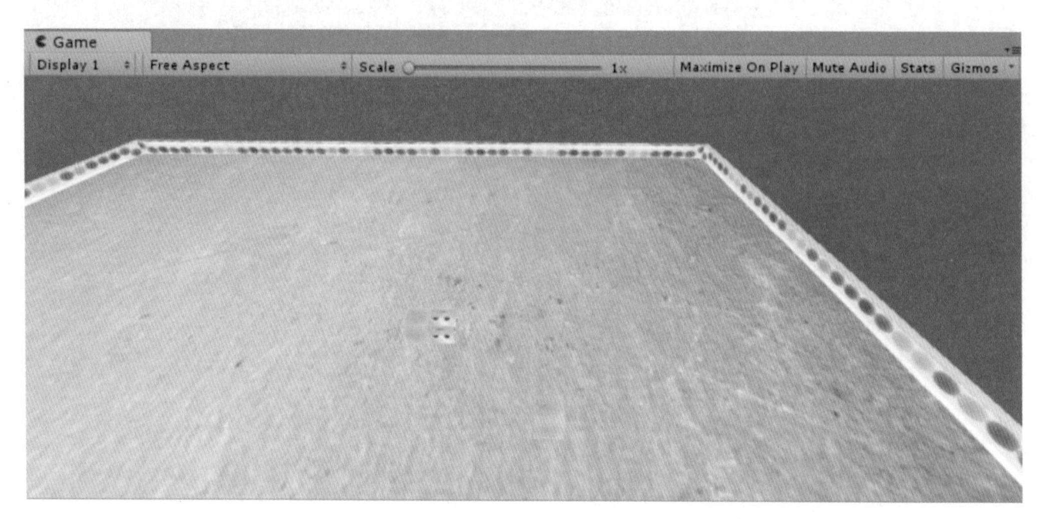

图 9-15　移动蛇去碰撞吃掉食物

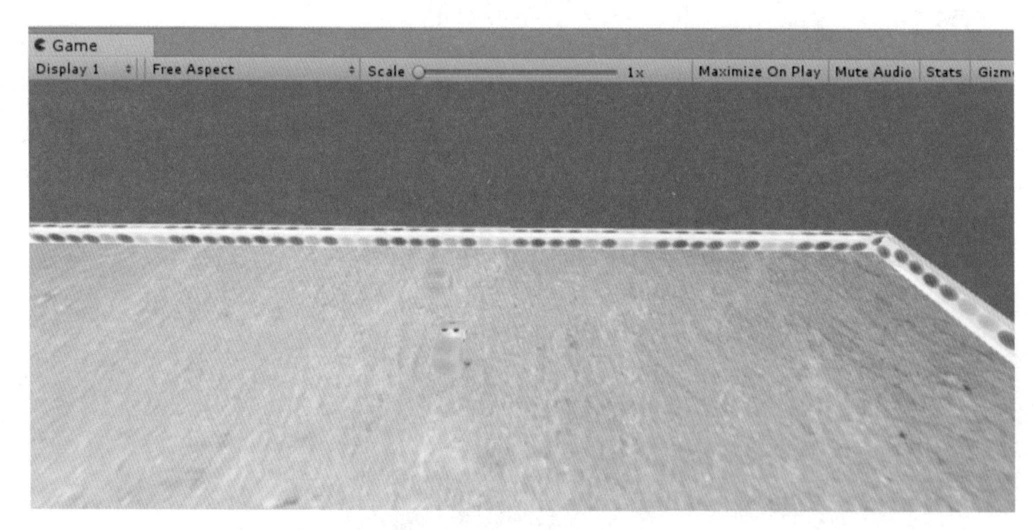

图 9-16　随机又生成食物

（6）至此，蛇移动去吃掉食物，同时又随机生成食物的功能已经实现。

9.2.5　控制蛇身体变化

前面已经实现蛇移动去吃掉食物，但是蛇身体并没有变化。本节将处理随着蛇每吃掉一个食物，身体会增长一段。同时也会检测蛇是否碰到围墙等障碍物，如果碰撞到，则会结束游戏。由于是对蛇进行控制和处理，因此需要对蛇自带的脚本文件 MoveController.cs 进行修改。具体步骤如下：

1. 蛇吃到食物身体变长

（1）选中 Food 对象，给其添加 Tag 标签 Food，然后单击 Prefab 选项组中的 Apply 按钮，应用其改变，使其预制体保持一致，如图 9-17 所示。

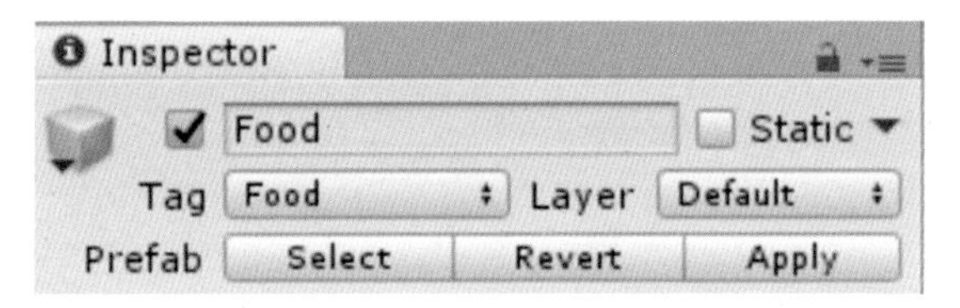

图 9-17 添加 Food 标签

（2）双击打开 MoveController.cs 脚本文件，在里面添加如下代码：

```
// 添加碰撞检测
private void OnTriggerEnter(Collider other){
    if (other.gameObject.tag == "Food") {
        AddLength();
    }
}
// 加长蛇身体方法
void AddLength() {
    GameObject newBody = GameObject.Instantiate(preBody); // 复制一个新的 body
    bodys[count] = newBody;
    count++;
}
```

（3）保存脚本文件。返回场景中，运行场景，移动蛇身体去吃掉食物后，发现身体会变长，如图 9-18 所示。

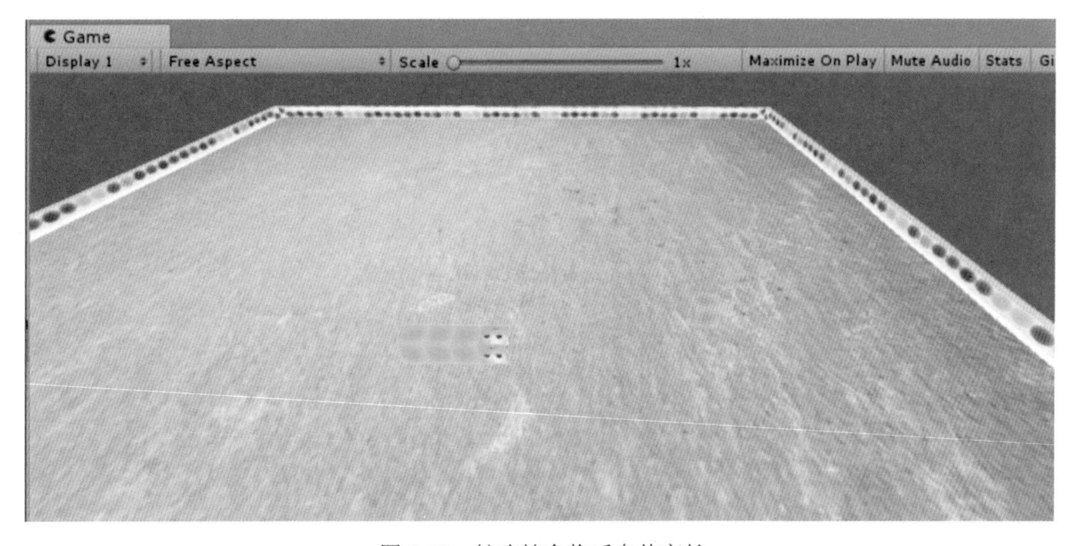

图 9-18 蛇吃掉食物后身体变长

（4）至此，蛇吃到食物后身体变长的功能已经实现。

2. 蛇碰到障碍物死亡

如果希望蛇碰到围墙等障碍物能够检测到的话，需要将围墙等设置成触发器。具体操作如下：

（1）选中 Walls 的子对象，勾选 Inspector 视图中 Box Collider 组件里的 Is Trigger 选项，同时也给围墙对象添加 Tag 标签 Wall，如图 9-19 所示。

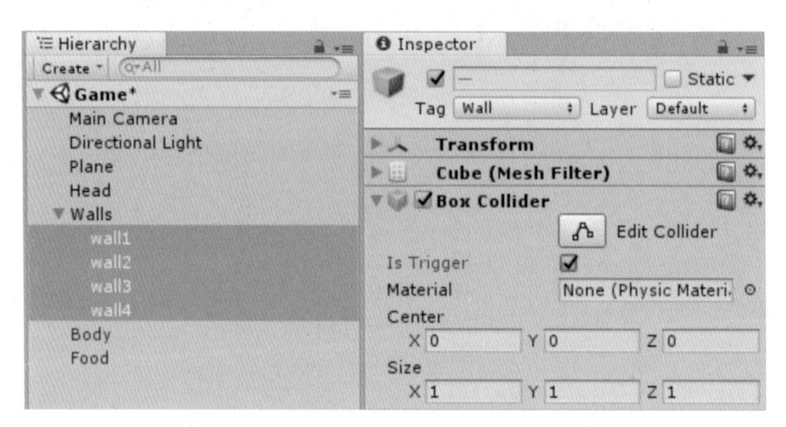

图 9-19　设置围墙的属性

（2）检测围墙。双击打开脚本文件 MoveController.cs，在其中添加如下代码：

```
privatebool isOver = false; // 用于记录蛇是否死亡
privatevoidOnTriggerEnter(Collider other){
  …
  // 添加围墙的碰撞检测
  if (other.gameObject.tag == "Wall") {
    direction = Vector3.zero; // 蛇死亡，停止移动
    isOver = true;
  }
}
…
void FollowHead() {
  if (!isOver) { // 如果蛇死亡，身体也停止移动
    for (int i = count - 1; i > 0; i--){
      bodys[i].transform.position = bodys[i - 1].transform.position;
    }
  }
}
```

（3）保存脚本文件。返回场景，运行场景，发现当蛇头碰撞到围墙后，停止移动，游戏结束，如图 9-20 所示。

（4）至此，蛇身体部分的变化控制已经全部完成。

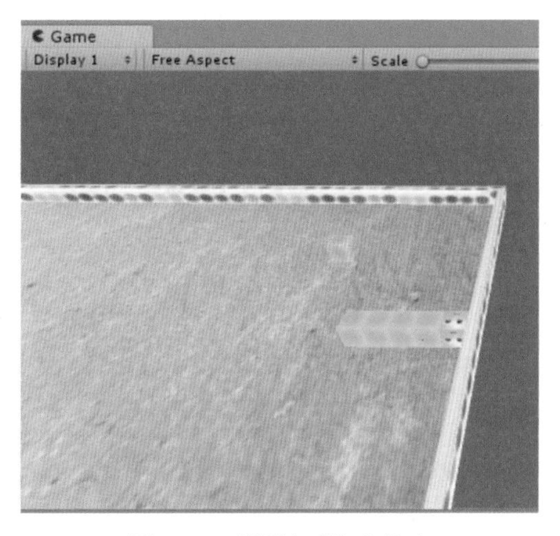

图 9-20 碰围墙后停止移动

9.3 添加其他元素

9.3.1 显示积分

在本节中，将实现一些辅助文字信息的显示，比如记录吃到食物的个数，并以积分的形式显示，如果撞到围墙，屏幕显示 GameOver 等。具体实现步骤如下：

（1）添加 UI → Text 标签，命名为 ScoreLabel，修改 Inspector 视图的各项属性值，如图 9-21 所示。

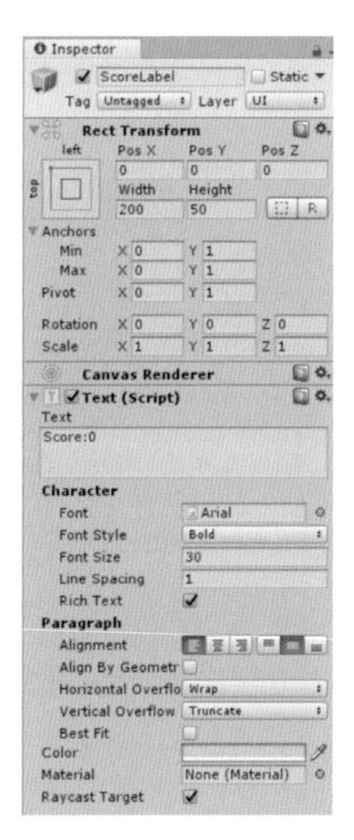

图 9-21 显示积分的标签属性

（2）设置完成后，在游戏视图中的效果如图 9-22 所示。

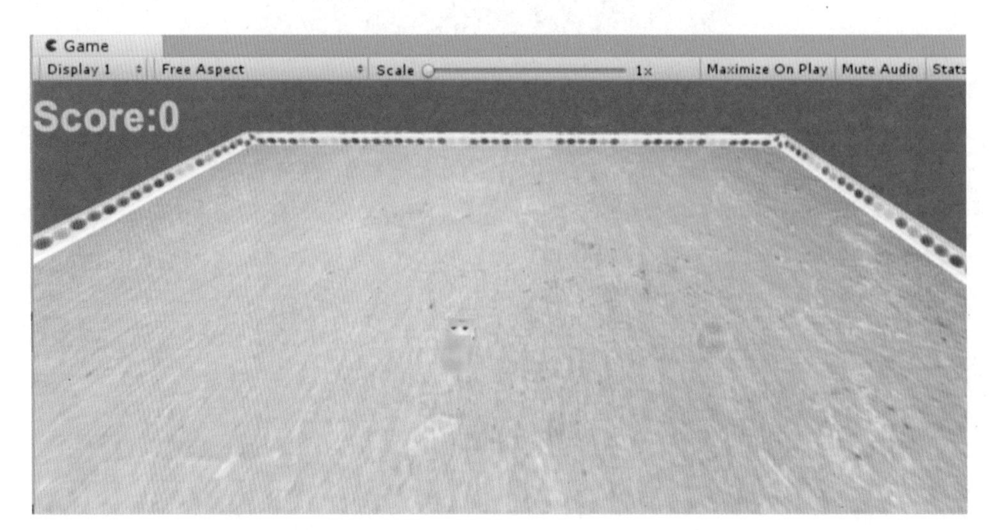

图 9-22　显示积分标签效果

（3）创建 Text 文本标签，命名为 OverLabel，修改其 Inspector 视图中的属性值，如图 9-23 所示。效果测试完成后，删掉字样 GameOver，因为刚开始是不需要显示的，只需要在程序中显示。

（4）选中 Head 对象，给其添加 Tag 标签 Head，如图 9-24 所示。

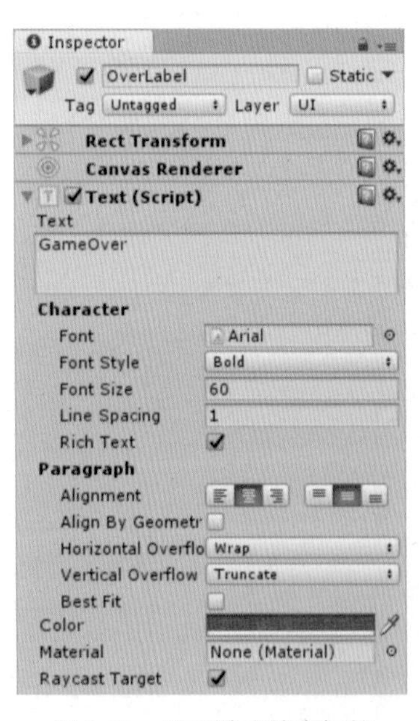

图 9-23　显示游戏结束标签

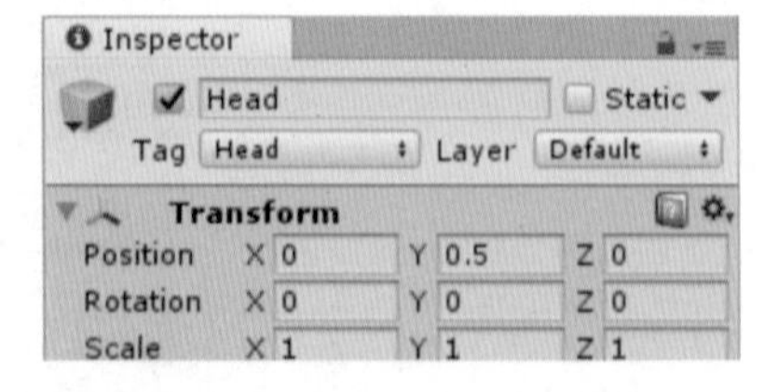

图 9-24　给 Head 添加标签

（5）打开 MoveController.cs 脚本文件，修改 count 和 isOver 字段的访问权限为 public，以便在别的文件中能够访问它们。

（6）在 Scripts 文件夹中创建脚本文件 GameController.cs，并将其挂载到 Main Camera 上。双击打开该脚本文件，在其中添加如下代码：

```
using UnityEngine.UI;            // 导入 UI 新的命名空间
public class GameController : MonoBehaviour {
  public Text scoreLabel;         // 引用外部对象
  public Text overLabel;
  private GameObject snake;       // 引用外部对象
  private MoveController moveController;      // 引用外部脚本文件
  void Start () {
    snake = GameObject.FindGameObjectWithTag("Head"); // 通过标签访问到 Head 对象
    moveController = snake.GetComponent<MoveController>(); // 访问外部脚本文件
  }
  void Update () {
    int score = moveController.count-2;  // 蛇的初始长度是 2，因此分数是 count-2
    scoreLabel.text = "Score:" + score.ToString();
    if (moveController.isOver) {
      overLabel.text = "GameOver";
    }
  }
}
```

（7）保存脚本文件。返回场景中，运行场景，移动蛇吃掉一个食物，积分会增加 1，如果蛇头撞墙了，会停止移动，同时游戏界面显示 GameOver，如图 9-25 所示。

图 9-25　游戏结束界面

（8）添加 Button 控件，实现真正的结束应用程序，如图 9-26 所示。

（9）为 Exit 按钮添加退出应用程序的脚本。打开 GameController 脚本文件，添加如下代码：

```
public void Exit(){
  Application.Quit (); // 结束应用程序
}
```

图 9-26　结束程序按钮

（10）将该方法添加到按钮的触发事件中。至此，游戏的整个脚本控制部分基本完成。

9.3.2　添加音效

在本节中将给游戏添加一些音效，支持 mp3、wav 等格式的文件。读者可以自己去网络上下载一些好听的音效文件。具体步骤如下：

（1）在 Project 视图中，新建文件夹 Audios，将下载好的音效文件拖拽到该文件夹中，如图 9-27 所示。

（2）首先添加背景音效。选中 Main Camera 主摄像机，添加音频组件 Audio Source，并在该组件中添加导入进来的 background 音频剪辑，如图 9-28 所示。

图 9-27　Project 视图

图 9-28　给摄像机添加 Audio Source 组件

（3）添加蛇吃掉食物时的音效。选中 Head 对象，给其添加音频组件 Audio Source，并将 AudioClip 属性值设为导入进来的音频资源 eat。取消勾选 Play On Awake 选项，该音频并不需要游戏一开始就播放，如图 9-29 所示。

图 9-29　为 Head 添加音频组件

（4）接着处理该音频的相关逻辑。双击打开 MoveController.cs 脚本文件，在其添加以下代码：

```
public class MoveController : MonoBehaviour {
  ...
  private AudioSource eatSource; // 用于获取 Head 上的音频组件
  void Start () {
  ...
    eatSource = GetComponent<AudioSource>(); // 访问到该对象上的音频组件
  }
  ...
  // 添加碰撞检测
  private void OnTriggerEnter(Collider other) {
    if (other.gameObject.tag == "Food") {
      AddLength();
      eatSource.Play(); // 吃到蛇时，播放该音频
    }
  ...
  }
...
}
```

（5）添加蛇死亡时的音效。因为死亡只有一次，这里就不需要再添加一个音频组件，可以直接在脚本里面添加音频剪辑进行控制。打开 GameController.cs 脚本文件，在里面添加以下代码：

```
public class GameController : MonoBehaviour {
  ...
  public AudioClip overClip;              // 创建音频剪辑
  private AudioSource backgroundMusic;  // 用于获取背景音乐
```

```
    void Start () {
      ...
      backgroundMusic = GetComponent<AudioSource>();   //获取该对象上的音频组件
    }
    void Update () {
      ...
      if (moveController.isOver) {
        overLabel.text = "GameOver";
      if (backgroundMusic.isPlaying){
        backgroundMusic.Stop();   //游戏结束时，停止播放背景音乐
        AudioSource.PlayClipAtPoint(overClip, transform.position); //在摄像机的位置播放该音频剪辑
        }
      }
    }
}
```

（6）至此，游戏案例所有的逻辑都处理完成。

9.4 发布程序

9.4.1 应用程序打包

如果想要打包发布应用程序，需要做一些必要的设置。

（1）保存项目和场景文件，执行菜单 File → Build Settings 命令，打开如图 9-30 所示的设置窗口。

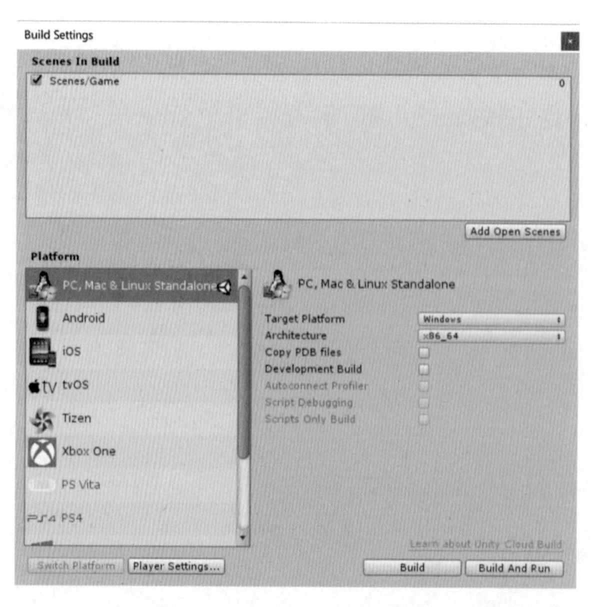

图 9-30 Build Settings 窗口

（2）如果上面没有场景，可以单击 Add Open Scenes 按钮打开场景文件。在 Platform 选项组里面选择要发布的平台。这里以默认的 PC 端为例，其他的则需要下载安装相应的组件，以支持相应平台的发布。

（3）单击 Build 按钮，选择路径，创建文件名称，开始打包。完成后会生成一个 .exe 的可执行文件，如图 9-31 所示。

ngMaterial › 2017 › Project › Chap14 › SnakeEat　　搜索"SnakeEat"

名称	修改日期	类型	大小
.vs	2018/3/14 15:17	文件夹	
Assets	2018/3/15 11:45	文件夹	
Library	2018/3/15 12:34	文件夹	
ProjectSettings	2018/3/15 12:34	文件夹	
snake_Data	2018/3/15 12:34	文件夹	
Temp	2018/3/15 12:34	文件夹	
snake.exe	2017/7/7 21:14	应用程序	22,888 KB
SnakeEat.csproj	2018/3/15 11:05	Visual C# Project...	8 KB
SnakeEat.sln	2018/3/14 15:17	Microsoft Visual ...	1 KB

图 9-31

（4）运行该文件。初次运行时，会弹出一个对话框，用于设置分辨率等选项，如图 9-32 所示。

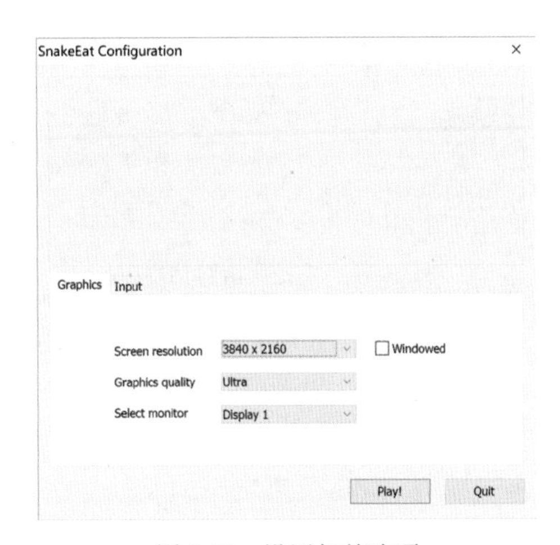

图 9-32　设置相关选项

（5）然后单击“Play!”按钮，即可开始玩游戏了，如图 9-33 所示。

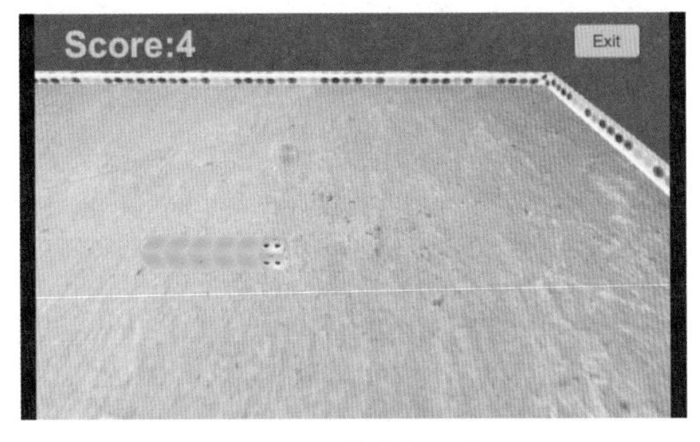

图 9-33　游戏中界面

9.4.2　发布到 Android 平台

在发布 Android 项目之前，开发人员需先下载并安装 Java SDK 和 Android SDK。本书中所用的 Java SDK 为 1.5.0 版本，Android SDK API Level21 也就是 Android 5.0 以上，build-tools 版本在 23.0 以上。

1. Java SDK 的环境配置

（1）在桌面“计算机”图标上右击，依次选择“属性”→“高级系统设置”→“环境变量”命令，弹出“环境变量”对话框，如图 9-34 所示。

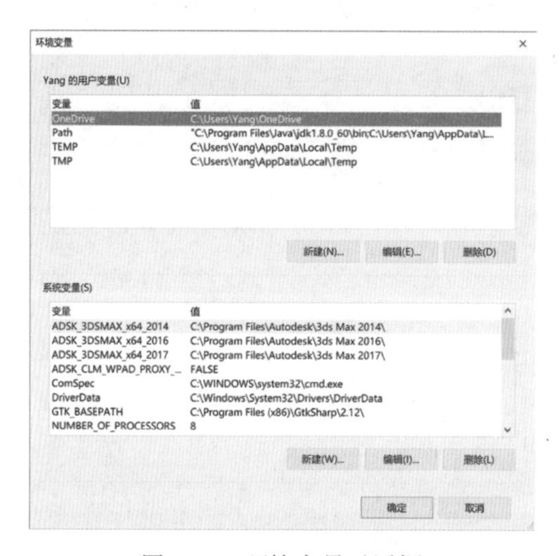

图 9-34　环境变量对话框

（2）检测系统变量下是否有 JAVA_HOME、PATH、CLASSPATH 这三个环境变量，如果没有则需新建。其中，JAVA_HOME 设置值就是 jdk 所在的安装路径，设置 PATH 值为 %JAVA_HOME%\bin;（若值中原来有内容，用分号与之隔开），设置 CLASSPATH 值为 %JAVA_HOME%\jre\lib\rt.jar;，表示 lib 文件夹下的执行文件。

（3）设置完成后，验证配置是否成功。打开系统的命令提示符，在 DOS 命令行状态下输入 javac 命令，如果能显示如图 9-35 所示的画面内容，则说明环境变量已经配置成功。

图 9-35　环境变量配置成功

2. Android SDK 的环境配置

配置完 Java SDK 后，需要对 Android SDK 进行环境变量的配置。与 Java 的环境变量配置类似，首先在操作系统的“环境变量”配置对话框中新建变量，名称为 ANDROID_SDK_HOME，变量值输入 Android SDK 所在的安装路径。找到 path 变量，在 path 变量值里添加两个路径：%ANDROID_SDK_HOME%\platform-tools 与 %ANDROID_SDK_HOME%\tools，要注意：两个不同的路径需要用分号来分隔。配置完上述的参数后，进入命令提示符状态，输入 adb，显示如图 9-36 所示的内容就说明 Android SDK 环境变量配置成功。

```
选择C:\WINDOWS\system32\cmd.exe
Microsoft Windows [版本 10.0.17134.48]
(c) 2018 Microsoft Corporation。保留所有权利。

C:\Users\Yang>adb
Android Debug Bridge version 1.0.39
Version 0.0.1-4500957
Installed as C:\Users\Yang\AppData\Local\Android\android-sdk\platform-tools\adb.exe

global options:
 -a         listen on all network interfaces, not just localhost
 -d         use USB device (error if multiple devices connected)
 -e         use TCP/IP device (error if multiple TCP/IP devices available)
 -s SERIAL  use device with given serial (overrides $ANDROID_SERIAL)
 -t ID      use device with given transport id
 -H         name of adb server host [default=localhost]
 -P         port of adb server [default=5037]
 -L SOCKET  listen on given socket for adb server [default=tcp:localhost:5037]

general commands:
 devices [-l]             list connected devices (-l for long output)
 help                     show this help message
 version                  show version num

networking:
 connect HOST[:PORT]      connect to a device via TCP/IP [default port=5555]
 disconnect [HOST[:PORT]]
     disconnect from given TCP/IP device [default port=5555], or all
 forward --list           list all forward socket connections
 forward [--no-rebind] LOCAL REMOTE
     forward socket connection using:
```

图 9-36　Android 环境变量配置成功

3. 项目发布

（1）在 Unity 中打开前面创建的工程文件 SnakeEat，找到场景文件，打开游戏场景。

（2）执行菜单 Edit → Preferences 命令，在弹出的对话框中，选择 External Tools 选项。

（3）单击 Android 选项中 SDK 后的 Browse 按钮，在弹出的对话框中定位 Android SDK 所在的安装路径，将 Unity 与 Android SDK 进行关联。同样将 Unity 与 JDK 进行关联，如图 9-37 所示。

图 9-37　Unity 关联 SDK 和 JDK

（4）执行菜单 File → Build Settings 命令，在弹出的对话框中，选择 Platform 里的 Android，如图 9-38 所示。然后再单击 Player Settings 按钮，弹出 PlayerSettings 属性面板，进行相关参数设置，如图 9-39 所示。

图 9-38　Build Settings 对话框

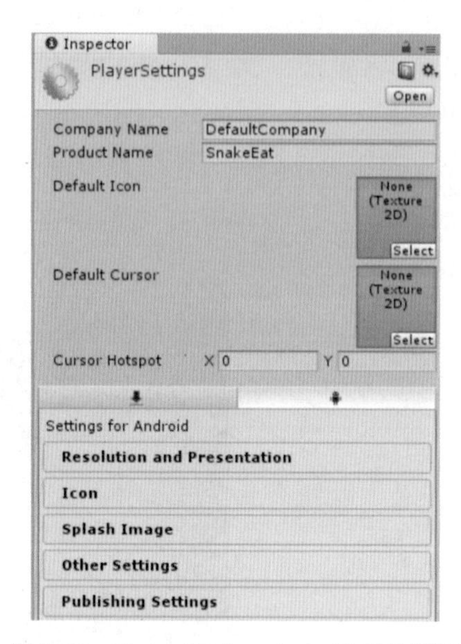

图 9-39　Player Settings Android 属性面板

其中，初始模块主要是完成公司名称、产品名称、默认图标、鼠标样式等的设置。

Resolution and Presentation 模块主要设置设备默认方向以及状态栏、加载进度类型等的设置，如图 9-40 所示。

Icon 模块为 Android 项目自定义图标，选中相应的不同尺寸的图片填入方框中，如图 9-41 所示。

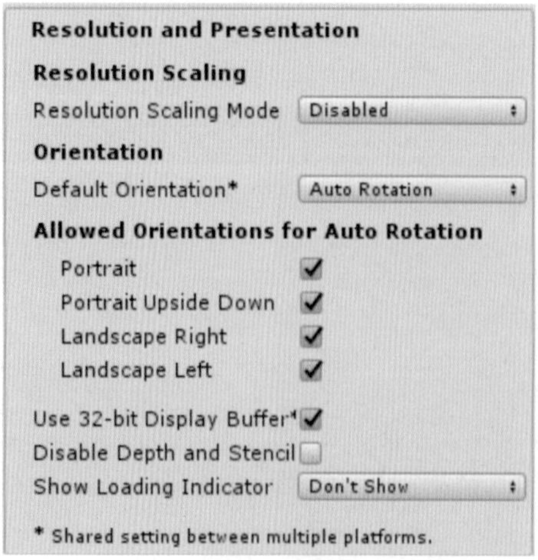

Resolution and Presentation
Resolution Scaling
Resolution Scaling Mode　Disabled
Orientation
Default Orientation*　Auto Rotation
Allowed Orientations for Auto Rotation
Portrait
Portrait Upside Down
Landscape Right
Landscape Left
Use 32-bit Display Buffer*
Disable Depth and Stencil
Show Loading Indicator　Don't Show
* Shared setting between multiple platforms.

图 9-40　Resolution and Presentation 模块

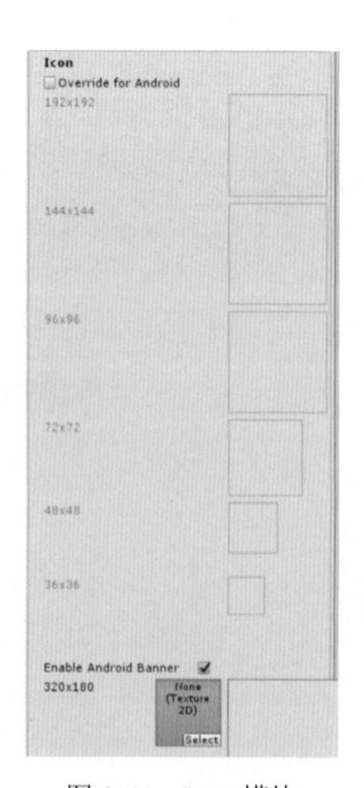

图 9-41　Icon 模块

（5）其他设置完成后，在图9-38的Build Settings对话框中，单击Build按钮进行发布。此时会弹出APK项目保存对话框，在对话框中选择发布的目录，输入发布的名称，单击“保存”按钮，这样即可将游戏场景发布为APK文件了，如图9-42所示。用户可以将发布成功的APK文件部署到Android设备上查看运行效果。

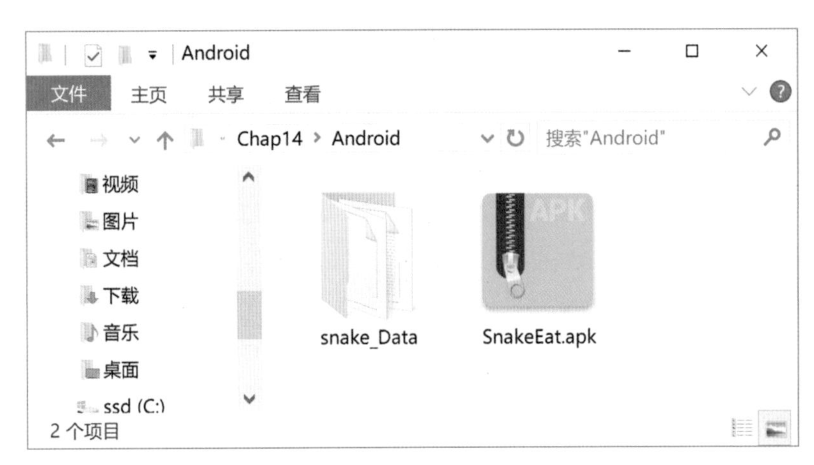

图9-42　导出的APK文件

本章小结

本章讲述了贪吃蛇游戏案例的全部开发过程。从场景的搭建到各个环节的逻辑实现，都体现了Unity 3D的处理方法和思路。如果读者想做一些更高级的游戏，则需要多下一些功夫去学一些更复杂的Unity 3D的内容，以及对C#编程语言进行更深入的学习。

第 10 章 三维虚拟样板间设计

三维虚拟样板间设计注重交互，制作一个在虚拟空间中移动并可以通过键盘或鼠标进行方向位置角度等操作的交互案例对 Unity 的学习十分有帮助。本章案例主要介绍如何从设计开始完成一个小型的虚拟样板间案例，主要涉及样板间模型的制作与导入、简单 UI 界面的搭建、摄像机轨迹和交互等功能。本章作为虚拟现实的入门式教程为大家打开步入虚拟现实的大门。有兴趣的读者可以通过学习该部分内容，掌握 VR 虚拟样板间的制作方法，让用户戴上 VR 头盔，犹如走进了真实的样板房一样。客户不再需要根据户型图、效果图去琢磨或者想象三维立体造型，而是可以直接行走于其中，体验房间的布局、空间的尺度，甚至还能到阳台俯瞰中庭、远眺风景。三维虚拟样板间高度还原未来房屋实景，使客户有身临其境感。这种体验画面感逼真、立体感和真实感强烈。

10.1 策划与准备工作

在使用 Unity 引擎制作虚拟样板间的交互功能之前，我们需要对整个流程进行细致的策划和设计。本节主要介绍设计理念，并为之后的制作做素材方面的准备。

10.1.1 虚拟样板间的交互设计

在室内空间的设计中引入“交互设计”理念，有助于优化人与室内环境的相互协调，实现各功能分区的有效利用。数字化时代改变了传统设计的形式，视觉表达形式可看作是沟通设计方案的最基本方法之一。从进入样板间开始，通过用户和虚拟样板间之间实现的交互设计，满足了用户的交流互动体验，为用户与样板间创建了互动平台，使样板间更具吸引性、易用性。

交互设计师是一种目标导向设计，所有的工作内容都是围绕着用户行为去设计的。虚拟样板间交互设计的目的在于让用户更沉浸、更方便、更有效率地去完成他们预想的操作，获得愉快的用户体验。

在虚拟样板间设计应用方面，用虚拟现实技术不仅能十分完美地表现室内外环境，而且用户能在三维的室内外空间中自由行走。它可以实现即时、动态地对墙壁颜色进行更换或贴上不同材质的墙纸，还可以更换地面颜色或为其贴上不同的木地板、瓷砖等，更能移动家具的摆放位置、更换不同的装饰物。不仅如此，用户还能在整个房间内欣赏到户外的风景，大大刺激了浏览者的视听感受。这一切都将在虚拟现实技术下被完美表现。

以下是交互设计的具体策划方案：

（1）提供自动观赏和主动观赏的操作控制，可以保证用户多视角地观赏，增加用户的自由感和体验感。

（2）墙纸和材质的替换交互能激发用户的参与热情，让用户按照自己的喜好装饰样板间。相比于仅仅是观赏商家准备好的固定样式，用户自主交互完成的样板间样式通常更能激发用户的满意度和购买欲。

（3）家具的摆放及设置方面的交互不仅丰富了样板间的样式，更提高了用户的体验感。与家具的互动更是能让用户身临其境，真切地感受到对房间的掌控权，提前感受拥有真实房间后的日常生活状态。

（4）能与房间户型的交互是很有必要的。通过让用户以一个"上帝"的视角，宏观地观看整个样板间的微缩模型，可以增加用户的体验感，更可满足用户对样板间面积大小、户型分布等全部信息掌控的需求。

10.1.2 创建样板间模型

本节将简单介绍使用 3ds Max 创建样板间模型的基本步骤。

1. 创建户型参考

根据户型图上的长宽数据，建立一个同长宽的 Plane，将户型图作为贴图贴在平面上，作为参考。样板间的建模有一定的特殊性，样板间模型要更真实地贴近真实样板间的比例。

（1）打开 3ds Max 应用程序，选择 Customize → Units Setup 菜单命令，打开如图 10-1 所示的 Units Setup（单位设置）对话框，单击上方的 System Unit Setup 按钮，弹出如图 10-2 所示的系统单位设置界面，System Unit Scale 项选择为：1Unit=1.0 Centimeters，单击 OK 按钮完成设置。

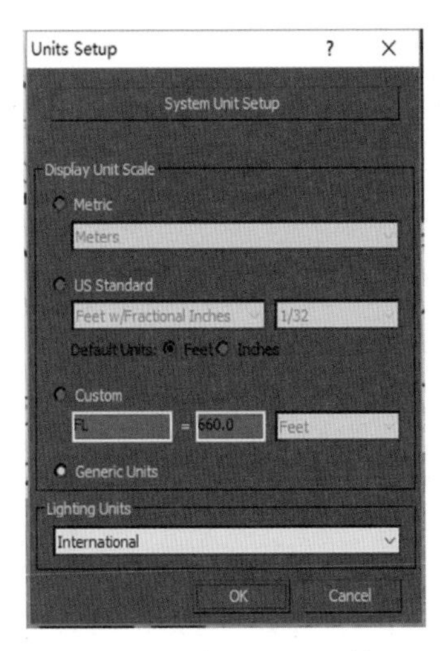

图 10-1 单位设置对话框

图 10-2 系统单位设置

（2）建立一个 Plane，按快捷键 M 打开材质面板，给 Plane 贴上户型图，如图 10-3 所示。

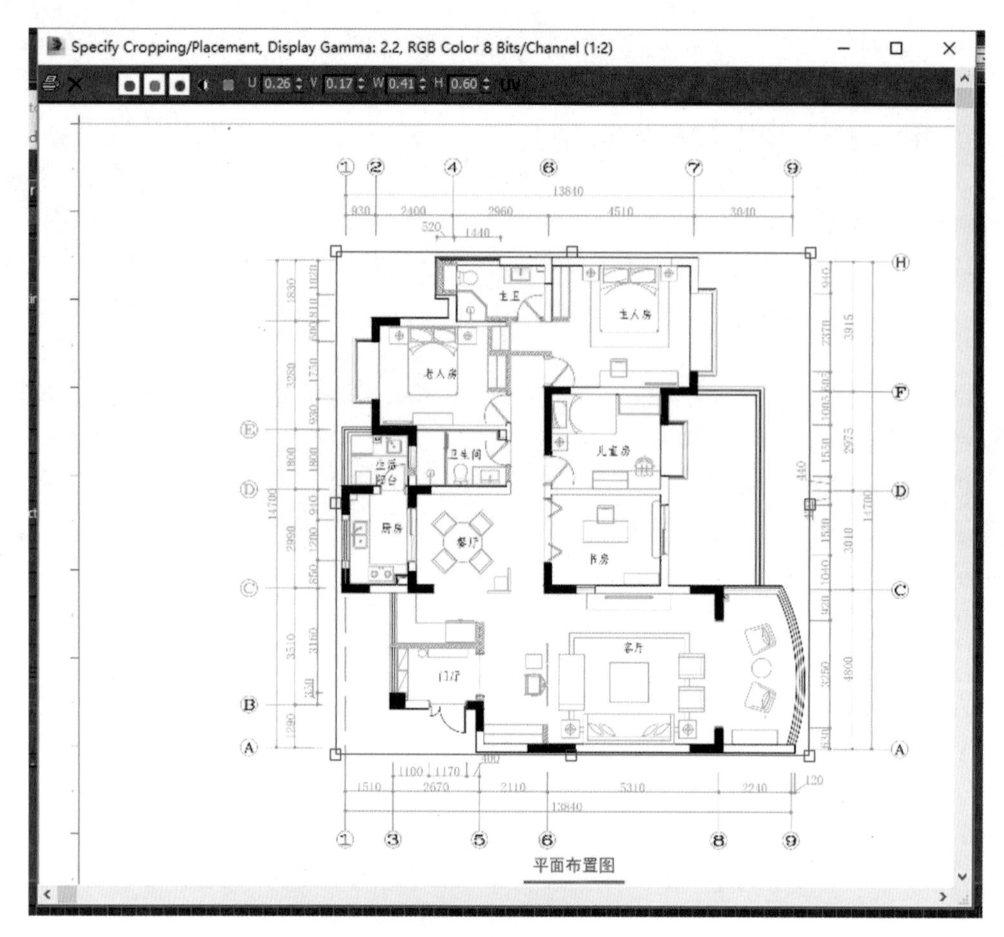

图 10-3　设置户型贴图

（3）更改 Plane 的长宽使其与真实的样板间大小相匹配，如图 10-4 所示。

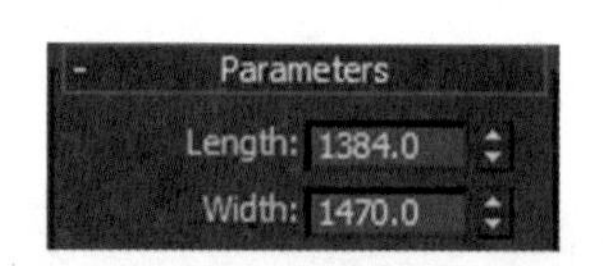

图 10-4　修改 Plane 的属性

（4）右击选中想要冻结的模型，在弹出的菜单中选择 Object Properties 命令，在打开的 Object Properties 对话框中勾选 Freeze 复选框，取消勾选 Show Forzen in Gray 复选框，如图 10-5 所示。设置完成后将参考图 Plane 冻结，方便后期的其他操作。

2. 创建墙体

根据户型图上的数据，利用直线或者其他熟练的方法进行建模。

此处采用了画线的方法进行初步的形状搭建，很直观地保证了对户型形状的基本还原，也更利于调整。

（1）如图 10-6 所示，选择 Line 工具，沿着户型图的墙体画好连续的线条后，利用修改器进行挤出，根据样板间通常的高度设置高度，可以设为 2.8 ～ 3m，完成后的效果如图 10-7 所示。

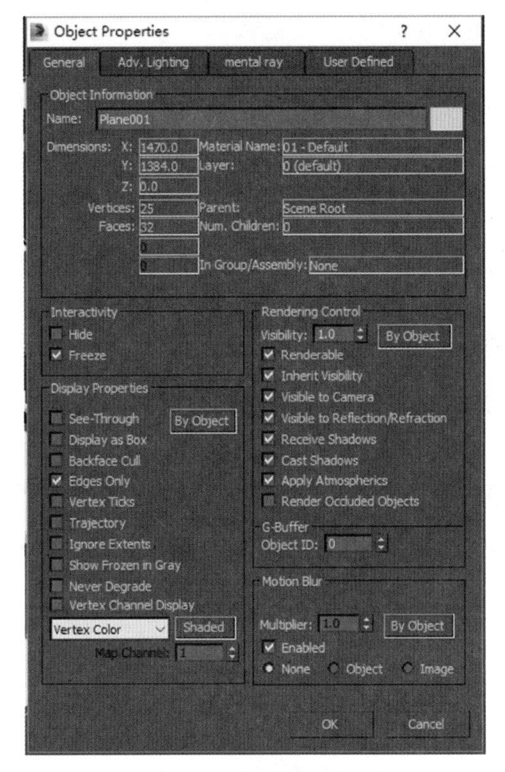

图 10-5 冻结 Plane 模型

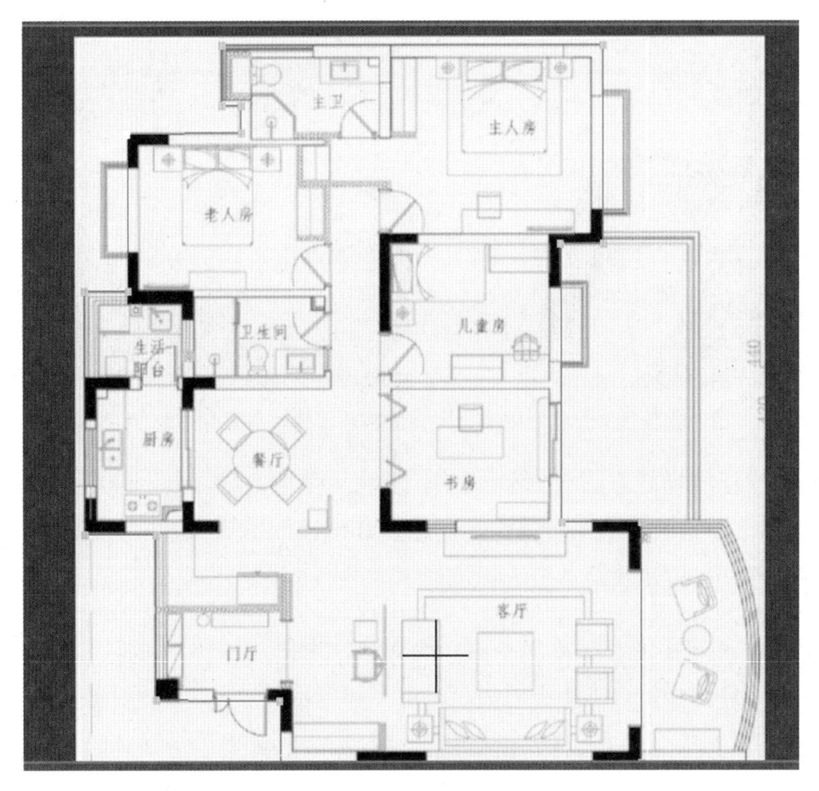

图 10-6 绘制墙线

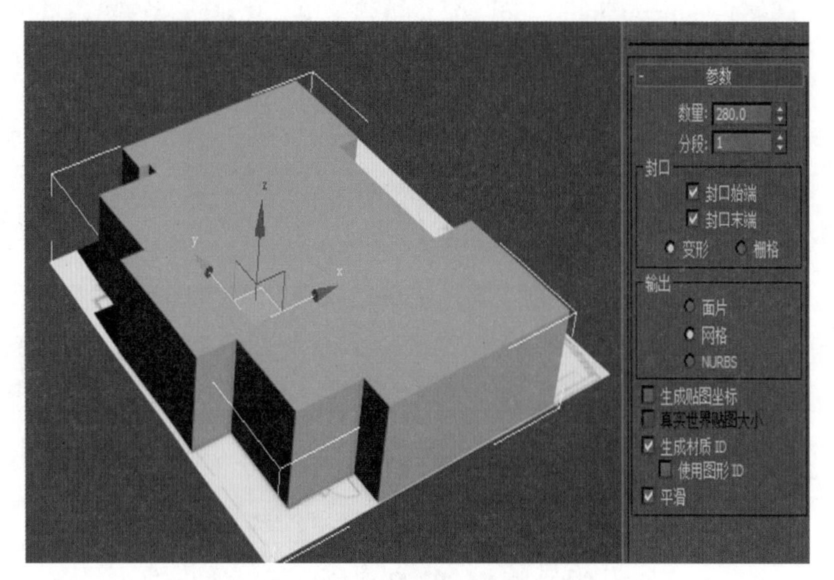

图 10-7　挤出外墙体

（2）将房顶和地板分离，并隐藏备用。此刻就有了外墙体轮廓，如图 10-8 所示。

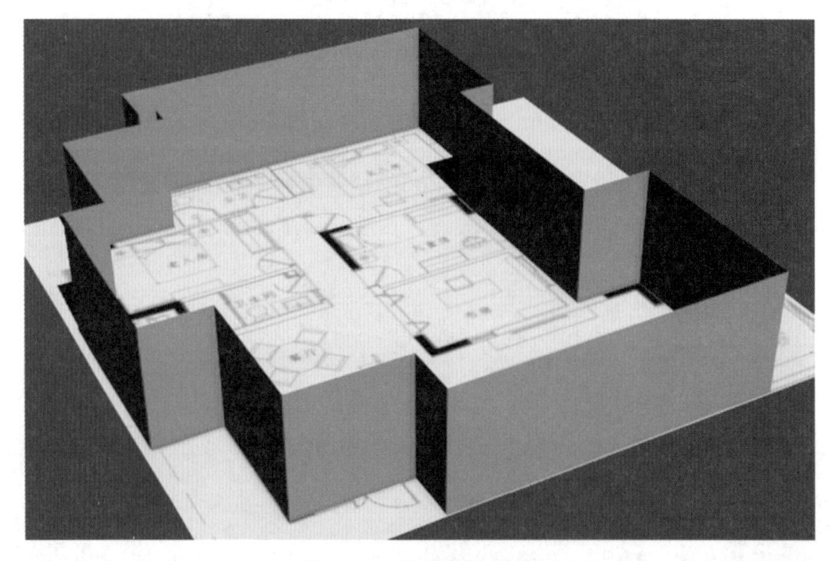

图 10-8　完成的外墙体

（3）利用上述同样的方法，获得内墙体，并将内墙体的线复制一份，便于制作踢脚线，如图 10-9 所示。需要注意的是，通常在制作中会把内外墙线同时绘制出来，进行修缮和对齐，保证墙体厚度的一致性（具体根据户型图来判定）。

3. 添加门窗

可以通过各种建模方法添加门窗。需要注意：门窗的样式、厚度、高度等要接近真实门窗的实际尺寸。国家标准规定室内门高度一般不能低于 2m，最高不宜超过 2.4m。

（1）对于开门洞，可以选择先在墙体上进行加线，再采用分离删除面的方法将墙体打开，如图 10-10 所示。

图 10-9　完成的内墙体

图 10-10　开门洞

（2）制作独立的门体以及门框要计算好高度和宽度，务必要和墙体上打开的门洞部分高宽一致。最后将制作好的门体放在门洞的位置即可，如图 10-11 所示。注意：门框要比门体本身的高度和宽度多出 5cm 左右，以便正好能包住门体。

（3）窗体与门体同理，制作时需要遵从窗户本身的结构，比如窗框的构成，几个窗户之间如何镶嵌等，如图 10-12 和图 10-13 所示。

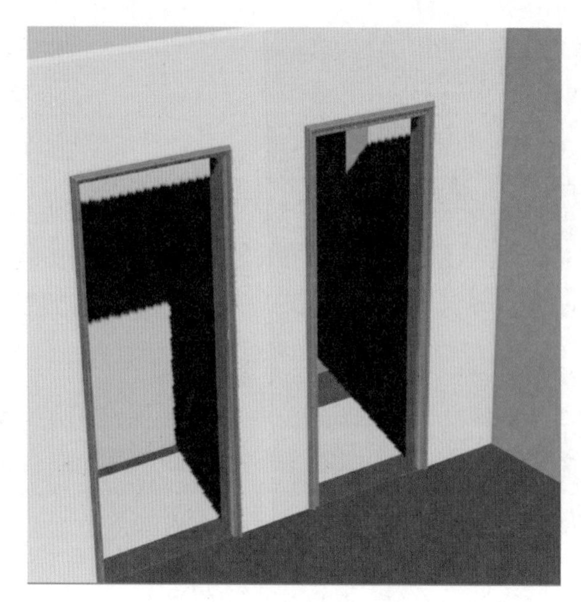

图 10-11　装上门框及门体

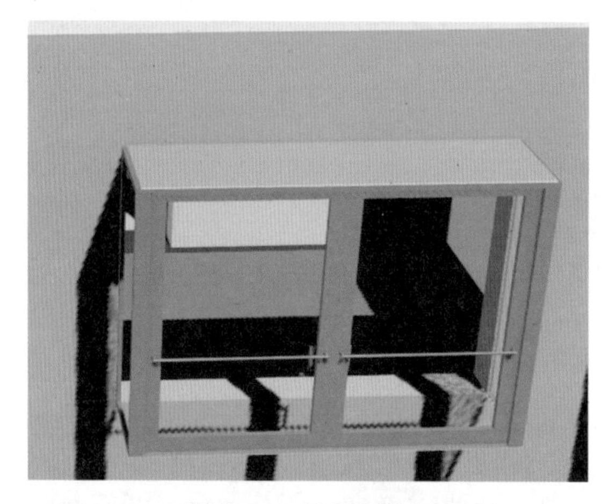

图 10-12　凸出的窗户

图 10-13　内嵌的窗户

（4）完成门窗部分后的模型效果如图 10-14 所示。

图 10-14　完成门窗后的模型效果

4. 添加材质贴图

制作一些地板、墙纸的材质贴图放在文件夹中备用，平时多收集和整理贴图素材，并做好分类整理，以便之后的工作需要。

对于贴图有以下一些要求：

- 分辨率在能满足清晰度要求的情况下不要过大，以免占用过多资源。
- 贴图最好为正方形、清晰、可无缝衔接的图片。
- 各个贴图的大小要统一，合理重复度需要尽量一致。因为当进入 Unity 后，会进行贴图的置换，如果贴图大小不一，容易造成替换后过大或过小的问题。

完成地板和墙面的材质贴图后，模型效果如图 10-15 所示。

图 10-15　给地板和墙体贴图

5. 添置家具并赋予材质

基本的墙体及地板模型完成之后，接下来需要给样板间添置家具模型。家具模型要严格遵循实际生活中的合理尺寸，并附上贴图纹理，以较直观地展示家具的整体风格。完成的模型效果如图 10-16 所示。

图 10-16 添置家具和装饰物

6. 添加灯饰和吊顶

接下来需要完成样板间的顶部造型。首先是运用熟练的建模方法，添加吊顶造型，如图 10-17 所示；然后是添加灯饰，根据空间功能需求，添加合适的筒灯、射灯以及吊灯等，如图 10-18 所示。

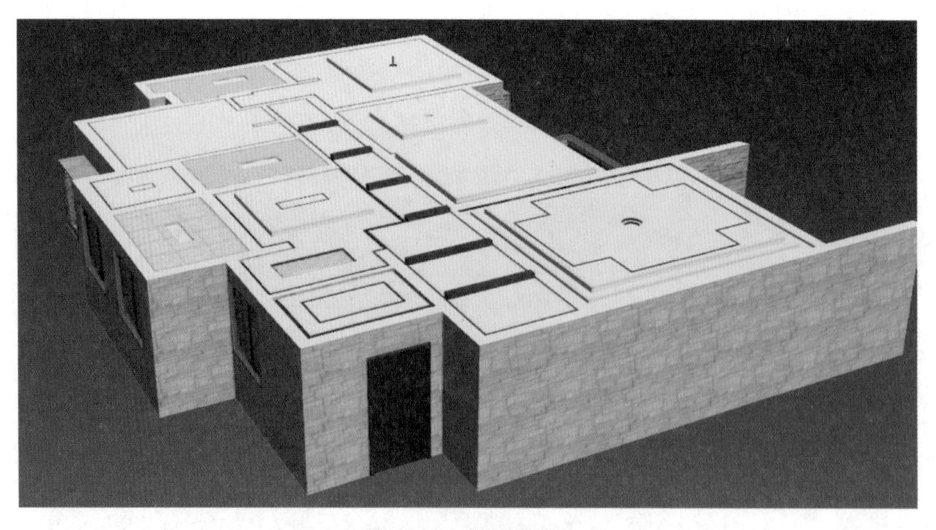

图 10-17 添加吊顶

7. 导出模型

至此，模型的创建工作基本完成，可以导出模型了。Unity 支持的 3D 模型格式是 FBX 格式。需要注意的是 3ds Max 中的轴与 Unity 3D 中的轴不同，需要将 Y 轴朝上，如图 10-19 所示。X-Form 一下再进行导出，导出文件时选择格式为 FBX，如图 10-20 所示。

图 10-18　添加灯饰

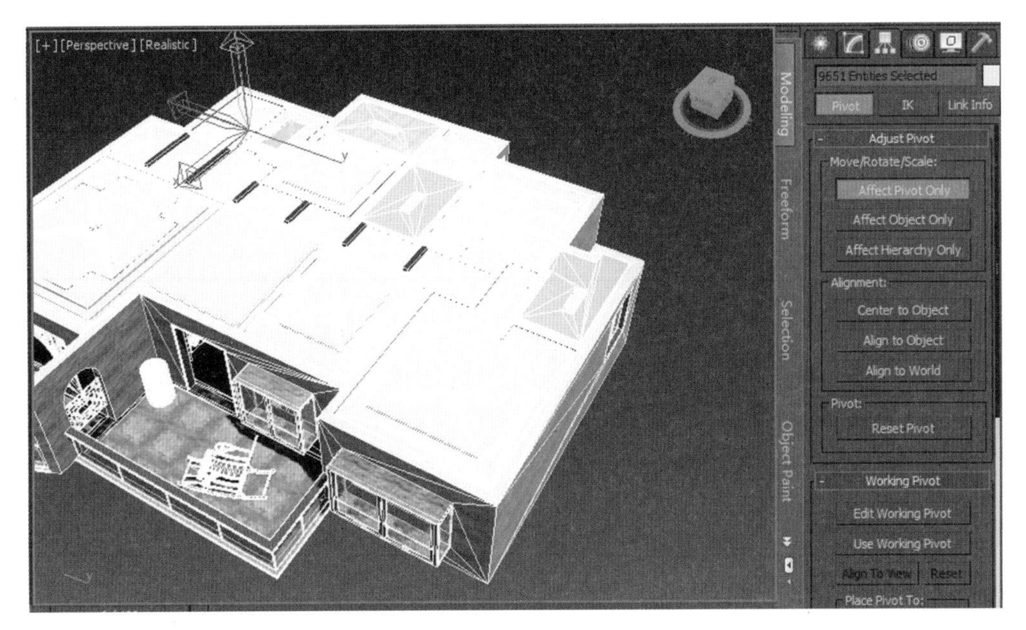

图 10-19　设置坐标轴

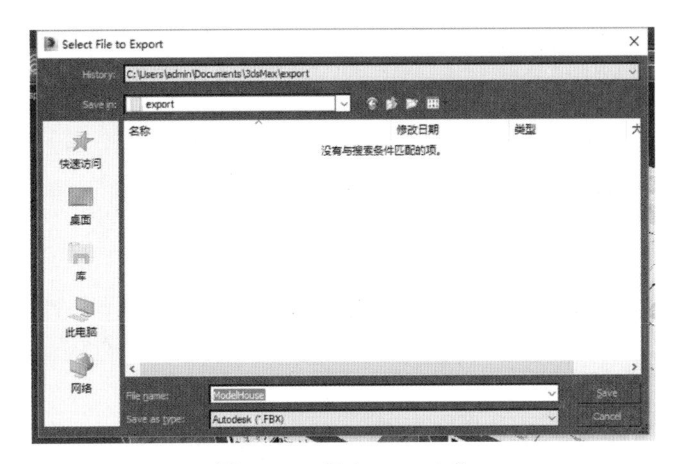

图 10-20　导出 FBX 文件

10.1.3 设计制作 UI 素材

UI 素材制作的基本需求包括：背景图标、两种视角切换按钮、更换贴图使用的确认按钮等。

UI 素材制作的一些思路：

在虚拟样板间中，观赏虚拟样板间的主要目的在于观赏真实的样板间，UI 的风格无论是清新还是贵气，简洁十分重要。在功能完备的基础上，留下观赏空间，最好有可以完全收回 UI 面板的按钮，特别是在自动漫游情况下，增加观赏的直观性。

根据需求，可以自行选择图形制作软件完成，比如 Photoshop、CorelDraw、Fireworks 等。具体过程这里不再详细阐述，相关的 UI 素材制作完成后放在一个文件夹中，如图 10-21 所示。

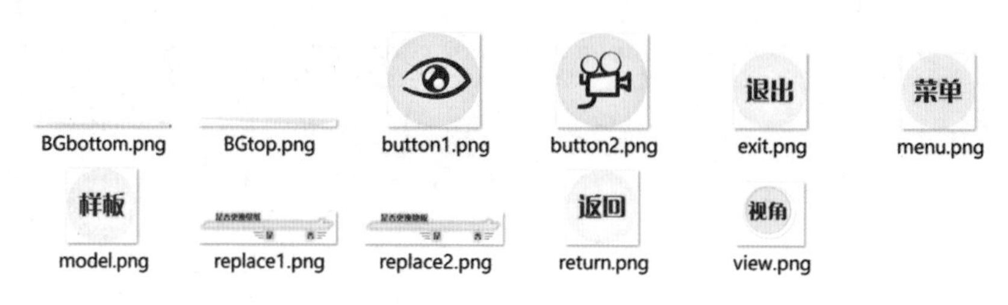

图 10-21　UI 素材

10.2 在 Unity 中搭建场景

本节开始进入 Unity 中进行场景的搭建，运用 Unity 自带的灯光效果和材质系统对场景进行制作和美化。

10.2.1 导入模型

（1）建立一个新的 Unity 3D 工程项目文件，并建立文件夹 Resources、Scene、Script 和 Anim，分别存放模型贴图资源、场景文件、脚本文件和动画文件。将前面导出的 FBX 文件和 UI 素材复制到 Resources 文件夹中，并将使用的材质贴图放入根文件夹中。

（2）将导入的模型文件拖拽到场景中，打开 Inspector 视图，右键单击 Transform 组件，在弹出的菜单中选择 Reset 命令，重置模型的位置。

（3）如图 10-22 所示，如果某些材质没有正常地在场景中显示出来，则可以找到对应的模型对象，查看相应的材质选项，将 Shader 的类型设置为 Sprites → Default，此时模型的材质效果将正常显示出来，如图 10-23 所示。

（4）创建灯光。Unity 自带多种灯光，先创造环境光 Directional Light。根据情况，如有需要可以打两束方向相反的环境光，消除背面过硬的黑影，然后利用点光源根据需求进行点缀，如图 10-24 所示。

（5）为模型添加碰撞。由于在进行漫游时需要对模型检测碰撞，因此需要添加相应的 Collider 组件。

图 10-22　修改 Shader 的类型

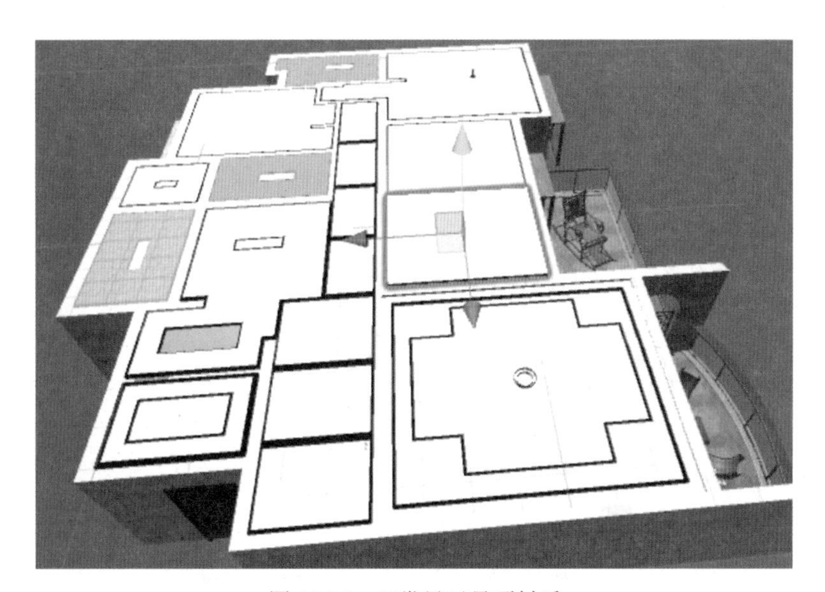

图 10-23　正常显示吊顶材质

图 10-24　设置灯光效果

10.2.2 创建 UI 布局

本节将完成基本的 UI 界面布局。前面介绍过，在 UGUI 中使用图像素材时，需要先将图片的 Texture Type 类型改为 Sprite（2D and UI）。

（1）首先先创建一个 Canvas 画布。在 Hirerarchy 层级视图中单击鼠标右键，在弹出的菜单中选择 UI → Canvas 命令。为了便于操作，可以将场景视角切换为 2D 模式。

（2）在画布 Canvas 下单击鼠标右键，继续添加 UI 元素。选择 Image，然后更改 Inspector 视图中的 Source Image 选项值为导入进来的 UI 素材，如图 10-25 所示。

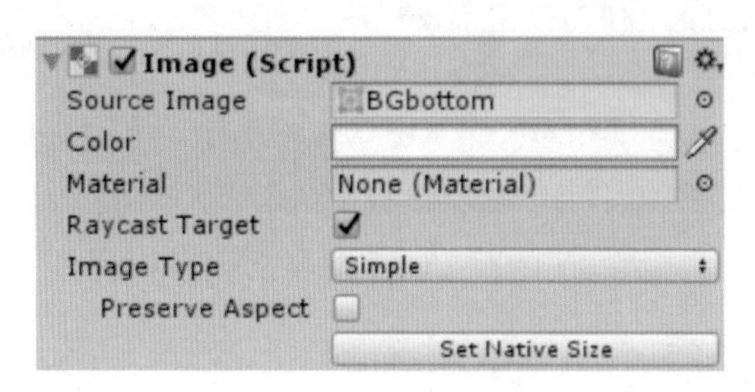

图 10-25　修改 Image 属性

（3）单击图 10-25 中的 Set Native Size 按钮，恢复图像的实际尺寸，然后根据画布大小调节尺寸并将其移动到画布的下端。如果希望该图像能自动适应发布后的屏幕尺寸，并始终保持在屏幕的左下角相对位置不变，则需要修改其锚点。单击 Inspector 视图的 Rect Transform 组件，设置其锚点对齐方式为 Bottom，如图 10-26 所示。

图 10-26　添加底部面板并设置锚点

（4）继续添加 Button 元素，修改其相应显示的图像源，并设置锚点对齐到画布的相对位置，完成后如图 10-27 所示。

图 10-27　添加“视角”按钮

（5）经过一系列的摆放，最后完成一个大致的 UI 布局，如图 10-28 所示。注意：右上角的 UI 元素的锚点对齐到画布的右上角。

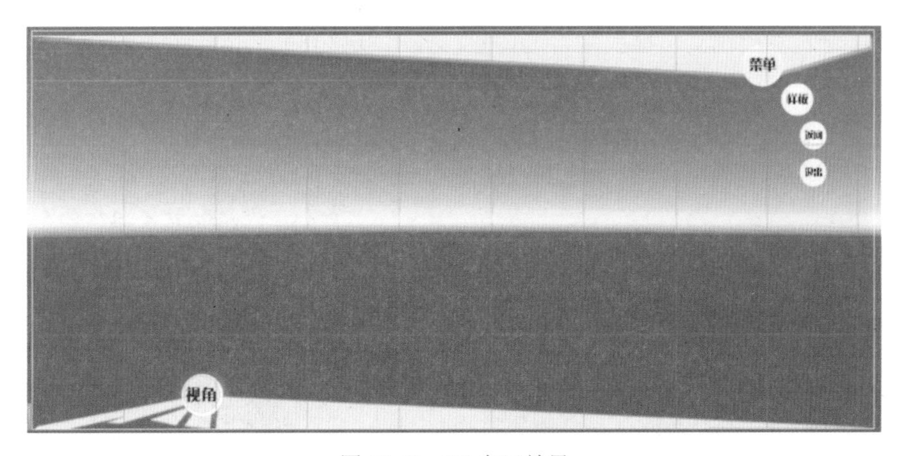

图 10-28　UI 布局效果

用 UGUI 制作的 UI 不会因为屏幕大小的改变而出现错误。无论将游戏窗口缩小或放大，UI 都会在设定好的位置，并且其大小会随着屏幕的大小改变。通过这种锚点方式固定的 UI，可以根据分辨率的大小来匹配自己的大小，且永远处于设定好的屏幕位置，很好地避免了当运行在不同计算机上时，UI 过大、过小以及跑位的问题。

10.3　实现交互功能

在样板间的设计和制作中，游览场景是十分重要的。本节将讲述如何设置多角度摄像机，以达成多个视角的切换；然后讲述如何进行脚本上的编写，以达到实现交互的效果，包括与场景的交互和与 UI 的交互。

10.3.1　设置摄像机

1．设置自主摄像机

可通过添加角色（Characters）插件来快速实现添加自主摄像机。Characters 插件是 Unity 是自带的插件。在 Project 项目视图中，单击鼠标右键，在弹出的菜单中选择 Import Package → Characters 命令，添加 Characters 插件，如图 10-29 所示。

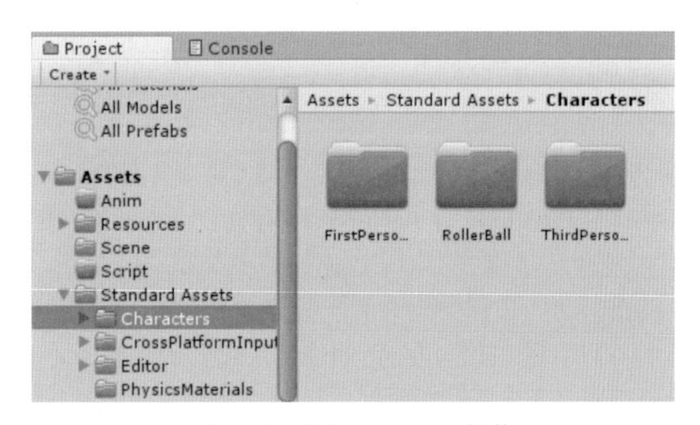

图 10-29　添加 Characters 插件

选择第一人称控制器，拖拽到自选位置，如图 10-30 所示。

图 10-30　添加第一人称控制器

播放后，可用键盘控制摄像机移动。角色控制器主要用于第三人称或第一人称的游戏主角控制，并不使用刚体物理效果。

2. 设置自动漫游摄像机

设置自动漫游摄像机的具体操作步骤如下：

（1）创建一个新的摄像机。在 Hierarchy 视图中，单击鼠标右键，选择 Camera 命令，添加摄像机。

（2）为摄像机添加动画轨迹。选中场景中想要添加动画的摄像机，执行菜单 Window → Animation 命令，打开 Animation 面板。单击面板中的 Create 按钮，会弹出对话框要求保存动画，完成保存后会打开如图 10-31 所示的 Animation 面板。

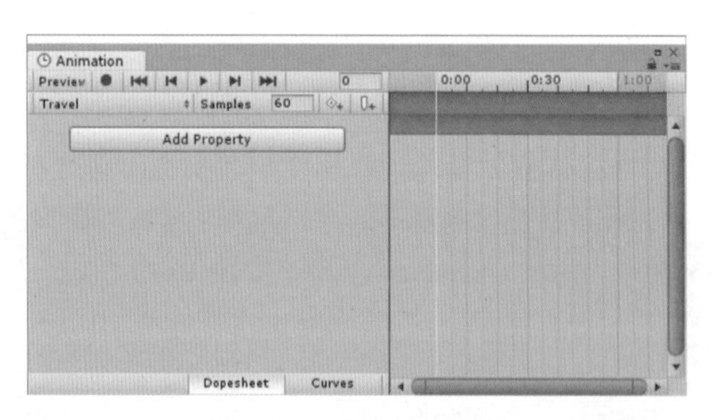

图 10-31　Animation 面板

（3）和传统逐帧创建动画的方法一样，在图 10-31 所示的面板中单击 Add Property 按钮，在弹出的菜单中单击 Transform → Position 命令后的“+”按钮，添加位置移动动画，如图 10-32 所示。

（4）由于摄像机在移动的过程中也会有一些旋转的需求，因此继续添加旋转动画，完成后的效果如图 10-33 所示。首先是白色的竖线，代表了当前的时间，我们可以在上方的时间轴上拖动白线来改变当前动画时间；接着是两行并行的时间线，它们完全是和左侧的属性对应的，每当我们在特定的时间点改变了属性的值，右侧的时间轴上就会对应地多出一个菱形的图标，默认情况下只有开始和结束的时间点有菱形图标。如果觉得显示的时间轴过窄，可以通过滑动鼠标滑轮缩放时间轴。默认情况下动画的跨度只有 1s，可以通过改变起点和终点的菱形位置来延长和缩短动画时间。

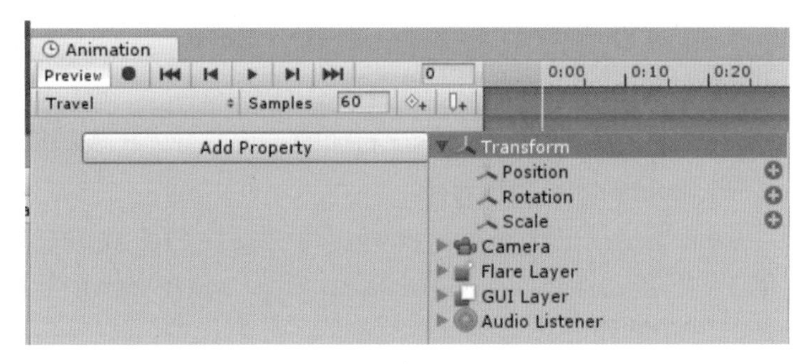

图 10-32　添加动画特性

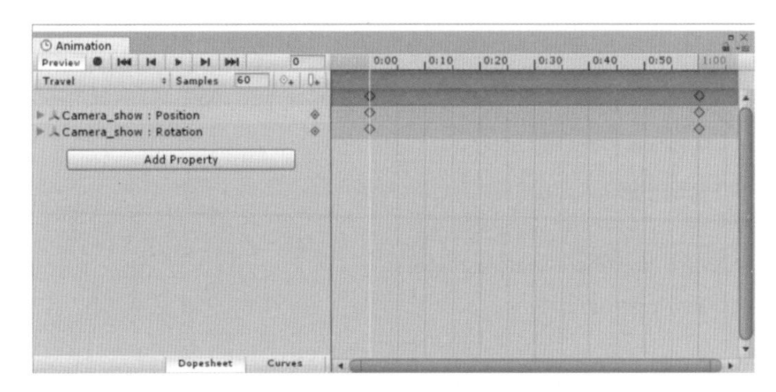

图 10-33　添加位移和旋转动画

（5）接下来开始设置摄像机的不同帧状态的位置和旋转角度，并记录在动画中。按下图 10-33 中的红色实心圆按钮●，进入编辑模式（否则所有的属性修改都不会进入动画文件中）。每次修改完摄像机的位置和角度后，拖动时间轴到想要添加下一帧的时间线上，再次修改摄像机位置，依次按照自己计划的轨迹添加完全部的关键帧，播放后就会形成摄像机动画，结果如图 10-34 所示。

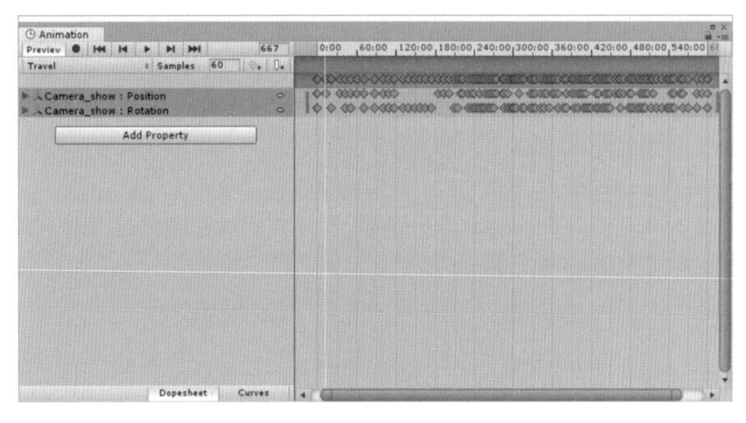

图 10-34　完成的动画时间轴

由于该动画控制器中没有其他动画状态，所以当该摄像机未被隐藏的状态下，播放游戏后会自动播放该动画片段。摄像机在隐藏状态下通过代码控制打开后，也会自动加载这段动画。

10.3.2 编写交互功能脚本

1. 更换墙纸材质

当鼠标单击墙面时可以弹出是否更换墙面材质的选项，并弹出多种墙纸供用户选择，一旦用户进行了选择，则替换当前墙纸材质。

（1）设置一个 bool 型全局变量 button_down 用于判定。当其为 true 时说明用户在普通操作，可以对墙面进行单击操作。如果单击墙面，则令 button_down 变为 false，用户退出更换墙纸行为后，值再变回 true。

具体代码如下：

```
public class GameController{

    public bool button_down=true;  // 设置一个控制 true 和 false 的参数。
    public static GameController instance;
    private GameController(){
    }
    public static GameController CreateInstance(){
            if (instance == null) {
                    instance = new GameController ();
            }
            return instance;
    }
}
```

（2）创建射线碰撞来检测单击触发的功能。创建 UISet 的脚本文件，设置 camera 参数来获取主摄像机。单击墙面后，为了不对用户的操作进行干扰，要令摄像机静止，不能再随着用户的控制而改变。设置 GameObject 型对象用于存放即将调用的 UI，Objects 用于获取当前鼠标射线所接触的模型。从鼠标发射一条射线，当其接触到当前碰撞并且当前碰撞 tag 为 wall 时，则获取当前碰撞的物体，将摄像机固定，并将 button_down 改为 false。

具体代码如下：

```
public class UISet : MonoBehaviour {
  public GameObject camera;  // 获取进行操作的主摄像机
  public GameObject UI;  //GameObject 型的对象，在引擎中可将需要操控的 UI 组件拖拽到该对象中
  public bool button_down;
  public static GameObject objects;           // 获取当前鼠标射线所接触的模型
  void Start () {
    UI.SetActive(false);                      // 开始时将 UI 界面隐藏
  }
```

```
void Update () {
    Ray ray = Camera.main.ScreenPointToRay(Input.mousePosition); // 从鼠标单击位置发出一道射线
    RaycastHit hit;
    button_down = GameController.CreateInstance().button_down; // 将之前 GameController 中设置的
        全局变量 button_down 的值赋予 UISet 中的 button_down，此时值为 true
    if (Input.GetMouseButton(0)) {
      if (button_down) {
        if (Physics.Raycast(ray, out hit, 4f)) {
          if (hit.collider.tag == "wall") {
            objects = hit.collider.gameObject;      //objects 赋值为当前碰撞到的那个物体
            UI.SetActive(true);                     // 显示隐藏的 UI 界面
            button_down = false;
            GameController.CreateInstance().button_down = button_down;
          }
        }
      }
    }
  }
}
```

（3）将脚本文件拖拽到 Main Camera 上，并进行如图 10-35 所示的参数设置。其中，拖拽到 UI 选项的 Wall question 是场景中询问是否更换壁纸的游戏对象名称，初始为隐藏，如图 10-36 所示。

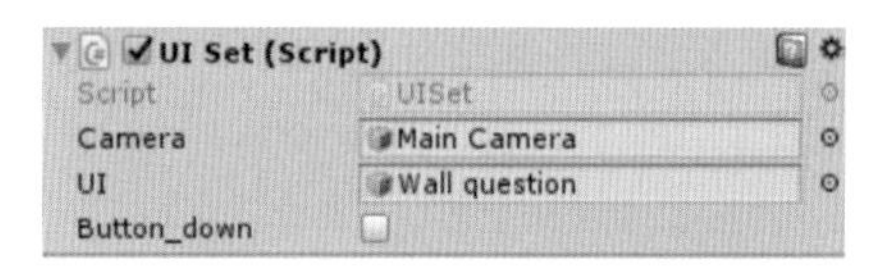

图 10-35　脚本参数设置

图 10-36　Wall question UI 效果

（4）进行 Tag 的设置。在 Inspector 视图中，添加 Tag 为 wall，并将需要更换壁纸的墙体模型的 Tag 设置为 wall。

（5）创建 ChangePicture 脚本文件。设置 GameObject 组，用于获取需要交互的墙体模型；设置 Texture 组，用于获取需要更换的贴图。

具体代码如下：

```
public class ChangePicture : MonoBehaviour {
  public GameObject camera;
  public GameObject[] wall;
  public float speed = 1f;
  public bool button_down;
  public Texture[] texture;

  void Update () {
```

```
        button_down = GameController.CreateInstance().button_down;
    }
    public void OFF() { // 更换完贴图后，单击“退出”按钮，退出更换贴图的行为
        if (button_down == false) {
            // 选择材质的 UI 移动到可视范围外事先指定的目标位置
            iTween.MoveTo(wall[0], wall[1].transform.position + new Vector3(0, 0, 0), speed);
            button_down = true;
            GameController.CreateInstance().button_down = button_down;
        }
    }
    public void MoveWallDown() {// 当询问是否更换墙纸，单击“是”按钮，将选择界面移动下来的行为
        // 选择材质 UI 移动到可视范围内
        iTween.MoveTo(wall[0], wall[1].transform.position - new Vector3(-500, 0, 0), speed);
        wall[2].SetActive(false);
        button_down = true;
        GameController.CreateInstance().button_down = button_down;
    }
    public void NoWall() {// 单击“否”按钮时调用的方法
        wall[2].SetActive(false);
        button_down = true;
        GameController.CreateInstance().button_down = button_down;
    }
    public void ChangeWallPic00() {
    // 由于本案例中模型材质采用组合形式，以数组进行管理，因此这里只修改其主材质
        UISet.objects.GetComponent<Renderer>().materials[3].mainTexture = texture[0];
    }
    public void ChangeWallPic01()
    {
        UISet.objects.GetComponent<Renderer>().materials[3].mainTexture = texture[1];
    }
    public void ChangeWallPic02()
    {
        UISet.objects.GetComponent<Renderer>().materials[3].mainTexture = texture[2];
    }
    public void ChangeWallPic03()
    {
        UISet.objects.GetComponent<Renderer>().materials[3].mainTexture = texture[3];
    }
}
```

（6）选择墙纸界面，如图 10-37 所示。该界面的初始位置放置在画布的外围，并且设置其锚点为画布的左下角，以适应不同屏幕大小的显示。为了便于实现该界面的位置控制，在相同初始位置创建空对象 tar1。

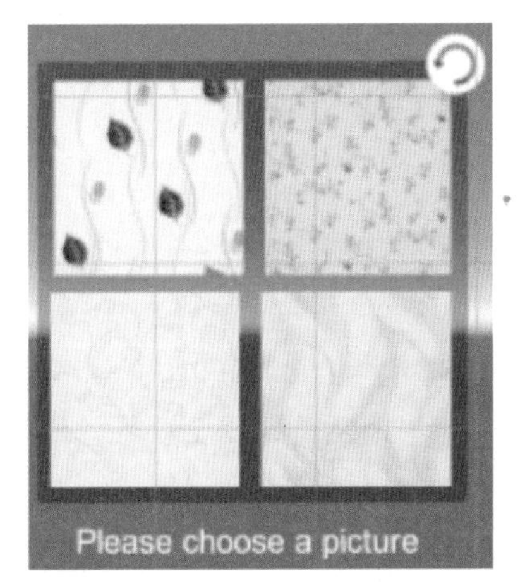

图 10-37　选择墙纸界面

（7）替换贴图的方法。每一个材质对应一个方法，这里共提供了四个方法，分别是ChangeWallPic00、ChangeWallPic01、ChangeWallPic02 和 ChangeWallpic03。最后将脚本挂载到 Main Camera 上并进行相应对象的设置，如图 10-38 所示。

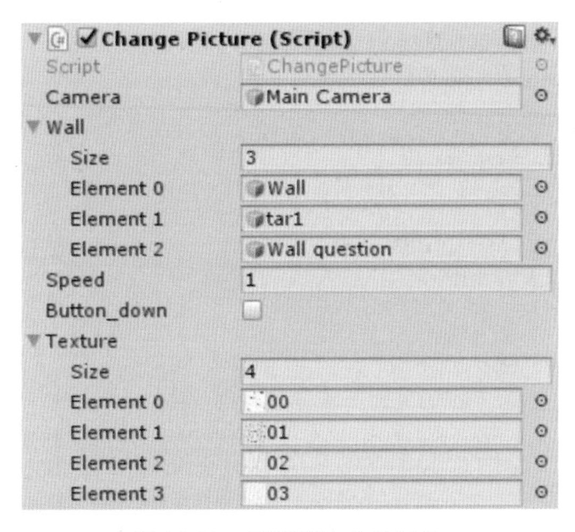

图 10-38　设置脚本中的对象

（8）将这些方法利用 Button 自带的 On Click 功能触发，选择想要触发方法的 Button，在右侧属性面板中可以找到 On Click 组件，进行如图 10-39 至图 10-42 所示的设置。

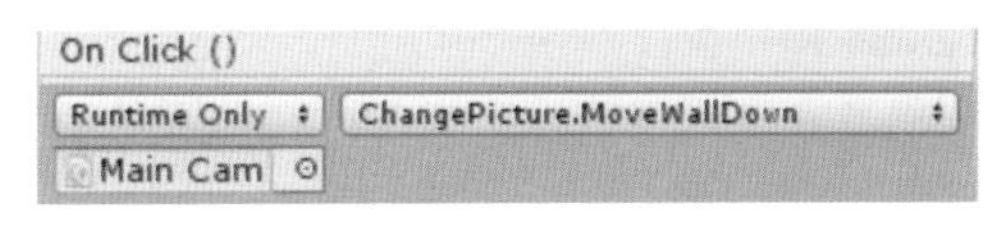

图 10-39　设置切换墙纸“是”按钮触发

图 10-40　设置切换墙纸“否”按钮触发

图 10-41　单击第一张墙纸按钮触发

图 10-42　单击“关闭”按钮触发

2. 切换镜头等 UI 控制

（1）单击屏幕下方的“视角”按钮将显示两个切换视角的按钮图标，首先如图 10-43 所示设置好按钮图标 UI，并将其初始状态设置为不显示。

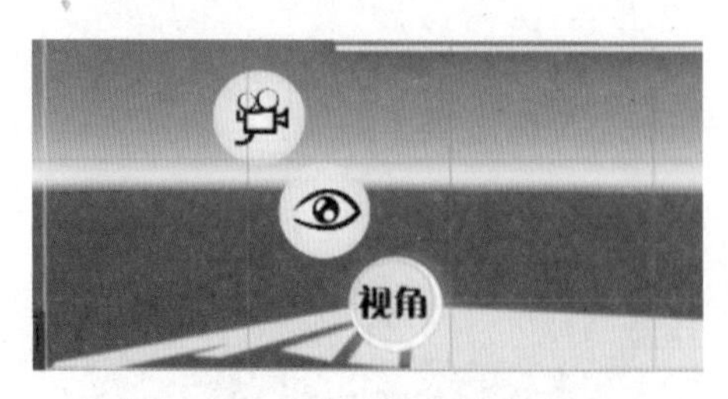

图 10-43　切换视角的按钮界面

（2）创建脚本文件 CtrlUI，在里面编写当单击“视角”按钮时显示切换图标的方法，以及单击第一人称和自动漫游图标时各自触发的方法等，代码如下：

```
using System.Collections;
using System.Collections.Generic;
using UnityEngine;
using UnityEngine.SceneManagement;
public class CtrlUI : MonoBehaviour {
  public GameObject user;
  public GameObject main_camera;
  public GameObject next;
  public GameObject main_camera_first;
  public GameObject show_camera;
  public GameObject UI;
  public GameObject UIView;

  // 按下“视角”按钮的时候调用，显示第一人称和自动漫游按钮的 UI
  public void Camera_view_do() {
    UIView.SetActive(true);
  }
  // 按下自动漫游按钮后调用的方法
  public void Camera_show_on() {
    user.SetActive(false);
    transform.GetComponent<CharacterController>().enabled = false;
    main_camera_first.SetActive(false);
    show_camera.SetActive(true);
    UI.SetActive(false);
    UIView.SetActive(false);
  }
  // 按下第一人称按钮后调用的方法
  public void Camera_first_on() {
    user.SetActive(false);
```

```
        transform.GetComponent<CharacterController>().enabled = true;
        main_camera_first.SetActive(true);
        show_camera.SetActive(false);
        UI.SetActive(true);
        UIView.SetActive(true);
    }
    public void Up() //“菜单”按钮方法
    {
        next.SetActive(true);
    }
    public void Back()  //“返回”按钮方法
    {
        next.SetActive(false);
    }
    public void Exit()  //“退出”按钮方法
    {
        Application.Quit();
    }
    public void Model() { //“样板”按钮方法
        SceneManager.LoadScene("model");  //切换到样板间场景
    }
}
```

（3）将脚本文件挂载到第一人称控制器 PFSController 上，并进行对象属性的设置，如图 10-44 所示。

（4）在“视角”按钮的 On Click 事件中编辑，进行如图 10-45 所示的设置。

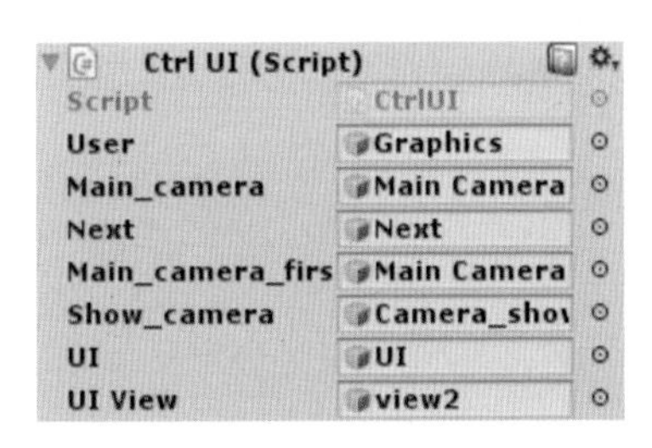

图 10-44　脚本对象属性设置

图 10-45　设置视角按钮的事件

（5）单击出现的两个按钮，则切换不同视角的镜头。比如单击自动漫游按钮，根据需求，关闭角色模型及控制器、第一人称摄像机，打开自动漫游摄像机，关闭全部 UI 界面，并关闭弹出的两个按钮及动画。在按钮上进行如图 10-46 和图 10-47 所示的设置。

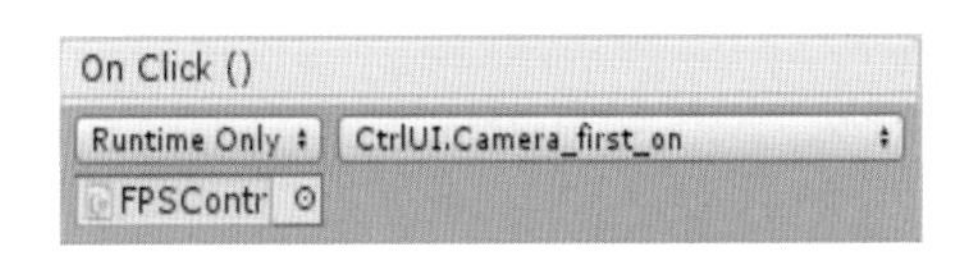

图 10-46　第一人称按钮上的事件

图 10-47　自动漫游的按钮事件

（6）同理设置其他按钮上的事件。完成后保存场景文件，命名为 main。

3．样板间全景透视展示

由于单击“样板”按钮后，希望切换场景，因此这里需要一个跳转场景。

（1）新建一个场景，将没有屋顶和家具的模型置入新场景，配一张样板间的图即可。效果如图 10-48 所示。

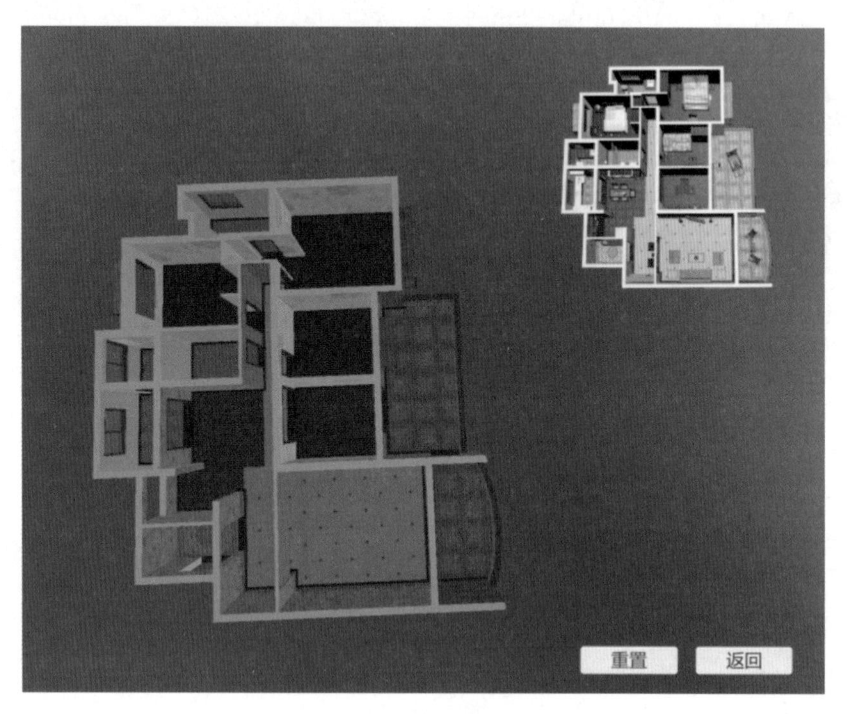

图 10-48　全景图场景

（2）为了更有便用户透视地观看整个户型的结构，加入可拖动的功能代码，使得场景可以拖动，可以各种角度观看样板间。创建 RotateModel 脚本文件，并将其挂载到 Main Camera 上，具体代码如下：

```
using System.Collections;
using System.Collections.Generic;
using UnityEngine;
using UnityEngine.SceneManagement;
public class RotateModel : MonoBehaviour {
    Quaternion beginRotation;  // 用于获取最初的角度，便于后面重置
    Vector3 StartPosition;
    Vector3 prePosition;
    Vector3 offset;
    Vector3 finalOffset;
    Vector3 eulerAngle;

    bool isSlide;
```

```
    float angle;
    // Use this for initialization
    void Start () {
        beginRotation = gameObject.transform.rotation;
    }

    // Update is called once per frame
    void Update () {
        if (Input.GetMouseButtonDown(0)) {
            StartPosition = Input.mousePosition;
            prePosition = Input.mousePosition;
        }
        if (Input.GetMouseButton(0)) {
            offset = Input.mousePosition - prePosition;
            prePosition = Input.mousePosition;
            transform.Rotate(Vector3.Cross(offset, Vector3.forward).normalized, offset.magnitude,
            Space.World);
        }
        if (Input.GetMouseButtonUp(0)) {
            finalOffset = Input.mousePosition - StartPosition;
            isSlide = true;
            angle = finalOffset.magnitude;
        }
        if (isSlide) {
            transform.Rotate(Vector3.Cross(finalOffset, Vector3.forward).normalized,
            angle * 2 * Time.deltaTime, Space.World);
            if (angle > 0)
            {
                angle -= 5;
            }
            else {
                angle = 0;
            }
        }
    }
    public void Model_back() {
        SceneManager.LoadScene("main");   // 返回主场景
    }
    public void Reset_view() {
        transform.rotation=beginRotation;  // 重置为最初的角度
    }
}
```

（3）添加两个按钮的触发事件，如图 10-49 和图 10-50 所示。

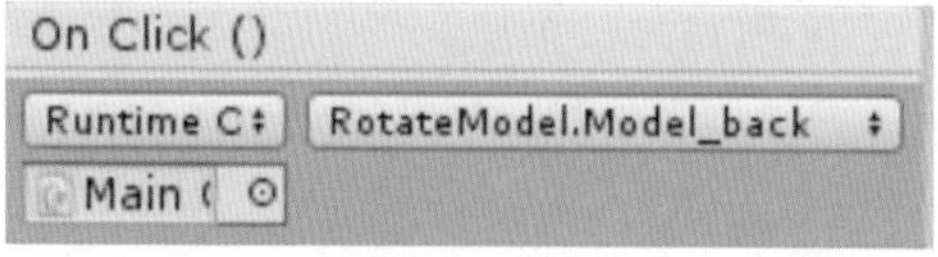

图 10-49 “返回”按钮触发事件

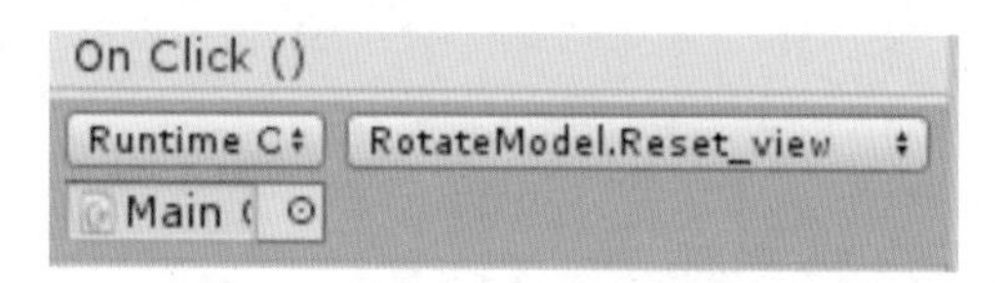

图 10-50 “重置”按钮触发事件

（4）至此，完成样板间场景的基本功能。保存场景，文件命名为 model。运行该场景文件，按住鼠标左键，可以旋转场景，观看不同角度的户型结构，如图 10-51 所示。

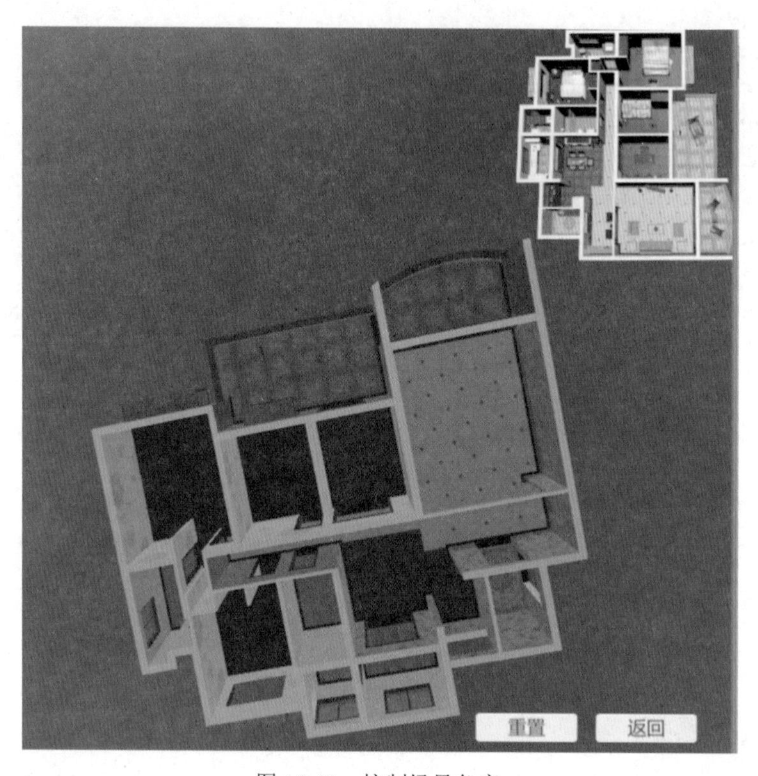

图 10-51 控制场景角度

整个主程序的基本交互已经完成，读者如需更多的交互，比如家具的置换、开关门、调节灯光等，可以自己去尝试、探索。只要掌握了基本原理，便可进行更深入的程序开发。

10.4 添加其他元素

10.4.1 添加天空盒

为了增加样板间所处环境的视觉效果，可以给程序添加不同视觉环境的天空盒。本案例采取在 Asset Store 中下载一些免费的天空盒资源，然后导入到场景中去的方法，选择一款适合的天空、云彩效果。

本案例中用到了不同的摄像机，如果希望所有摄像机拍摄出来的画面都是同一种天空盒，就需要通过执行菜单栏中的 Window → Lighting → Settings 命令，在打开的面板中的 Skybox Material 处添加天空盒材质，如图 10-52 所示。此时场景中的天空效果如图 10-53 所示。

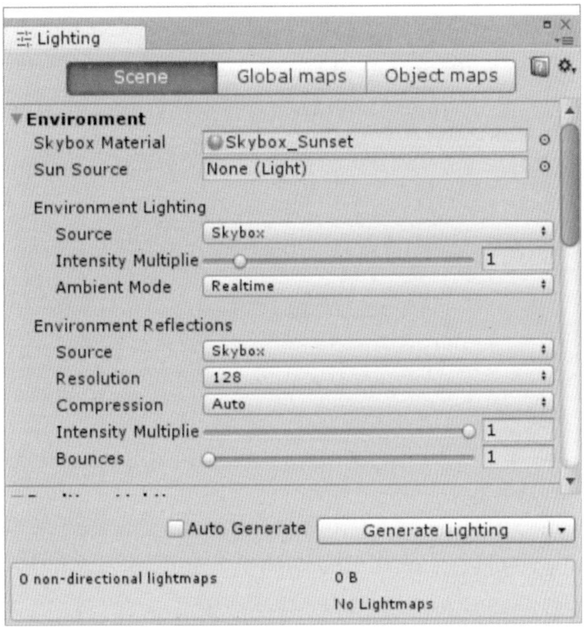

图 10-52　添加天空盒材质

图 10-53　新的天空效果

10.4.2　添加背景音乐

若要给欣赏样板间的过程中加点背景音乐，需要添加 Audio Source 组件到相应的对象上。比如想给第一人称观赏样板间时添加音乐，可以在 Main Camera 上的 Audio Source 组件上添加相应的音乐。如需要音乐循环，则勾选 Loop 复选框，如图 10-54 所示。同理，也可以给自动漫游摄像机上添加合适的背景音乐。

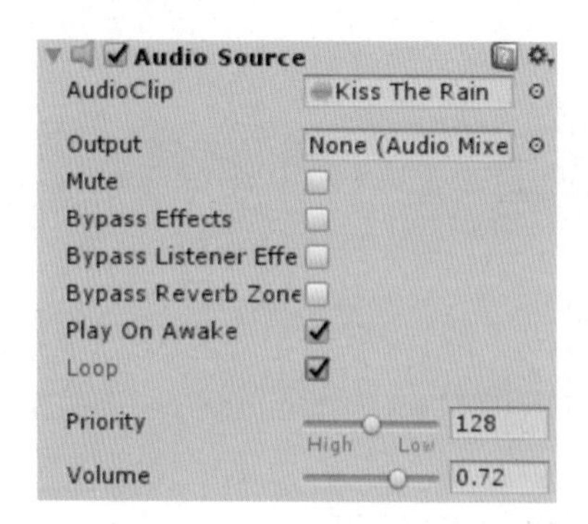

图 10-54 添加背景音乐

10.5 发布程序

完成所有的程序逻辑编写后，就可以准备发布程序了。执行菜单 File → Build Setting 命令，打开 Build Settings 对话框，选择要发布的平台和需要发布的场景，如图 10-55 所示，单击 Player Settings 按钮设置发布参数。根据需求设置 Icon 和鼠标样式等，如图 10-56 所示。最后单击图 10-55 中的 Build 按钮，选择打包发布的路径，完成发布。

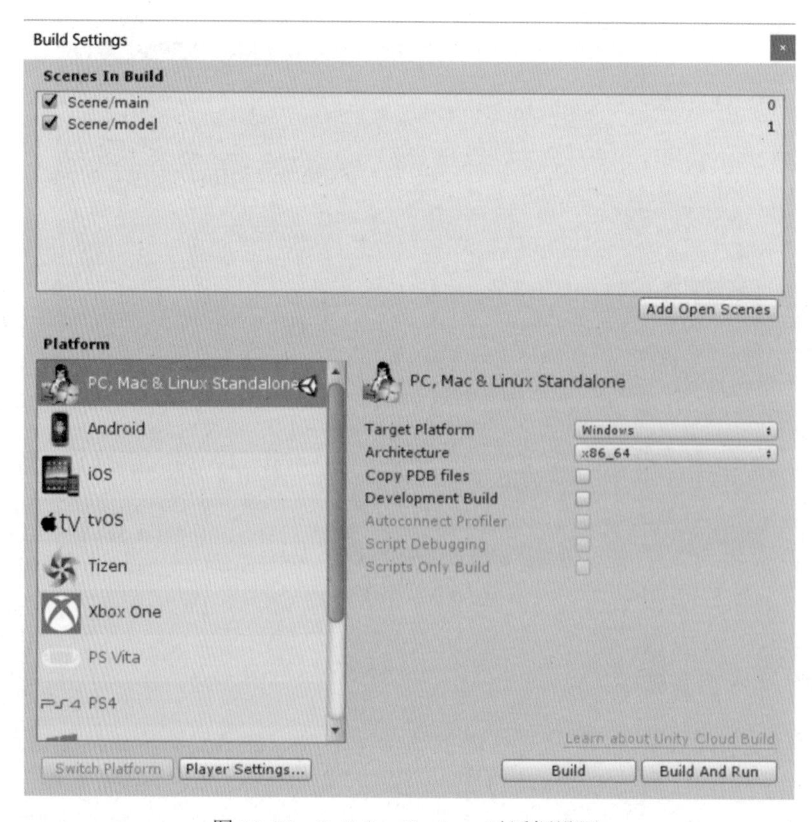

图 10-55 Building Settings 对话框设置

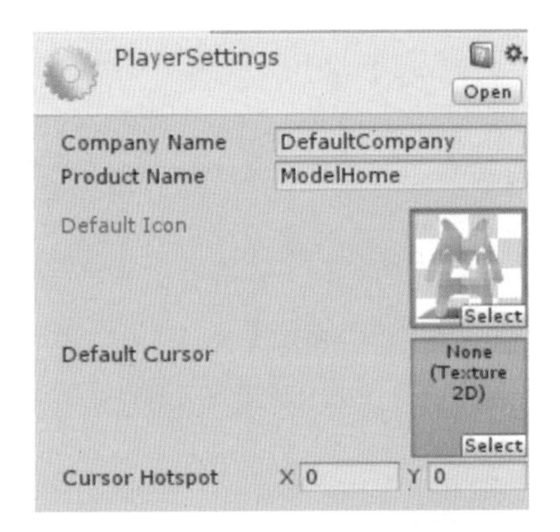

图 10-56　Player Settings 设置

最后运行的成品截图，如图 10-57 至图 10-63 所示。

图 10-57　运行初始状态

图 10-58　单击需要换壁纸的地方

图 10-59　单击“是”弹出壁纸选择界面

图 10-60　更换客厅电视墙主材质效果

图 10-61　自动漫游状态

图 10-62　第一人称状态下打开菜单选项

图 10-63　查看样板房

本章小结

本章是全书的一个综合应用案例，借助房地产行业的一个虚拟样板间的应用，介绍了其制作的整个过程。首先是开始策划与准备，包括功能策划，模型制作，界面 UI 图标制作等，这些准备工作将直接影响后面的使用情况，因此需要充分地考虑清楚各个环节，当然在实际使用时也会遇到一些无法预测的问题，保存好源文件便于需要时进行修改；然后是将 3ds Max 制作好的模型导入 Unity 中，需要注意的是，模型中使用的贴图文件也要一并导入到资源文件夹中，否则会出现贴图丢失的现象；接着是界面 UI 的搭建，这个环节需要考虑的是界面的自动适应问题，本案例中主要通过设置 UI 元素的锚点来解决；当然最重要的环节还是交互功能的实现，需要不断地测试以达到想要实现的交互效果；最后是添加一些修饰元素，如天空效果、背景音效等，完成所有的制作后发布导出程序。限于篇幅，本案例中没有进行地板材质的替换，有兴趣的读者可以自己根据墙面材质的替换模式去实现，其他的功能都可以尝试去实现，比如开关门、灯、电视等。

参考文献

[1] Unity Technologies. Unity 5.X 从入门到精通 [M]. 北京：中国铁道出版社，2016.

[2] 陈嘉栋. Unity 3D 脚本编程：使用 C# 语言开发跨平台游戏 [M]. 北京：电子工业出版社，2016.

[3] 吴亚峰，于复兴，索依娜. Unity 3D 游戏开发标准教程 [M]. 北京：人民邮电出版社，2016.

[4] 何伟. Unity 虚拟现实开发圣典 [M]. 北京：中国铁道出版社，2016.